普通高等教育高职高专土建类精品规划教材
（建筑装饰工程技术专业）

建筑装饰施工组织与管理

主　编◎孙耀乾　张　昊
副主编◎赵向东　毛风华
主　审◎王立霞

JIANZHUZHUANGSHI SHIGONGZUZHIYUGUANLI

内 容 提 要

本书贯彻以能力为本位、以岗位需求为依据、简化理论阐述、注重实际应用的原则，按照建筑装饰行业最新的法规、规范进行编写，反映了当前新技术、新材料、新工艺、新方法的要求，紧密贴合岗位需求。本书上篇为建筑装饰工程施工组织的内容，包括建筑装饰工程流水施工、建筑装饰工程网络计划技术、单位建筑装饰工程施工组织设计；下篇为建筑装饰工程施工管理的内容，包括建筑装饰工程招标与投标、建筑装饰工程合同管理、建筑装饰工程施工进度管理、建筑装饰工程施工质量管理、建筑装饰工程施工成本管理、建筑装饰工程施工安全管理、建筑装饰工程现场技术与资料管理。

本书可作为建筑装饰专业及相关专业的教学用书，也可作为建筑装饰行业的培训教材及从事该行业技术人员的参考书。本书配有电子教案供免费下载：http://www.waterpub.com.cn，下载中心。

图书在版编目（CIP）数据

建筑装饰施工组织与管理/孙耀乾，张昊主编．—北京：中国水利水电出版社，2010.9（2014.12 重印）
普通高等教育高职高专土建类精品规划教材．建筑装饰工程技术专业
ISBN 978-7-5084-7834-0

Ⅰ.①建…　Ⅱ.①孙…②张…　Ⅲ.①建筑装饰-工程施工-施工组织-高等学校：技术学校-教材②建筑装饰-工程施工-施工管理-高等学校：技术学校-教材
Ⅳ.①TU767

中国版本图书馆 CIP 数据核字（2010）第 171819 号

书　　名	普通高等教育高职高专土建类精品规划教材（建筑装饰工程技术专业） **建筑装饰施工组织与管理**
作　　者	主编　孙耀乾　张昊　副主编　赵向东　毛风华　主审　王立霞
出版发行	中国水利水电出版社 （北京市海淀区玉渊潭南路 1 号 D 座　100038） 网址：www.waterpub.com.cn E-mail：sales@waterpub.com.cn 电话：（010）68367658（发行部）
经　　售	北京科水图书销售中心（零售） 电话：（010）88383994、63202643、68545874 全国各地新华书店和相关出版物销售网点
排　　版	中国水利水电出版社微机排版中心
印　　刷	北京市北中印刷厂
规　　格	210mm×285mm　16 开本　12.25 印张　370 千字
版　　次	2010 年 9 月第 1 版　2014 年 12 月第 3 次印刷
印　　数	5101—7100 册
定　　价	**22.00** 元

普通高等教育高职高专土建类精品规划教材
（建筑装饰工程技术专业）
编　委　会

序

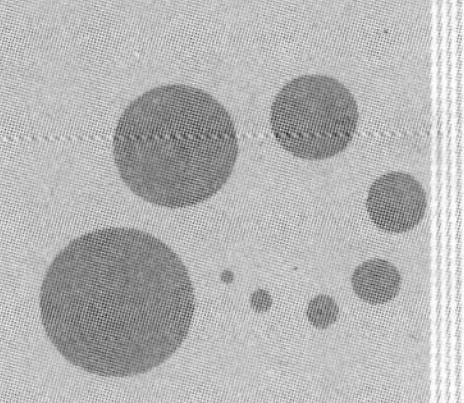

在中国，走新型工业化发展的道路，不仅需要一大批高素质的专家学者，同时也需要大量熟练掌握新技术、新工艺、新设备的技术型、技能型劳动者。技术技能型人才是推动科技创新和实现科技成果转化的生力军。而在培养技术技能新人才方面，职业教育具有不可替代的重要作用。高等职业教育在近几年的发展历程中，走了一些创新之路，如“双师型”、“双元制”、校企合作等的出现，无疑给职业教育的发展和完善增添了新鲜的元素。职业教育的模式在经历了这些探索、变化过程以后，如今的方向应该是“工作过程导向”模式，因为在当今生产技术知识和工作过程高度渗透的时代，任何技术问题的解决在很大程度上都是一种技术过程和社会过程（职业活动）的结合，人类的认识只能以整体化的形式进行。因此在工作过程中所需要的知识，也必须与整体化的实际工作过程相联系。

建筑装饰工程技术专业的学习领域涉及工学和艺术专业学科的交叉，可以说是一门综合艺术设计与表达和建筑技术与管理的新兴学科。在推广这种行动导向的教学的过程中，教材建设也要跟上时代步伐。但同时应该看到，由于院校众多，师资力量、学生生源不尽相同，甚至相差较大，当前一些示范性院校教材遭遇到不能通用的尴尬，鉴于此，中国水利水电出版社 2009 年组织了全国 30 余所院校，以示范性院校教材为方向，同时充分结合建筑装饰工程技术专业的发展现状，启动了《普通高等教育高职高专土建类精品规划教材（建筑装饰工程技术专业）》的编写和出版工作。

本套教材针对高职高专土建大类的建筑装饰技术专业编写，以工学结合的人才培养模式为基础，采用模块单元、任务导向的编写思路，结合就业情况编写，内容上简化理论，突出结论，列举实例；同时充分吸收传统教材优势，将“教学计划”和“教材”予以区分，协调基础知识和实践运用的关系。在分册编写上有所区分，大部分分册以“模块—课题—学习目标、学习内容、学习情境”的模式编写，一少部分以知识讲解为主的分册则仍采用传统章节的形式，但提高了课后实践作业的要求。

本套教材可作为高职高专建筑装饰、环境艺术设计、室内设计及其他相关相近专业作为教材使用，也可供专业设计人员及有兴趣的读者参考阅读。

本套教材的编写得到了高职高专教育土建类专业教学指导委员会建筑类专业指导分会秘书长孙亚峰老师、北京师范大学教育技术学院技术与职业教育研究所所长赵志群老师的指导和帮助，在此表示衷心感谢！

《普通高等教育高职高专土建类精品规划教材（建筑装饰工程技术专业）》的出版对于该专业教材的系统性和完善性进行了补充，采用新的编写模式，对于增强学生对于知识的综合实践能力和教师对于学习过程的综合组织能力都是有帮助的。限于编者的水平和经验，书中难免有不妥之处，恳请广大读者和同行专家批评指正。

编委会

2010 年 1 月

前言

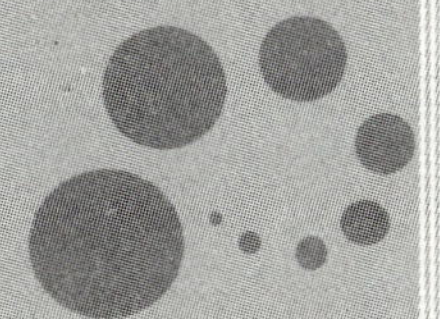

建筑装饰施工组织与管理作为高等职业教育建筑装饰技术专业的一门专业课，其主要任务是研究建筑装饰工程项目施工阶段的组织方式、施工方案、施工进度、资源配置、施工现场平面布置等的规划设计方法，以及施工过程中的合同、进度、质量、成本、安全、资料等的动态管理措施，从而保证施工项目质量、工期、成本目标的实现。它涉及建设法规、组织、技术、经济、合同等各方面的专业知识，是包含统筹规划和施工管理的一门综合性学科。

本教材在编写过程中，充分考虑到高职高专教育的要求。高职高专教育是以培养技术应用型人才为目标，为社会培养"能力够用、上岗顶用"的实用型人才。因此，本教材在编写中贯彻了以能力为本位、以岗位需求为依据、简化理论阐述、注重实际应用的原则。

具体说来，本教材具有如下特点。

1. 精选教学内容

本教材与传统的教材相比，在教学内容上有所增删。选择性地删减了一些与实践技能关系不大的教学内容，而对与工程实际紧密相连的知识点、技能点进行了扩充。

2. 搭建教学框架

建筑装饰施工组织与管理内容庞杂，本教材把相关联的内容整合在一起成为篇，每一篇又分为若干章。采用篇、章的框架进行编写，使得本教材脉络清晰，有助于学生理清思路，系统、清晰地掌握本课程内容。

3. 加强实践指导

为培养学生解决实际工程问题的能力，达到学以致用的目的，本教材的每一章先介绍理论知识，然后通过"学习情境"环节把理论知识应用于工程实际中。

4. 适应岗位需求

本教材按照建筑装饰行业最新的法规、规范进行编写，反映了当前新技术、新材料、新工艺、新方法的要求，紧密贴合岗位需求。

建筑装饰施工组织与管理包括建筑装饰施工组织和建筑装饰施工管理。在本教材中，绪论内容即为课程导入，上篇为建筑装饰工程施工组织的内容，下篇为建筑装饰工程施工管理的内容。其中，绪论、第四章、第五章、第七章由济源职业技术学院孙耀乾编写，第一章、第二章、第六章由北京农业职业学院张昊编写，第三章、第九章由甘肃林业职业技术学院赵向东编写，第八章、第十章由日照职业技术学院毛风华编写。

本教材在编写中引用了大量规范、专业文献和资料，恕未在书中一一注明。在此，对有关作者表示诚挚的谢意。本教材在编写过程中得到了各位同仁的大力支持，尤其是河南建筑职业技术学院王立霞教授在百忙之中对稿件进行了审阅，并提出许多宝贵的修改意见，济源职业技术学院朱晓丽老师针对新规范和工程实践方面的问题也提出许多宝贵意见，在这里表示衷心的感谢。

由于编者水平有限，书中难免出现疏漏和不妥之处，恳请各位读者批评指正。

编者

2010 年 4 月

目 录

下篇　建筑装饰工程施工管理

绪　　论

第一节　本课程的主要任务和学习方法

一、本课程的研究对象和目的

对一个建筑物进行装饰施工时，可以有不同的施工顺序；每一个施工过程可以有不同的施工方法；各项施工准备工作可以用不同的方法进行；各种材料可以有不同的采购地点、运输方式等。这些问题不论在技术方面还是组织方面，通常都有许多可行的方案供施工人员选择，但不同的方案，其经济效益是不一样的。从中选择最合理的施工方案，是施工人员在施工前必须解决的重要问题。对上述问题进行综合考虑，选出合理的施工方案，编制出指导施工的技术经济文件，即进行建筑装饰工程施工组织设计是必不可少的。本课程的研究对象是建筑装饰工程的施工组织设计。

通过本课程的学习，要求学生了解建筑装饰施工组织的基本知识和一般规律；掌握建筑装饰工程流水施工和网络计划的基本方法，并能正确地将其运用到建筑装饰工程施工组织的实践中；掌握网络计划方法的基本理论和优化原理，提高建筑装饰工程施工组织管理水平，具有独立编制建筑装饰工程施工组织设计的能力。

二、本课程的主要任务

建筑装饰工程施工组织设计的主要任务，是根据建筑装饰工程施工图和设计要求，在人力、资金、材料、机具、施工方法和施工作业环境等主要因素上进行合理的安排，在一定的时间和空间上实现有组织、有计划、有秩序的施工，以期在整个工程的施工过程中达到较为理想的效果，即：在时间上能保证速度快、工期短；在质量上能做到精度高、效果好；在经济上能达到消耗少、成本低、利润高等目的。本课程是建筑装饰专业的专业课，它的主要任务是研究建筑装饰工程施工组织的一般规律和利用现代科学的计划管理方法，组织建筑装饰工程施工的具体方法。

三、本课程的特点和学习方法

1. 本课程的特点

(1) 实践性强。学习本课程需要丰富的施工现场知识、经验，要求学生应主动地、有意识地到装饰工程施工现场获取知识和经验。

(2) 单元并列。本课程各章基本上自成体系。各章之间单元并列，且具有相对的独立性，这主要是由于本课程是直接服务于工程实践的专业课。

(3) 专业术语众多。课程中涉及许多名词概念、专业术语，需要有意识地区分、归纳、记忆，避免混淆和误解。

(4) 关联性强。掌握建筑装饰构造、施工技术、预算等相关课程是学好建筑装饰工程施工组织与管理的前提条件。

(5) 习题量大。只有通过大量的习题演练，才能熟练掌握流水施工参数的计算、网络计划的绘制和优化等重要内容。

2. 学习方法

(1) 多看：多参观正在施工的装饰工程，在实践中学习。

(2) 多练：通过大量的练习，熟练掌握相关计算。

(3) 多记：不仅记忆本课程的知识点，而且要记忆相关课程。

(4) 多问：对工程的组织设计过程多问“为什么”。

第二节　建筑装饰工程施工组织的有关概念

一、建筑装饰工程施工

建筑装饰工程施工是为了保护建筑物的主体结构，完善建筑物的使用功能和美化建筑物，采用装饰材料或饰物，对建筑物的内外表面及空间进行的各种处理过程。

二、建筑装饰工程施工组织设计

施工组织设计在我国基本建设施工中已推行了近40年，从20世纪80年代实行工程项目招投标制度以来，编制施工组织设计逐步形成了一项行业制度。建筑装饰工程施工组织设计是指导建筑装饰工程施工全过程各项活动的一个经济、技术、组织等方面的综合性文件。它是以一个建筑装饰工程为对象，运用统筹学基本原理和方法，利用先进的装饰施工技术，预见性地规划和部署施工生产活动，制定科学合理的施工方案和技术组织措施，对整个建筑装饰工程进行全面规划，从而有组织、有计划、有秩序地均衡生产，优质高效地完成建筑装饰工程。

三、基本建设与基本建设项目

1. 基本建设

基本建设是指固定资产的建设，是利用国家预算内的资金、自筹资金、国内外基本建设贷款以及其他专项资金进行的，以扩大生产能力或新增工程效益为主要目的的新建、扩建工程及有关工作。基本建设是国民经济的重要组成部分，是社会扩大再生产、提高人民物质文化生活水平和加强国防实力的重要手段。有计划、有步骤地进行基本建设，对于扩大和加强国民经济的物质技术基础，调整国民经济重大比例关系，调整部门结构，合理分配生产力，不断提高人民物质文化生活水平等方面都具有十分重要的意义。

2. 基本建设项目

(1) 基本建设项目的组成。基本建设项目按照组成内容的不同，可以划分为建设项目、单项工程、单位工程、分部工程和分项工程。

1) 建设项目。建设项目指在一个场地或几个场地上，按照一个独立的总体设计兴建的一项独立工程，或若干个互相有内在联系的工程项目的总体。工程建成后可以独立地形成生产能力或使用价值的工程，称为一个建设项目。例如：在工业建设中，一个工厂就是一个建设项目，一所学校也是一个建设项目。大型分期建设的工程，如果分为几个总体设计、则就有几个建设项目。执行基本建设项目投资的企业或事业单位称为基本建设单位，简称建设单位。

2) 单项工程。一个建设项目，由若干个单项工程组成。单项工程是指具备独立施工条件并能形成独立使用功能的建筑物及构筑物。例如：工业建设项目中各个独立的生产车间、办公楼；一个民用建设项目中，学校的教学楼、食堂、图书馆等，这些都可以称为一个单项工程。

3) 单位工程。单位工程是单项工程的组成部分，具备独立施工条件并能形成独立使用功能的建筑物及构筑物为一个单位工程。

4) 分部（子分部）工程。组成单位工程的若干个构成部分称为分部工程。分部工程的划分应按照建筑部位、专业性质确定。当分部工程较大或较复杂时，可按材料种类、施工特点、施工程序、专业系统及类别等划分为若干个子分部工程。一个单位工程一般由若干个分部（子分部）工程组成。如建筑工程中的装饰工程为一项分部工程，其地面工程、墙面工程、顶棚工程、门窗工程、幕墙工程等为子分部工程。

5) 分项工程。分项工程是分部工程的组成部分。分项工程应按主要工种、材料、施工工艺、设备类别等进行划分。如幕墙工程的分项工程为玻璃幕墙、金属幕墙、石材幕墙。

(2) 建设项目的分类。从不同的角度，可以将建设项目分为不同的类别。

1) 按照建设工程性质分类，建设项目可分为新建项目、扩建项目、改建项目、迁建项目和复建项目。

2）按照建设项目上级批准的总规模或者计划总投资，建设项目分为大型项目、中型项目和小型项目三类。

3）按照建设项目的用途分类，建设项目可分为生产性建设项目（包括工业、农田水利、交通运输、商业物资供应、地质资源勘探等）和非生产性建设项目（包括文教、住宅、卫生、公用生活服务事业等）。

4）按照建设项目投资的主体分类，建设项目可分为国家投资、地方政府投资、企业投资、“三资企业”投资以及各类投资主体联合投资的建设项目。

四、基本建设程序

基本建设程序是建设项目在整个建设过程中各项工作必须遵守的先后顺序，它是几十年来我国基本建设工作实践经验的总结，是拟建项目在整个建设过程中必须遵循的客观规律。基本建设程序一般可分为四个阶段。

（1）决策阶段。这个阶段是基本建设项目及其投资的决策阶段，它是根据国民经济中、长期发展规划进行项目的可行性研究，编制建设项目的计划任务书（又叫设计任务书）。其主要工作包括调查研究，经济论证，选择与确定建设项目的地址、规模和时间要求。

（2）准备阶段。这个阶段是基本建设项目的工程准备阶段。它主要是根据批准的计划任务书进行勘察设计，做好建设准备工作，安排建设计划。其主要工作包括工程地质勘察、初步设计，扩大初步设计和施工图设计，编制设计概算，设备订货，征地拆迁，编制分年度的投资及项目建设计划等。

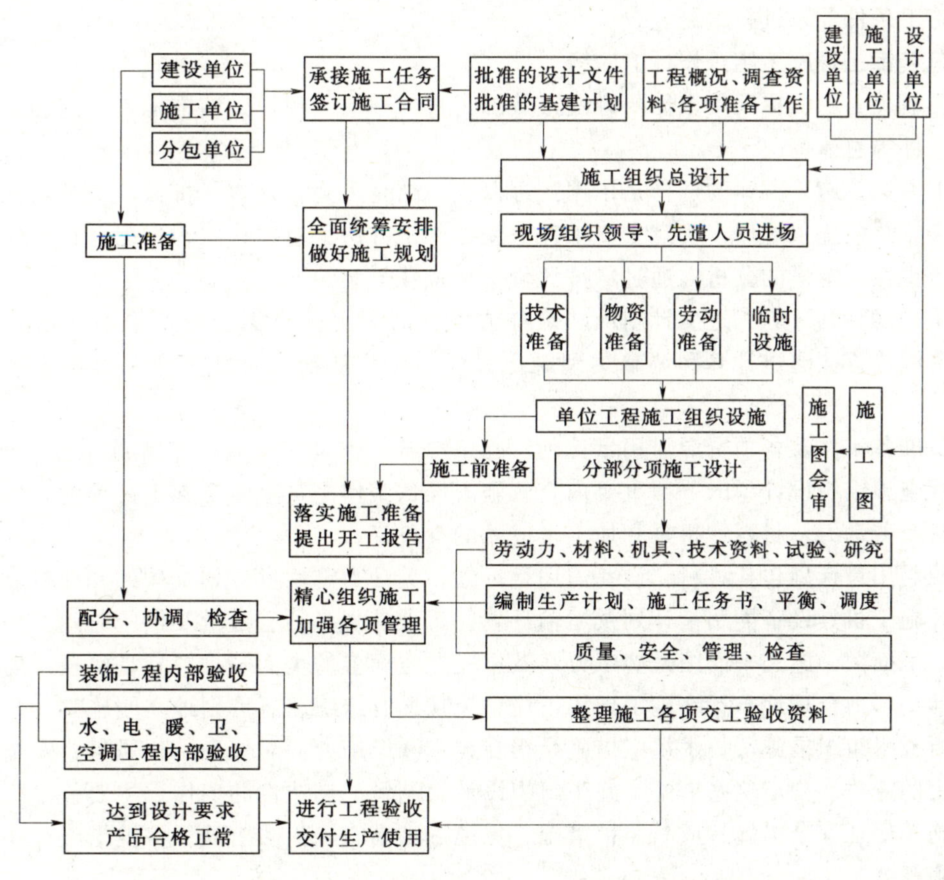

图0-2-1　建筑装饰工程施工程序简图

（3）实施阶段。这个阶段是基本建设项目及其投资的实施阶段，是根据设计图纸和技术文件进行建筑施工，做好生产或使用准备，以保证建设计划的全面完成。施工前要认真做好图纸的会审工作，编制施工图预算和施工组织设计，明确投资、进度、质量的控制要求。施工中要严格按照施工图施工，如需要变更应取得设计单位的同意，要坚持合理的施工程序和顺序，要严格执行施工验收规范，按照质量评定标准进行工程质量验收，确保工程质量。对质量不合格的工程要及时采取措施，不留隐患，不合格的工程不得交工。施工单位必须按合同规定的内容全面完成施工任务。

(4) 竣工验收、交付使用阶段。这一阶段是全面考核建设成果、检验设计和施工的重要阶段，也是建设项目转入生产和使用的标志。对于建设项目的竣工验收，要求生产性项目经负荷试运转和试生产合格，并能够生产合格产品；非生产性项目要符合设计要求，能够正常使用。验收结束后，要及时办理移交手续，交付使用。

五、建筑装饰工程施工程序

建筑装饰工程施工程序是在整个施工过程中各项工作必须遵循的先后顺序。它是多年来建筑装饰工程施工实践经验的总结，也反映了施工过程中必须遵循的客观规律。建筑装饰工程的施工程序一般可划分为承接任务阶段、计划准备阶段、全面施工阶段、竣工验收阶段及交付使用阶段。大中型建设项目的建筑装饰工程施工程序如图0-2-1所示，小型建设项目的施工程序可简单些。

第三节　建筑装饰工程施工组织设计的内容、作用和分类

不同的建筑装饰工程，有不同的施工组织设计。建筑装饰工程施工组织设计应根据工程本身的特点以及各种施工条件等来进行编制。

一、建筑装饰工程施工组织设计的内容

(1) 工程概况。工程概况用来简要说明本装饰工程的性质、规模、装饰地点、装饰面积、施工期限以及气候条件等总体情况。

(2) 施工方案。施工方案的选择是依据工程概况，结合人力、材料、机械设备等条件，全面安排施工任务，安排总的施工顺序，确定主要工种工程的施工方法；对拟建工程根据各种条件可能采用的几种方案进行定性、定量的分析，通过经济评价选择最佳方案。

(3) 施工进度计划。施工进度计划反映最佳方案在时间上的全面安排，采用计划的方法，使工期、成本、资源等方面通过计算和调整达到既定目标，在此基础上即可安排人力和各项资源需用量计划。

(4) 施工准备工作及各项资源需用量计划。施工准备工作是完成单位工程施工任务的重要环节，也是单位工程施工组织设计中的一项重要内容。施工准备工作是贯穿整个施工过程的，包括：技术准备、现场准备及劳动力、材料、机具和加工半成品的准备等。

各项资源需用量计划包括材料、设备需用量计划，劳动力需用量计划，构件和加工成品、半成品需用量计划，施工机具设备需用量计划及运输计划。每项计划必须有数量及供应时间。

(5) 施工平面图。施工平面图是施工方案及进度在空间上的全面安排。它是将投入的各项资源和生产、生活活动场地合理地布置在施工现场，使整个现场有组织、有计划地文明施工。

(6) 主要技术组织措施。技术组织措施是指在技术和组织方面对保证工程质量、安全、节约和文明施工所采用的方法。制定这些措施是施工组织设计编制者的创造性的工作。主要技术组织措施包括保证质量措施、保证安全措施、成品保护措施、保证进度措施、消防措施、保卫措施、环保措施、冬雨季施工措施等。

(7) 主要技术经济指标。主要技术经济指标是对确定的施工方案及施工部署的技术经济效益进行全面评价的指标，用以衡量组织施工的水平。

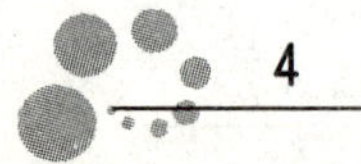

二、建筑装饰工程施工组织设计的作用

建筑装饰工程施工组织设计是对装饰施工活动实行科学管理的重要手段，是建筑装饰工程施工前的必要准备工作之一，是合理组织施工和加强施工管理的一项重要措施，它对保质、保量、按时完成整个建筑装饰工程具有决定性的作用。其作用主要表现为：

（1）是沟通设计和施工的桥梁，也可以用来衡量设计方案的施工可能性和经济合理性。

（2）对拟建装饰工程从施工准备到竣工验收全过程起到战略部署和战术安排的作用。

（3）是施工准备工作的重要组成部分，对及时做好各项施工准备工作起到促进作用。

（4）是编制施工预算和施工计划的主要依据。

（5）是对施工过程进行科学管理的重要手段。

（6）是装饰工程施工企业进行经济技术管理的重要组成部分。

三、建筑装饰工程施工组织设计的分类

建筑装饰工程施工组织设计按编制对象的大小可分为以下几类。

1. 建筑装饰工程施工组织总设计

建筑装饰工程施工组织总设计是以一个建设项目或建筑群的装饰工程作为施工组织对象进行编制的，用以指导其建筑装饰全过程各项施工活动的技术、经济、组织、协调和控制的综合性文件，如大型公共建筑、住宅小区等。编制施工组织总设计是在有了批准的初步设计或技术设计后进行的，一般以总承包单位为主，由设计单位和分包单位参加共同编制。它是对整个建筑装饰工程在组织施工中的通盘规划和总的战略部署，是修建全工地大型暂设工程和编制年度施工计划的依据。

2. 单位工程装饰工程施工组织设计

单位工程装饰工程施工组织设计是以装饰工程的单位工程为对象编制的，用来指导单位工程施工全过程各项活动的技术经济、组织、协调和控制的局部性、指导性文件。它是施工组织总设计的具体化，它应由直接组织施工的基层单位编制，并作为编制季、月施工计划的依据。

3. 分部（分项）建筑装饰工程施工组织设计

分部（分项）建筑装饰工程施工组织设计是以某些工程中规模大或新结构、技术复杂的或缺乏施工经验的分部（分项）工程的装饰为对象编制的，是直接指导现场施工和编制月、旬作业计划的依据。

第四节　建筑装饰产品及其施工的特点

建筑装饰产品是附着在建筑物上的产品，它与一般的工业产品相比较，具有其特有的一系列技术经济特点，这主要体现在产品本身及其施工过程上。

一、建筑装饰产品的特点

建筑装饰产品除具有各不相同的性质、设计、类型、规格、档次、使用要求外，还具有以下共同特点。

（1）建筑装饰产品的固定性。建筑装饰产品是建造在建筑物上的，无法进行转移。这种一经建造就在空间固定的属性，叫做建筑装饰产品的固定性。

（2）建筑装饰产品的时间性。建筑装饰产品要考虑一定的耐久性，但并不要求其与建筑主体结构的寿命一样长，因为建筑装饰风格会随时间的变化而有所更新，且建筑装饰产品要保持长时间的装饰效果具有相当大的难度。

（3）建筑装饰产品的多样性。建筑装饰根据不同的建筑风格、建筑结构、装饰设计，会产生不同的建筑装饰产品。对于每一个建筑物，它所具有的建筑装饰产品都是独一无二的，是无法像工业产品那样进行批量生产的。

（4）建筑装饰产品的双重性。建筑装饰产品不仅要对建筑物进行美化，改善建筑物内外空间的环

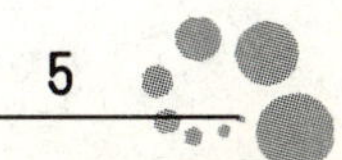

境，而且对建筑物的主体结构也起到保护的作用，延长了建筑物的使用年限。

二、建筑装饰工程施工的特点

(1) 建筑装饰工程施工的建筑性。建筑装饰工程是建筑工程的有机组成部分，装饰工程施工是建筑施工的延续与深化，而并非单纯的艺术创作。与建筑工程密切关联的任何装饰工程施工的工艺操作，均不可只顾及主观上的装饰艺术表现而漠视对于建筑主体结构的维护与保养。对于建筑装饰工程施工，必须以保护建筑主体结构及安全适用为基本原则，进而通过装饰造型、装饰饰面及设置装配等工艺操作以达到既定目标。

(2) 建筑装饰工程施工的规范性。建筑装饰工程是对建筑及其环境进行的美的艺术加工与创造，但它并不是一种表面的美化处理，而是一项工程建设项目，一种必须依靠合格的材料与构配件等通过规范的构造做法，并由建筑主体结构予以稳固支承的建设工程。一切工艺操作及工序处理，均应遵循国家颁发的有关施工和验收规范；工程质量的检查验收应贯穿装饰施工过程的始终，包括每一道工序及每一个专业项目；所采用的各种材料和所有构配件，均应符合相应的国家标准或行业标准。

(3) 建筑装饰工程施工的专业性。建筑装饰工程施工是一项十分复杂的生产活动，长期以来，其工程施工状况一直存在着工程量大、施工工期长、耗用劳动量多和占建筑物总造价高等特点。近年来，随着新材料的发展和技术的进步，建筑装饰工程施工作业简化了工序和工艺，提高了生产效率，在实现工业化的道路上迈出了巨大的步伐。工程构件的预制化，装饰项目和配套设施的专业化生产与施工，使装饰工程的施工人员摆脱了传统建筑装饰工人所要付出的繁重体力劳作。

(4) 建筑装饰工程施工的重要性。建筑装饰工程施工的很多项目都与使用者的生活、工作及日常活动直接相联系，要求完善无误地按规程实施其操作工艺，有的工艺则应达到较高的专业水准并精心施工。建筑装饰工程施工大多是以饰面为最终效果，许多操作工序处于隐蔽部位但对工程质量起着关键作用，很容易被忽略，或是其质量弊病很容易被表面的美化修饰所掩盖。这就要求从业人员应该是经过专业技术培训并接受过职业道德教育的持证上岗人员，具有很高的专业技能和及时发现问题、解决问题的能力，具有严格执行国家政策和法规的强烈意识，能切实保障建筑装饰工程施工的质量和安全。

(5) 建筑装饰工程施工的技术经济性。建筑装饰工程的使用功能及其艺术性的体现与发挥，所反映的时代感和科学技术水平，特别是工程造价，在很大程度上均受到装饰材料及现代声、光、电及其控制系统等设备的制约。在建筑主体、安装工程和装饰工程的费用中，其比例一般为结构：安装：装饰＝3：3：4，而国家重点工程、高级宾馆及涉外或外资工程等高级建筑的装饰工程费用要占总投资的一半以上。随着科学技术的进步，新材料、新工艺和新设备的不断发展，建筑装饰工程的造价还会继续提高。

三、建筑装饰工程施工与组织的密切相关性

建筑装饰工程的施工一般都是在有限的空间进行，其作业场地狭小，施工工期紧。特别是对于新建工程项目，装饰工程施工是最后一道工序，为了尽快投入使用，发挥投资效益，一般都需要抢工期。而对于扩建、改建工程，常常是边使用边施工。建筑装饰工程工序繁多，施工操作人员的工种复杂，工序之间需要平行、交叉、轮流作业，材料、机具频繁搬运等会造成施工现场的拥挤滞塞，这样就增加了施工组织的难度。要做到施工现场有条不紊、工序之间衔接紧凑、保证施工质量并提高工效，就必须依靠具备专门知识和经验的组织管理人员，并以施工组织设计作为指导性文件和切实可行的科学管理方案，对材料的进场顺序、堆放位置、施工顺序、施工操作方式、工艺检验、质量标准等进行严格控制，随时指挥调度，使建筑装饰工程施工严密、有组织、按计划地顺利进行。

第五节　建筑装饰工程施工准备工作

建筑装饰工程施工准备工作是指施工前从组织、技术、资金、劳动力、物资、生活等方面，为了保证施工顺利进行，事先要做好的各项工作。它是施工程序中的重要环节，不仅存在于开工之前，而且贯穿于整个施工过程之中。

一、建筑装饰工程施工准备工作的意义、要求和分类

（一）建筑装饰工程施工准备工作的意义和任务

现代化的建筑装饰工程施工是一项十分复杂的生产活动，它不但具有一般建筑工程的特点，还具有工期短、质量严、工序多、材料品种复杂、与其他专业交叉多等特点。如果事先缺乏统筹安排和准备，将会造成某种混乱，使施工无法进行，虽有加快施工进度的主观愿望，但往往造成事与愿违的客观结果，欲速则不达。而前期全面细致地做好施工准备工作，对调动各方面的积极因素，按照建筑装饰工程施工程序，合理组织人力、物力，加快施工进度，降低施工风险，提高工程质量，节约资金和材料，提高经济效益，都会起到积极的作用。因此，严格遵守施工程序，按照客观规律组织施工，做好各项施工准备工作，是施工顺利进行和工程圆满完成的重要保证。

建筑装饰工程施工准备工作的主要任务包括掌握工程的特点、技术和进度要求，了解施工的客观规律，合理安排、布置施工力量，充分及时地从人力、物力、技术、组织等方面，为施工的顺利进行创造必要的条件。

（二）建筑装饰工程施工准备工作的要求

（1）注重各方的相互配合。建筑装饰工程的施工工作项目多，涉及范围广，与其他专业（水、电、暖等）交叉较多，因此，在做施工准备工作时，不仅装饰工程施工单位要做好施工准备工作，施工中涉及的其他单位也要做好准备工作。

（2）有计划、有组织、有步骤地分阶段进行。建筑装饰工程施工准备不仅要在施工前集中进行，而且要贯穿于整个施工过程。建筑装饰工程施工场地相对比较狭小，及时地、分阶段地做好施工准备工作，能最大限度地利用工作面，加快施工进度，提高工作效率。因此，随着工程施工进度的不断进展，在各分部分项工程施工前，要及时做好相应的施工准备工作，为各项施工的顺利进行创造必要的条件。

（3）建立相应的检查制度。由于施工准备工作贯穿于整个施工过程中，因此对施工准备工作要建立相应的检查制度，以便经常督促，及时发现问题，不断改进工作。

（4）建立严格的责任制。按施工准备工作计划将责任落实到有关的部门和人员，明确各级技术负责人在施工准备工作中应负的责任，做到责任到人。

（5）执行开工报告、审批制度。建筑装饰工程的开工，是在施工准备工作完工以后，具备了开工条件，项目经理写出开工报告，经申报上级批准，才能执行。实行建设监理的工程，企业还需将开工报告送监理工程师审批，由监理工程师签发开工通知书，在限定时间内开工，不得拖延。

（三）建筑装饰工程施工准备工作的分类

1. 按准备工作的范围分

（1）全场性的施工准备工作。它是以整个建筑群为对象进行的各项施工准备，其施工准备工作的目的、内容都是为全场性施工服务的，如全场性的仓库、水电管线等。

（2）单位工程施工准备工作。它是以一个单位工程的装饰为对象而进行的施工准备工作，其施工准备的目的、内容都是为单位工程装饰工程服务的，如单位工程装饰工程的材料、施工机具、劳动力准备工作等。

（3）分部、分项工程施工作业条件准备。它是以单位工程装饰工程中的分部分项工程为编制对象，其施工准备工作的目的、内容都是为分部分项工程施工服务的，如分部分项工程施工技术交底、工作面条件、机械施工、劳动力安排等。

2. 按工程所处施工阶段分

（1）开工前的施工准备阶段。它是在拟建装饰工程正式开工之前所做的一切准备工作，其目的是为拟建工程正式开工创造必要的施工条件。

（2）开工后的施工准备阶段。它是在拟建工程开工后各个施工阶段正式开工前所做的施工准备。

二、建筑装饰工程施工准备工作的内容

建筑装饰工程施工准备工作的内容主要包括技术准备和施工条件与物资准备。技术准备工作主要是在室内进行，其内容有熟悉和审查图纸、收集资料、编制施工组织设计、编制施工预算等；施工条件与物资准备工作，主要是为建筑装饰工程全面施工创造良好的施工条件和物资保证。

第六节　建筑装饰工程组织施工的原则

在组织建筑装饰工程施工或编制施工组织设计时，应根据装饰工程施工的特点和以往积累的经验，遵循以下几项原则。

（1）认真贯彻执行党和国家的方针、政策。在编制建筑装饰工程施工组织设计时应充分考虑党和国家有关的方针政策，严格审批制度，严格按基本建设程序办事；严格执行建筑装饰工程施工程序；严格执行国家制定的规范、规程。

（2）严格遵守合同规定的工程开、竣工时间。对总工期较长的大型装饰工程，应根据生产或使用要求，安排分期分批进行建设、投产或交付使用，以便早日产生经济效益。在确定分期分批施工的项目时，必须注意使每期交工的项目可以独立地发挥效用，即主要施工项目同有关的辅助施工项目应同时完工，可以立即交付使用。如新建大型宾馆的首层大厅餐饮区，在装饰施工时应作为首期交工项目尽早完工，以发挥最大的经济效益。

（3）合理安排施工程序和施工顺序。建筑装饰产品的特点之一是产品的固定性，因而装饰工程施工在同一场地上进行，没有前一阶段的工作，后一阶段就很难进行，即使它们之间交叉搭接进行，也必须遵守一定的程序和顺序。装饰工程施工的程序和顺序，反映了其施工的客观规律要求，交叉搭接则体现了施工人员争取时间的主观努力。在组织施工时，必须合理地安排装饰工程施工的程序和顺序，避免不必要的重复、返工，加快施工速度，缩短工期。

（4）采用国内外先进的施工技术，科学地确定施工方案。在选择施工方案时，要积极采用新材料、新工艺、新技术；注意结合工程特点和现场条件，使技术的先进适用性和经济合理性相结合，防止单纯追求技术的先进性而忽视经济效益的做法；符合施工验收规范、操作规程的要求和遵守有关防火、保安及环卫等规定，确保工程质量和施工安全。

（5）采用网络计划技术和流水施工方法安排进度计划。在编制施工进度计划时，从实际出发，采用网络计划技术和流水施工方法安排进度计划，以保证施工连续、均衡、有节奏地进行，合理地使用人力、物力、财力，做好人力、物力的综合平衡，做到多、快、好、省，安全地完成施工任务。对于那些必须进入冬、雨季施工的项目，应落实季节性施工的措施，以减少施工的天数，提高施工的连续性和均衡性。

（6）合理布置施工平面图，减少施工用地。对于新建工程的装饰，应尽量利用土建工程的原有设施（脚手架、水电管线等），减少各种临时设施；尽量利用当地资源，合理安排运输、装卸与存放，减少物资的运输量，避免第二次运输；精心进行场地规划，节约施工用地，防止施工事故。

（7）提高建筑装饰工业化程度。应根据地区条件和作业性质，通过技术经济比较，恰当地选择预制施工或现场施工，充分利用现有的机械设备，以发挥其最高的机械效率，努力提高建筑装饰施工的工业化程度。

（8）充分合理地利用机械设备。在现代化的装饰工程施工中，采用先进的装饰施工机具，是加快施工进度、提高施工质量的重要途径。在选择施工机具时，除应注意机具的先进性外，还应注意选择与之相配套的辅件，如电钻在使用时要根据材料、部位的不同，配有不同的钻头。

（9）尽量降低装饰工程成本，提高经济效益。充分利用已有的设施、设备，因地制宜，就地取材，制定节约能源和材料的措施，合理安排人力、物力，做好综合平衡调度，提高经济效益。

（10）遵循安全第一的原则，严把安全、质量关。施工过程中要严格执行施工验收规范、操作规程和质量检验评定标准，从各方面制定保证质量的措施，预防和控制影响工程质量的各种因素。建立健全各项安全管理制度，制定确保安全施工的措施，并在施工过程中经常进行检查和监督。

练习题

1. 名词解释

（1）建筑装饰工程施工组织设计；（2）建筑装饰；（3）基本建设；（4）单位工程。

2. 填空题

（1）基本建设项目按建设性质可分为______和______，按建设项目的用途可分为______和______。

（2）基本建设程序一般可分为______、______、______和______四个阶段。

（3）建筑装饰产品的特点为______、______、______和______。

（4）建筑装饰工程施工的特点为______、______、______、______和______。

（5）施工组织设计是沟通______和______之间的桥梁。

3. 判断题

（1）凡具有独立的设计文件，竣工后可以发挥生产能力或经济效益的工程，称为一个单项工程。（　　）

（2）装饰工程中的木结构工程是单位工程。（　　）

（3）建筑装饰工程施工组织总设计由总承包单位编制。（　　）

（4）建筑装饰产品要求与建筑主体结构的寿命一样长。（　　）

（5）建筑装饰工程施工准备工作不仅存在于开工之前，而且贯穿于整个施工过程中。（　　）

4. 简答题

（1）试述建筑装饰工程施工组织设计的任务。

（2）什么叫基本建设项目？基本建设项目的组成内容有哪些？

（3）试述建筑装饰工程的施工程序。它由哪些内容组成？

（4）简述建筑装饰工程施工组织设计的作用与分类。

（5）试述建筑装饰工程施工准备工作的主要任务。

（6）编制建筑装饰工程的施工组织设计应遵循哪些原则？

上篇　建筑装饰工程施工组织

第一章　建筑装饰工程流水施工

第一节　流水施工的基本概念

生产实践证明，在工程建设的生产领域中，流水施工方法是一种科学、有效的施工组织方式。它是建立在各工作队专业化施工的基础上，较为均衡地投入劳动力、材料、施工机具等资源，同时各专业工作队实现最大限度地搭接，从而实现便于工程管理、降低工程造价、缩短工期的目标。

一、组织施工的方式

任何建筑装饰工程的施工，都可以分解成多个施工过程，每个施工过程通常又由一个或多个专业班组负责施工。根据工程项目的施工特点、工艺流程、资源利用、平面或空间布置等要求，常用的组织施工的方式可分为依次施工、平行施工和流水施工。

（一）依次施工

依次施工是将拟建工程项目的整个装饰过程分解成若干个施工过程，按照一定的施工顺序，前一个施工过程完成后，后一个施工过程才开始施工；或前一个施工段的所有施工过程都完成后，后一个施工段才开始施工。它是一种最基本、最原始的施工组织方式。

【例1-1-1】　某三层房屋进行装修，每层为一个施工段。每层装饰分为砌隔墙、墙体抹灰、安塑钢门窗、喷刷涂料四个施工过程，各施工过程在每层上所需时间为4天、3天、2天、2天。砌隔墙施工班组的人数为3人，墙体抹灰施工班组的人数为6人，安塑钢门窗施工班组的人数为4人，喷刷涂料施工班组的人数为3人，现按依次施工组织方式进行施工。

1. 按施工段依次施工

按施工段依次施工是指同一施工段的所有施工过程全部施工完毕后，再开始下一个施工段的施工，以此类推的一种组织施工的方式，其进度安排如图1-1-1所示。图中进度表下的曲线是劳动力消耗动态图，其纵坐标为每天施工人数，横坐标为施工进度。

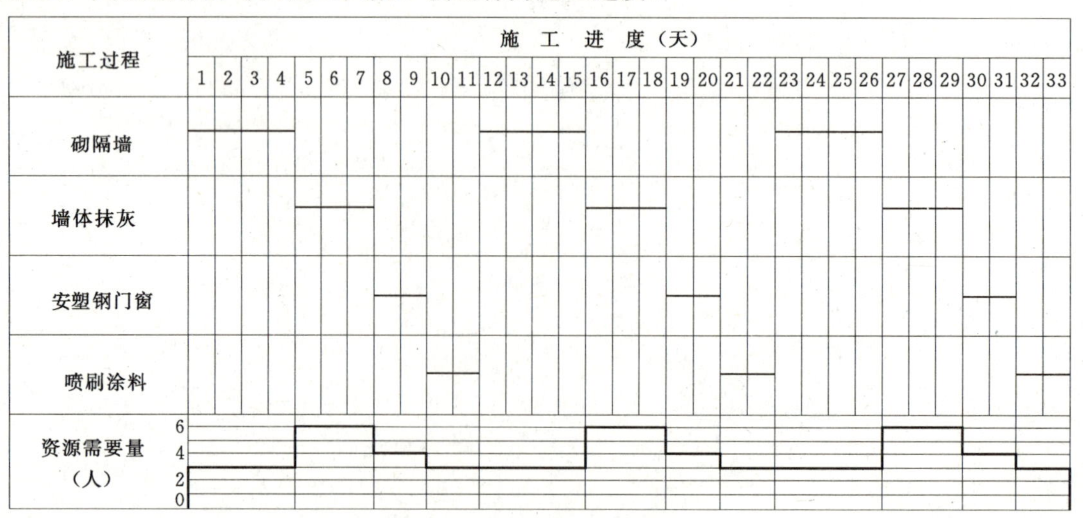

图1-1-1　按施工段依次施工

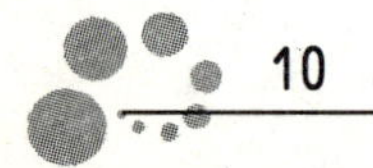

2. 按施工过程依次施工

按施工过程依次施工是指，完成某施工过程所有施工段的施工后，再开始下一施工过程施工的组织方式，其进度安排如图 1-1-2 所示。

施工过程	施工进度（天）																																
	1	2	3	4	5	6	7	8	9	10	11	12	13	14	15	16	17	18	19	20	21	22	23	24	25	26	27	28	29	30	31	32	33
砌隔墙																																	
墙体抹灰																																	
安塑钢门窗																																	
喷刷涂料																																	
资源需要量（人） 6 4 2 0																																	

图 1-1-2　按施工过程依次施工

由图 1-1-1、图 1-1-2 可以看出，依次施工组织方式具有以下特点。

（1）每天投入的劳动力较少，材料供应较单一，便于施工组织和管理。

（2）按施工段依次施工中，各专业工作班组不能连续施工，出现窝工现象；按施工过程依次施工，各专业工作队虽然实现连续施工，但不能充分利用工作面，工期较长。

适用范围：适用于工程规模较小或工作面有限的工程。

（二）平行施工

平行施工，是将拟建工程项目的整个装饰过程分解成若干个施工过程，每一施工过程可以组织几个工作班组，在同一时间、不同的空间上同时进行施工。

在［例 1-1-1］中，如果采用平行施工组织方式，即三层房屋装饰工程的各层同时开工、同时竣工，其施工进度计划和劳动力消耗动态曲线如图 1-1-3 所示。

由图 1-1-3 可以看出，平行施工组织方式具有以下特点。

（1）能充分利用工作面进行施工，可以大大缩短工期。

（2）单位时间内投入的劳动力、施工机具、材料等资源量成倍地增加，不利于资源供应，造成施工组织和管理的困难。

适用范围：适用于工程工期紧、工作面允许以及资源供应充足的工程。

（三）流水施工

流水施工，是指各施工过程按一定的时间间隔依次投入施工，各个施工过程陆续开工、陆续竣工，使同一施工过程的施工班组保持连续、均衡施工，不同的施工过程尽可能平行搭接施工的组织方式。

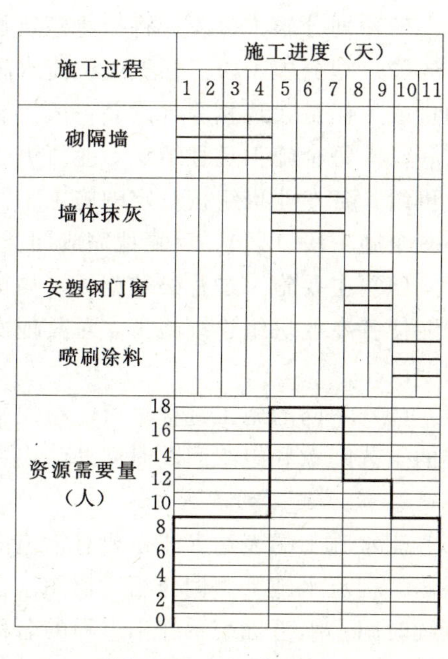

图 1-1-3　平行施工

在［例 1-1-1］中，如果采用流水施工的组织方式，下一施工过程既不是等上一施工过程在各层的施工全部结束后再开始，也不是各层装饰工程同时开工、同时竣工，而是前后施工过程尽可能平行搭接施工，其施工进度计划如图 1-1-4 所示。

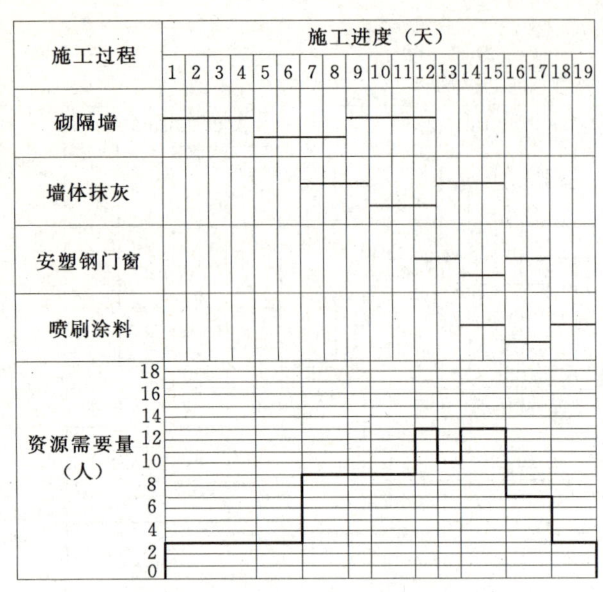

图 1-1-4　流水施工

从图 1-1-4 中可以看出，流水施工所需总时间比依次施工短，各施工过程投入的资源比平行施工少，各施工班组能连续、均衡地施工，前后施工过程尽可能平行搭接施工，比较充分地利用了工作面。所以流水施工方法克服了依次和平行施工组织方式的缺点，同时保留了它们的优点，被广泛应用于建筑装饰工程的施工组织中。

二、流水施工概述

1. 流水施工的特点

通过比较三种施工组织方式可以看出，流水施工是先进、科学的施工组织方式。流水施工由于在工艺划分、时间安排和空间布置上进行了统筹安排，体现出了较好的技术经济效果，主要表现在以下几方面。

（1）流水施工中，各个施工过程均采用专业班组操作，由于实现专业化生产，可提高工人的熟练程度和操作技能，从而提高工人的劳动生产率。同时，工程质量也易于保证和提高。

（2）流水施工能使各专业施工班组连续施工，避免出现窝工现象，从而有利于提高技术经济效益。

（3）流水施工能合理地、充分地利用工作面，避免工作面的闲置，从而有利于加快施工进度，缩短工程工期。

（4）流水施工能使劳动力和其他资源的使用比较均衡，从而可避免出现劳动力和资源使用的大起大落现象，减轻施工组织者的压力，为资源的调配、供应和运输带来方便，从而有利于提高施工管理水平。

2. 组织流水施工的要点

（1）划分施工过程。将拟建建筑物装饰工程根据工程特点和工艺要求，划分成若干个施工过程。

（2）划分施工段。根据组织流水施工的需要，将工程对象在平面上或空间上，尽可能地划分成劳动量或工作量大致相等（误差一般控制在15%以内）的施工段（区）。

（3）每个施工过程组织专业班组进行施工。在一个流水组中，每个施工过程尽可能组织独立的专业班组，各专业班组按一定的施工工艺，配备必要的机具，依次、连续地由一个施工段（区）转移到另一个施工段（区），反复地完成同类工作。

（4）主要施工过程必须连续、均衡地施工。对工程量较大、施工时间较长的主要施工过程，应尽可能使各专业班组连续施工。对其他次要工程，可考虑与相邻的施工过程合并；如不能合并，可安排间断施工。

（5）不同的施工过程尽可能组织平行搭接施工。相邻的施工过程，在工作面允许的条件下，除必要的工艺间歇和组织间歇时间外，应尽可能组织平行搭接施工。

3. 流水施工的表达方式

流水施工的表达方式主要有横道图和网络图。网络图将在本书第二章中详细介绍，下面以某装饰装修工程流水施工为例介绍横道图。在横道图表示法中，如图 1-1-5 所示，横坐标表示流水施工的持续时间；纵坐标表示施工过程的名称或编号，n 条带有编号的水平线段表示 n 个施工过程或专业工作队的施工进度安排，其编号①、②、…表示不同的施工段。

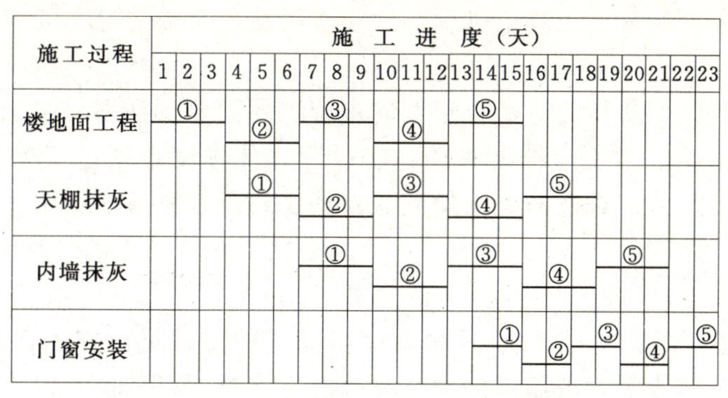

图 1-1-5　流水施工横道图表示法

横道图表示法的优点是：绘图简单，施工过程及其先后顺序表达清楚，时间和空间状况直观，使用方便。因而横道图表示法被广泛用来表达施工进度计划。

第二节　流水施工的主要参数

流水施工的主要参数，按其性质的不同，一般可分为工艺参数、空间参数和时间参数三种。

一、工艺参数

工艺参数是指在组织流水施工时，用以表达流水施工在施工工艺上的开展顺序及其特征的参数；或是指在组织流水施工时，将拟建工程项目的整个装饰过程分解成的施工过程的种类、性质和数目方面的总称。通常，工艺参数包括施工过程数和流水强度两种。

1. 施工过程

组织建筑装饰工程流水施工时，根据施工组织及计划安排需要而将计划任务分成的子项任务称为施工过程，施工过程的数目一般用 n 表示。

在划分施工过程时，并不需要将所有的施工过程都组织到流水施工中，只有那些占有工作面，对流水施工有直接影响的施工过程才作为组织的对象。施工过程划分的数目多少、粗细程度一般与下列因素有关。

（1）施工进度计划的功能。施工进度计划按计划功能的不同分为控制性施工进度计划和实施性施工进度计划。控制性施工进度计划是指以整个建设项目为施工对象，以项目整体交付使用时间为目标的施工进度计划。它用来确定工程项目中所包含的单项工程、单位工程或分部分项工程的施工顺序、施工期限及相互搭接关系。控制性施工进度计划为编制实施性施工进度计划提供依据。实施性施工进度计划是在控制性施工进度计划的指导下，以单位工程为对象，按分项工程或施工工序来划分施工过程，在选定的施工方案的基础上，根据工期要求和物资条件，具体确定各施工过程的施工时间和相互搭接关系。

对施工控制性施工进度计划、建筑群体的工程施工进度计划，组织流水施工的施工过程可以划分得粗一些，施工过程可以是单位工程，也可以是分部工程；当编制实施性施工进度计划时，施工过程可以划分得细一些，施工过程可以是分项工程，也可以是将分项工程按照专业工种不同分解而成的施工工序。

（2）建筑的结构类型及施工方案。施工过程数应结合建筑装饰工程的复杂程度、建筑的结构类型及施工方案。对复杂的施工内容应分得细些，简单的施工内容分得不要过细。砖混结构、框架结构等不同的结构类型，其施工过程划分及施工内容各不相同。对于同一幢建筑，如采用不同的施工方案和施工方法，其施工过程的划分也是不同的。

（3）劳动组织及劳动量大小。施工过程的划分与施工班组及施工习惯有关。如安装玻璃、油漆施工可合也可分，因为有的是混合班组，有的是单一工种的班组。施工过程的划分还与劳动量大小有关。劳动量小的施工过程，可与其他施工过程合并。如装饰工程中的地面工程，如果作垫层的劳动量较小，可以与混凝土面层合并成一个施工过程，这样可以使各个施工过程的劳动量大致相等，便于组织流水施工。

总之，施工过程的数量要适当，应适合组织流水施工的需要。在划分施工过程时，施工过程数过多，会使进度计划主次不明，施工组织太复杂；若过少又使进度计划过于笼统，达不到好的流水效果，失去指导施工的作用，所以合适的施工过程数对施工组织很重要。在施工过程划分时，应该以主导施工过程为主。

2. 流水强度

某施工过程（或专业工作队）在单位时间内所需完成的工程量，称为该施工过程（或专业工作队）的流水强度，也称为流水能力或施工能力。其计算方法见式（1-2-1）。

$$V = \sum_{i=1}^{x} R_i S_i \tag{1-2-1}$$

式中 V——某施工过程（或专业工作队）的流水强度；

R_i——投入该施工过程的第 i 种资源量（工人数或施工机械台数）；

S_i——投入该施工过程的第 i 种资源的产量定额；

x——投入该施工过程的资源种类数。

二、空间参数

空间参数是用以表达流水施工在空间上开展状态的参数，一般包括工作面、施工段和施工层。

（一）工作面

工作面是指供某专业工种的工人或某种施工机械进行施工的活动空间。每个作业的工人或每台机械所需工作面的大小，取决于单位时间内其完成的工程量和安全施工的要求。工作面确定得合理与否，直接影响专业工作队的生产率。因此，必须合理确定工作面。常见工种的工作面可参考表1-2-1确定。

表1-2-1　常见工种所需工作面参考数据表

工作项目	每个技工的工作面	工作项目	每个技工的工作面
砌240砖墙	8.5m/人	铝合金、塑钢门窗安装	7.5m²/人
砌120砖墙	11m/人	安装轻钢龙骨吊顶	20m²/人
砌框架间240空心砖墙	8m/人	安装轻钢龙骨石膏板隔墙	25m²/人
外墙抹水泥砂浆	16m²/人	贴内外墙面砖	7m²/人
外墙水刷石面层	12m²/人	挂墙面花岗岩板	6m²/人
外墙干粘石面层	14m²/人	铺楼地面石材	16m²/人
内墙抹灰	18.5m²/人	安装门窗玻璃	15m²/人
抹水泥砂浆楼地面	40m²/人	墙面刮腻子、涂刷乳胶漆	40m²/人
钢、木门窗安装	11m²/人		

（二）施工段

将施工项目在平面上划分为若干个劳动量大致相等的施工段，这些施工段又称为流水段。施工段的数量一般用 m 表示。通常每一个施工段在某一时间内只供一个施工过程的专业工作队使用。

1. 划分施工段的目的

划分施工段的目的就是要保证各个专业工作队都有自己的工作空间，使得各个专业工作队能够同时在不同的工作面上进行平行作业，这样可以消除等待、互不干扰，进而缩短工期。

2. 划分施工段的原则

施工段的数目要适宜。过多会使每段的工作面过小，能容纳的人数过少，影响生产效率或不能充分利用人员、设备而影响工期；太少又会难以流水，使作业班组无法连续施工，造成窝工。因此，为了使分段科学合理，应遵循以下原则。

（1）同一专业的工作队在各个施工段上的劳动量应大致相等，相差幅度不宜超过15%，目的是使专业工作班组人数相对固定，专业工作队在每段上所花费的时间大致相等，便于组织有节奏流水施工。

（2）以主导施工过程为依据，施工段的大小应使主要施工过程的工作队有足够的工作面，以保证施工效率和施工安全。

（3）为保证建筑结构的整体性和工程质量，施工段的界限应尽可能与结构界限相吻合，或设在对建筑结构整体性影响小的部位，应尽量利用沉降缝、伸缩缝、防震缝作为分段界限；为保证建筑装饰装修的外观效果，应以独立的房间、装饰的分格、墙体的阴角等作为分段界限，以减少留槎，便于连接。

（三）施工层

对于多层建筑物或需要分层施工的工程，应既分施工段，又分施工层。施工层是指在组织多层建筑物竖向流水施工时，将施工项目在竖向划分为若干个作业层，这些作业层称为施工层。各专业工作队依次完成第一施工层中各施工段任务后，再转入第二施工层的施工段上作业，以此类推，以确保各专业工作队在施工段与施工层之间连续、均衡施工。

通常以建筑物的结构层作为施工层，有时也为了满足专业工种对操作高度和施工工艺等的要求，也可以按一定高度划分施工层。在多高层建筑中，装饰装修施工阶段有较多的施工空间，易于满足多个专业队同时施工的工作面要求。有时甚至在平面上不分段，即将一个楼层作为一个施工段。但如果上下层的施工过程之间相互干扰时，则应使每层的施工段数大于或等于施工过程数，即 $m \geqslant n$，举例如下。

【例1-2-1】 一幢二层建筑的室内装饰工程，分为顶板及墙面抹灰、楼地面石材铺设两个施工过程，拟组织一个抹灰队和一个石材铺设队进行流水施工。在工作面足够、人员和机具数不变的条件下，按 $m=1$、$m=2$ 和 $m=4$ 三种方案组织施工。

为防止二层楼面施工的渗漏水污染一层顶板，采取从上向下的施工流向，即先施工二层，再施工一层。

方案1：$m=1$（$m<n$）

从图1-2-1可以看出，方案1由于不分施工段（即每个楼层为一段），在抹灰队完成二层顶板及墙面抹灰后，石材铺设队进行该层楼面铺设；因二层楼面施工的渗漏水会污染一层顶板，所以一层顶墙抹灰不能在第5天开始，只能等二层楼面铺设结束后开始，即第9天开始，进而导致一层铺石材地面的工序只有在第13天才有工作面，才能开始施工。

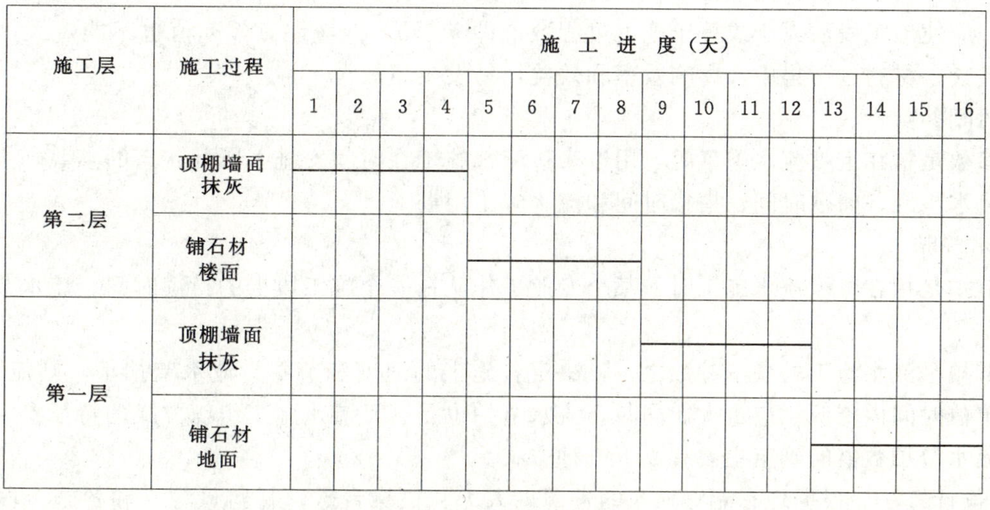

施工层	施工过程	施工进度（天）															
		1	2	3	4	5	6	7	8	9	10	11	12	13	14	15	16
第二层	顶棚墙面抹灰																
	铺石材楼面																
第一层	顶棚墙面抹灰																
	铺石材地面																

图1-2-1 $m<n$ 的进度安排

该方案中，为了满足工艺技术的要求，就无法保证专业工作队连续工作，出现了窝工现象，工期较长，不是一个理想的方案。

方案 2：$m=2$（$m=n$）

从图 1-2-2 可以看出，每层分为两个施工段，使得施工段数与施工过程数相等。在二层一段顶墙抹灰后，进行该段楼面石材的铺设，随后进行一层一段顶墙抹灰，再进行该段地面石材的铺设。

该方案在满足工艺技术要求的情况下，既保证了每个专业工作队连续工作，又使得工作面不出现闲置，大大缩短了工期，是一个较为理想的方案。

方案 3：$m=4$（$m>n$）

从图 1-2-3 可以看出，每层分为 4 个施工段，使得施工段数大于施工过程数。在二层一段顶墙抹灰后，进行该段楼面石材的铺设，随后虽然在第 3 天时一层一段的工作面已经具备，但因顶墙抹灰的施工队还在二层施工，只能把一层一段顶墙抹灰的工作推迟到第 5 天开始，之后再进行该段地面石材的铺设。

施工层	施工过程	施工进度（天）									
		1	2	3	4	5	6	7	8	9	10
第二层	顶棚墙面抹灰	①		②							
	铺石材楼面			①		②					
第一层	顶棚墙面抹灰					①		②			
	铺石材地面							①		②	

图 1-2-2　$m=n$ 的进度安排

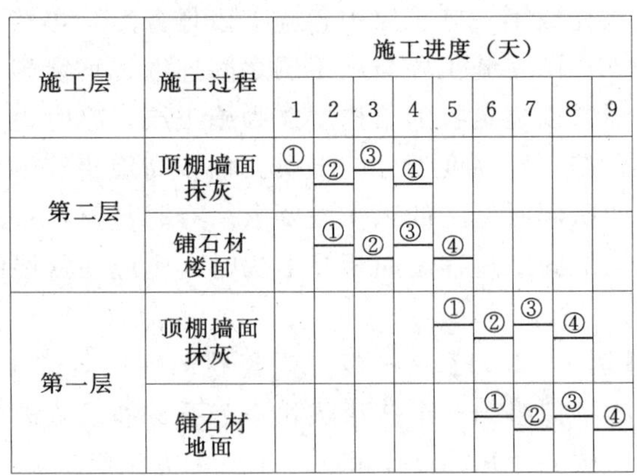

图 1-2-3　$m>n$ 的进度安排

该方案在满足工艺技术要求的情况下，保证了每个专业工作队连续工作，但使工作面出现了闲置，在层间的时候每个施工段的工作面都闲置了两天。这种工作面的闲置一般不会造成费用的增加，而且在某些施工过程中还会起到满足工艺要求和施工组织需要的作用，如可利用工作面的闲置时间作为现浇楼地面的养护时间，或安排施工质量检查等。所以，这种工作面的闲置不但是允许的，而且有时是必要的。

综上所述，在多层建筑流水施工中，为缩短工期，为保证各专业工作队尽可能连续施工，不出现窝工现象，应使施工段数大于或等于施工过程数，即 $m \geqslant n$。但应注意，m 值也不能过大，否则会造成人员、机具、材料过于集中，影响效率和效益，易发生事故。

三、时间参数

时间参数是指在组织流水施工时，用以表达流水施工在时间安排上所处状态的参数，主要包括流水节拍、流水步距、间歇时间、搭接时间和流水施工工期。

1. 流水节拍

流水节拍是指在组织流水施工时，某个专业工作队在一个施工段上的持续时间。流水节拍通常用 t 表示。

流水节拍是流水施工的基本参数之一，决定着施工的速度和节奏。流水节拍小，则流水速度快、节奏快，单位时间内资源供应量大。同时，流水节拍也是区别流水施工组织方式的特征参数。

（1）流水节拍数值的确定主要有以下三种方式。

1）定额计算法。根据现有能够投入的资源（人力、机械台数、材料量等）和各施工段的工程量以及劳动定额来确定。计算方法见式（1-2-2）。

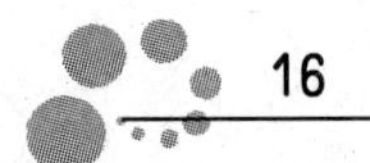

$$t_i = \frac{Q_i}{S_i R_i N_i} = \frac{Q_i H_i}{R_i N_i} = \frac{P_i}{R_i N_i} \tag{1-2-2}$$

式中 t_i——施工过程 i 的流水节拍；

Q_i——施工过程 i 在某施工段上的工程量；

S_i——施工过程 i 的人工或机械的产量定额；

R_i——施工过程 i 的专业施工队人数或机械台数；

N_i——施工过程 i 的专业施工队每天工作班次；

H_i——施工过程 i 的人工或机械的时间定额；

P_i——施工过程 i 在某施工段上的劳动量（工日或台班）。

从上述计算公式可以看出，影响流水节拍数值大小的因素有：施工时采用的施工方案、该施工段上工程量的多少、该施工段上投入资源的多少、工作班次。施工时为便于管理，流水节拍在数值上最好是半个工日的整数倍。

2）工期计算法。对于某些在规定日期内必须完成的工程项目，往往采用工期倒排计算法。首先根据工期倒排进度，确定某施工过程的工作持续时间。然后确定某施工过程在某施工段上的流水节拍，若同一施工过程在各施工段上的流水节拍不等，则用估算法；若流水节拍相等，则按式（1-2-3）进行计算。

$$t = \frac{T}{m} \tag{1-2-3}$$

式中 T——某施工过程的工作延续时间；

m——某施工过程划分的施工段数。

3）经验估算法。经验估算法是根据以往的施工经验，结合现有的施工条件进行估算。为了提高其准确程度，往往先估算出该施工过程流水节拍的最长、最短和最可能三种时间，然后采用加权平均的方法，求出较为可行的流水节拍值。这种方法也称为三时估算法，计算公式见式（1-2-4）。

$$t = \frac{a + 4c + b}{6} \tag{1-2-4}$$

式中 a——某施工过程在某施工段上的最短估算时间；

b——某施工过程在某施工段上的最长估算时间；

c——某施工过程在某施工段上的最可能时间。

（2）无论采用哪种方法，在确定流水节拍时应注意以下问题。

1）在确定流水节拍时，有时为减小流水节拍值需加大资源的投入量，此时应考虑工作面的限制条件，必须保证施工班组和施工机械有足够的工作面，这样才能保证各专业施工班组和施工机械的劳动效率和施工操作安全。

2）在确定流水节拍时，应考虑专业施工队组织方面的限制，专业队的人数应符合劳动组合的要求，以便进行集体协作施工。

3）在确定流水节拍大小时，应考虑工序自身的工艺要求。如刮腻子、刷油漆等往往有几层做法，各层间有干燥间歇要求；墙面粘贴石材受到施工高度的限制等。所以流水节拍大小应满足这些间歇时间的要求。

4）确定分部工程各施工过程的流水节拍，应首先确定主导施工过程（指主要的、工程量大的施工过程）的流水节拍，并以它为依据确定其他施工过程的流水节拍。主导施工过程的流水节拍应尽可能是有节奏的，以便组织有节奏流水。

2. 流水步距

流水步距是指组织流水施工时，相邻两个施工过程（专业工作队）相继开始施工的最小间隔时间。流水步距通常用 $K_{i,i+1}$ 来表示，其中 i（$i=1, 2, \cdots, n-1$）为专业工作队或施工过程的编号。

流水步距的大小，对工期有较大的影响。一般来说，在施工段不变的条件下，流水步距越大，工期越长；流水步距越小，工期越短。

流水步距的大小，与流水施工的组织方式、流水节拍的大小、施工段数目、施工工艺技术要求、是否有间歇、搭接时间等有关。流水步距的计算将在本章第三节中详细介绍。

3. 间歇时间

间歇时间是指在组织流水施工时，由于施工过程之间工艺上或组织上的需要，相邻两个施工过程在时间上不能衔接施工而必须留出的时间间隔。根据原因的不同，间歇时间又可分为工艺间歇（通常用 t_g 表示）和组织间歇（通常以 t_z 来表示）。工艺间歇是合理的工艺等待时间，如砂浆抹面和油漆面的干燥时间。组织间歇是由于施工组织的原因而造成的等待时间，如机器转场、施工验收等。

4. 搭接时间

在组织流水施工时，相邻两个专业工作队在同一施工段上的关系，通常是前者工作全部完成，后者才能进入这个施工段开始施工。但有时为了缩短工期，在工作面允许的前提下，可以使二者搭接作业，这个搭接的持续时间称为搭接时间，通常以 t_d 表示。但需注意的是，专业队提前插入必须在技术上可行，而且不影响前一个专业队的正常工作。提前插入的现象越少越好，多了会打乱节奏，影响均衡施工。

5. 流水施工工期

流水施工工期是指从第一个专业工作队投入流水施工开始，到最后一个专业工作队完成流水施工为止的整个持续时间，通常以 T 表示。

第三节　流水施工的组织方式

在流水施工中，由于流水节拍的规律不同，决定了流水步距、流水施工工期的计算方法等也不同，甚至影响到各个施工过程的专业工作队数目。因此，有必要按照流水节拍的特征将流水施工进行分类，其分类情况如图 1-3-1 所示。

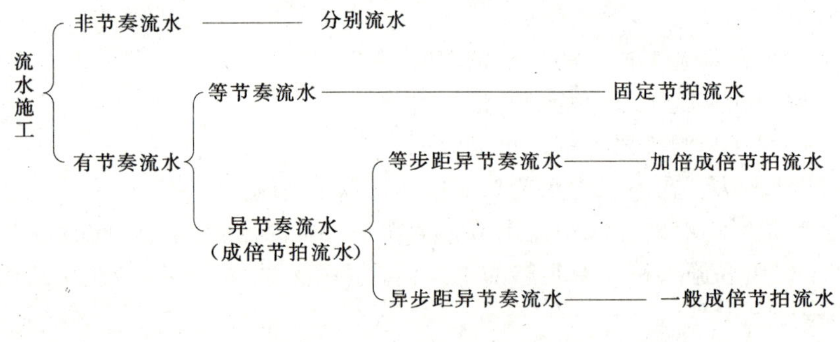

图 1-3-1　流水施工分类图

1. 有节奏流水施工

有节奏流水施工是指在组织流水施工时，每一个施工过程在各个施工段上的流水节拍都各自相等的流水施工，它分为等节奏流水施工和异节奏流水施工。

（1）等节奏流水施工，是指在组织流水施工时，同一个施工过程在各个施工段上的流水节拍都相等，不同的施工过程在各个施工段上的流水节拍也相等的流水施工方式，也称为固定节拍流水施工或全等节拍流水施工。

（2）异节奏流水施工，是指在组织流水施工时，同一个施工过程在各个施工段上的流水节拍都相等，但不同的施工过程在各个施工段上的流水节拍不全相等的流水施工方式。在组织异节奏流水施工时，又可以选择采用等步距异节奏流水和异步距异节奏流水两种方式。

1）等步距异节奏流水施工，是指在组织异节奏流水施工时，按每个施工过程流水节拍之间的比例关系，成立相应数量的专业工作队而进行的流水施工，也称为加快的成倍节拍流水施工。

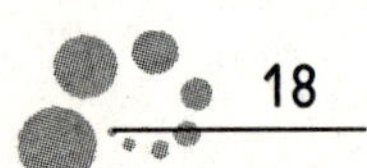

2）异步距异节奏流水施工，是指组织异节奏流水施工时，每个施工队成立一个专业工作队，由其完成各施工段任务的流水施工，也称为一般的成倍节拍流水施工。

2. 非节奏流水施工

非节奏流水施工是指在组织流水施工时，同一个施工过程在各个施工段上的流水节拍不全相等的流水施工。这种施工是流水施工中最常见的一种方式，也称为无节奏流水施工。

一、有节奏流水施工

（一）固定节拍流水施工

1. 固定节拍流水施工的特点

固定节拍流水施工是一种最理想的流水施工方式，其特点如下。

（1）所有施工过程在各个施工段上的流水节拍均相等。

（2）相邻施工过程的流水步距相等，且等于流水节拍。

（3）每个专业工作队都能够连续作业，施工段没有间歇时间。

（4）专业工作队数目等于施工过程数目。

2. 固定节拍流水施工的适用范围

固定节拍流水施工比较适用于施工过程较少的分部工程，而在大多数建筑工程中施工均较为复杂，施工过程也较多，要使所有的施工过程的流水节拍都相等是十分困难的，因而在实际施工中不易组织固定节拍流水。因此固定节拍流水组织方式的适用范围不是很广泛。

3. 流水施工工期的确定（本章仅讨论不分施工层的情况）

固定节拍流水施工工期的计算程序如下。

（1）计算流水步距 K。流水步距等于流水节拍：

$$K = t \tag{1-3-1}$$

（2）确定流水施工工期。流水施工工期可按式（1-3-2）计算。

$$T=(m+n-1)t+\sum t_g+\sum t_z-\sum t_d \tag{1-3-2}$$

式中 T——流水施工工期；

m——施工段数；

n——施工过程数；

t——流水节拍；

$\sum t_g$——工艺间歇时间之和；

$\sum t_z$——组织间歇时间之和；

$\sum t_d$——搭接时间总和。

【例 1-3-1】 某分部工程由 A、B、C、D 4 个施工过程组成，每个施工过程分为 3 施工段，各施工过程在各施工段上的流水节拍均为 2 天，试组织流水施工。

解：由于流水节拍相等，可组织固定节拍流水施工。

1）确定流水步距，$K=t=2$（天）。

2）计算工期，$T=(m+n-1)t+\sum t_g+\sum t_z-\sum t_d=(3+4-1)\times 2=12$（天）。

3）绘制施工进度计划表，如图 1-3-2 所示。

【例 1-3-2】 ［例 1-3-1］中若 A、B 之间有 1 天的搭接时间，C、D 之间有 2 天的技术间歇时间，试组织流水施工。

解：由于流水节拍相等，可组织固定节拍流水施工。

1）确定流水步距，$K=t=2$（天）。

2）计算工期，$T=(m+n-1)t+\sum t_g+\sum t_z-\sum t_d=(3+4-1)\times 2+2-1=13$（天）。

3）绘制施工进度计划表，如图 1-3-3 所示。

施工过程	施 工 进 度（天）											
	1	2	3	4	5	6	7	8	9	10	11	12
A												
B												
C												
D												

图 1-3-2 ［例 1-3-1］流水施工进度计划表

施工过程	施 工 进 度（天）												
	1	2	3	4	5	6	7	8	9	10	11	12	13
A													
B													
C													
D													

图 1-3-3 ［例 1-3-2］流水施工进度计划表

【例 1-3-3】 某一住宅小区内有 7 栋同类型建筑物外墙面进行装饰，施工过程 $n=4$，按一栋为一个施工段。若要求工期不超过 50 天，试组织全等节拍流水施工，绘制施工进度计划表。

解：根据已知资料可知：施工过程 $n=4$，施工段数 $m=7$，根据公式 $T=(m+n-1)t$ 反求出流水节拍，即

$$t=\frac{T}{m+n-1}=\frac{50}{7+4-1}=5\text{（天）}$$

流水施工进度计划表见图 1-3-4。

施工过程	施 工 进 度（天）									
	5	10	15	20	25	30	35	40	45	50
A										
B										
C										
D										

图 1-3-4 ［例 1-3-3］流水施工进度计划表

（二）成倍节拍流水施工

在通常情况下，很难使得各个施工过程的流水节拍都彼此相等，但是如果施工段划分得合适，保持同一施工过程在各施工段的流水节拍相等是不难实现的。这种同一施工过程在各施工段的流水节拍相等，不同施工过程的流水节拍不相等，即形成成倍节拍流水施工。成倍节拍流水施工包括一般成倍节拍流水和加快的成倍节拍流水施工。为了缩短流水施工工期，一般可采用加快的成倍节拍流水施工方式。一般成倍节拍流水由于对施工过程的流水节拍及资源限制比较少，因而在进度安排上比固定节拍和加快成倍节拍流水灵活，实际应用范围更广泛。

1. 加快成倍节拍流水施工

加快成倍节拍流水施工具有以下几个特点：①同一施工过程在其各个施工段上的流水节拍均相等；不同施工过程的流水节拍不等，但其值均为某一常数的整数倍；②相邻施工过程的流水步距相等，且等于流水节拍的最大公约数；③各专业工作队能保证连续施工，施工段没有空闲；④专业工作队数大于施工过程数。

加快成倍节拍流水施工通过增加专业工作队数目来缩短流水施工工期，每个施工过程由几个专业工作队共同完成，其流水施工工期的计算程序如下。

（1）计算流水步距 K_b。流水步距等于流水节拍的最大公约数：

$$K_b=\text{最大公约数}[t_i] \tag{1-3-3}$$

（2）确定专业工作队数目。每个施工过程成立的专业工作队数目可按式（1-3-4）计算。

$$b_i = \frac{t_i}{K_b} \tag{1-3-4}$$

式中　b_i——第 i 个施工过程的专业工作队数目；

t_i——第 i 个施工过程的流水节拍；

K_b——流水步距（各施工过程流水节拍的最大公约数）。

参与工程流水施工的专业工作队总数 n' 为：$n'=\sum b_j$。

（3）确定流水施工工期。流水施工工期可按式（1-3-5）计算。

$$T=(m+n'-1)K_b+\sum t_g+\sum t_z-\sum t_d \tag{1-3-5}$$
$$n'=\sum b_i$$

式中　T——流水施工工期；

m——流水施工段数；

n'——专业工作队总数；

b_i——第 i 个施工过程的专业工作队数目；

K_b——流水步距（各施工过程流水节拍的最大公约数）；

$\sum t_g$——工艺间歇时间之和；

$\sum t_z$——组织间歇时间之和；

$\sum t_d$——搭接时间之和。

【例 1-3-4】　某住宅楼共 6 个单元，进行室内装修，每个单元需要的时间是顶棚墙面刮白 4 天，涂料 2 天，铺木地板 6 天。如果工期要求紧，施工人员充足，则可以组织何种流水施工？

解：根据背景材料及工期要求紧、施工人员充足的情况，可组织成加快成倍节拍流水施工。

1）确定流水步距，K_b＝最大公约数［4，2，6］＝2（天）。

2）计算专业工作队数目，$b_1=4/2=2$（个），$b_2=2/2=1$（个），$b_3=6/2=3$（个），$n'=b_1+b_2+b_3=2+1+3=6$（个）。

3）确定施工段数，每一单元作为一个施工段，共 6 个单元，$m=6$。

4）计算工期，$T=(m+n'-1)K_b+\sum t_g+\sum t_z-\sum t_d=(6+6-1)\times 2=22$（天）。

5）绘制施工进度计划表，如图 1-3-5 所示。

施工过程	专业工作队号	施工进度（天）										
		2	4	6	8	10	12	14	16	18	20	22
顶棚墙面刮白 A	$A1$	①		③		⑤						
	$A2$		②		④		⑥					
刷涂料 B	$B1$			①	②	③	④	⑤	⑥			
铺木地板 C	$C1$					①			④			
	$C2$						②			⑤		
	$C3$							③			⑥	

图 1-3-5　［例 1-3-4］流水施工进度计划表

2. 一般成倍节拍流水施工

组织流水施工时，同一施工过程在各施工段上的流水节拍相等，不同施工过程的流水节拍不完全相等，且每个施工过程均由一个专业工作队承担，可组织一般成倍节拍流水施工。这种施工方式的特点是：①同一施工过程在各个施工段上的流水节拍相等；②不同施工过程之间的流水节拍不全相等；③各专业工作队能保证连续施工，施工段可能有空闲；④专业工作队数等于施工过程数。

一般成倍节拍流水施工工期的计算程序如下。

（1）确定流水步距。一般成倍节拍流水的流水步距可按式（1-3-6）计算：

$$K_{i,i+1}=\begin{cases}t_i & (t_i \leqslant t_{i+1})\\ mt_i-(m-1)t_{i+1} & (t_i > t_{i+1})\end{cases} \tag{1-3-6}$$

式中 $K_{i,i+1}$——第 i 个施工过程与第 $i+1$ 个施工过程间的流水步距；

t_i——第 i 个施工过程在各施工段上的流水节拍；

t_{i+1}——第 $i+1$ 个施工过程在各施工段上的流水节拍；

m——施工段数。

（2）确定流水施工工期。一般成倍节拍流水施工工期可按式（1-3-7）计算。

$$T=\sum K_{i,i+1}+T_n+\sum t_g+\sum t_z-\sum t_d=\sum K_{i,i+1}+mt_n+\sum t_g+\sum t_z-\sum t_d \tag{1-3-7}$$

式中 T_n——最后一个施工过程的总持续时间；

t_n——最后一个施工过程的流水节拍；

$\sum t_g$——工艺间歇时间之和；

$\sum t_z$——组织间歇时间之和；

$\sum t_d$——搭接时间之和；

其他符号同前。

【例1-3-5】 如［例1-3-4］所示背景材料，若每个施工过程配备一个专业施工班组，试组织流水施工。

解：根据背景材料及每个施工过程配备一个专业施工班组的要求，可组织成一般成倍节拍流水施工。

1）确定流水步距，$t_A > t_B$，$K_{AB}=mt_A-(m-1)t_B=6\times4-5\times2=14$（天）；$t_B<t_C$，$K_{BC}=t_B=2$（天）。

2）绘制施工进度计划表，如图1-3-6所示。

施工过程	施工进度（天）																									
	2	4	6	8	10	12	14	16	18	20	22	24	26	28	30	32	34	36	38	40	42	44	46	48	50	52
顶棚墙面刮白 A																										
刷涂料 B																										
铺木地板 C																										

图1-3-6 ［例1-3-5］流水施工进度计划表

二、非节奏流水施工

在组织流水施工时，经常由于工程结构形式、施工条件不同等原因，使得各施工过程的流水节拍随施工段的不同而不同，且不同施工过程之间的流水节拍又有很大的差异，不可能按有节奏流水施工来组织。这时流水节拍虽然无任何规律，但仍可利用流水施工原理组织流水施工，使各专业工作队在满足连续施工的条件下，实现最大限度的搭接。这种施工方式，称为非节奏流水施工，又称分别流水施工，它是流水施工的普遍形式。

1. 特点

（1）各施工过程在各施工段上的流水节拍不全相等。

（2）相邻施工过程的流水步距不尽相等。

（3）每个专业工作队都能够连续作业，施工段可能有空闲。

(4) 专业工作队数等于施工过程数。

2. 适用范围

非节奏流水对流水节拍没有前三种施工组织方式的时间约束，在进度安排上比较自由、灵活，允许某些施工段闲置，因此能够适应各种结构各异、规模不等、复杂程度不同的工程，具有广泛的适用性，在实际工作中是一种非常普遍的流水施工方式。

3. 工期的确定

其流水施工工期的计算程序如下。

(1) 确定流水步距。非节奏流水施工中，流水步距的大小没有规律，通常运用潘特考夫斯基法进行计算。潘特考夫斯基法又称"累加数列错位相减取大差法"，其计算步骤如下。

1) 对每个施工过程在各施工段上的流水节拍依次累加，求得各施工过程流水节拍的累加数列。

2) 将相邻施工过程流水节拍累加数列中的后者错后一位，相减求得一个差数列。

3) 在差数列中取最大值，即为这两个相邻施工过程的流水步距。

(2) 确定流水施工工期。非节奏流水施工工期可按式 (1-3-8) 计算。

$$T=\sum K_{i,i+1}+T_n+\sum t_g+\sum t_z-\sum t_d \tag{1-3-8}$$

符号同前。

【例 1-3-6】 某工程包括 A、B、C 和 D 4 个施工过程，分为 4 个施工段组织流水施工，各施工过程在各施工段的流水节拍见下表 1-3-1。试确定相邻施工过程之间的流水步距及流水施工工期，并绘制流水施工进度图表。

表 1-3-1 某工程的流水节拍

施工过程	施工段			
	①	②	③	④
A	3 天	3 天	4 天	4 天
B	2 天	2 天	3 天	3 天
C	4 天	4 天	5 天	5 天
D	2 天	2 天	3 天	3 天

解： 根据流水节拍无节奏特点，可采用非节奏流水施工方式组织施工。

1) 计算各施工段流水节拍的累加数列，将相邻两数列错位相减，得到数列差，取最大值即为流水步距。

A 与 B：

$$\begin{array}{rrrrr} 3, & 6, & 10, & 14 & \\ - & 2, & 4, & 7, & 10 \\ \hline 3 & 4 & 6 & 7 & -10 \end{array}$$

$$K_{AB}=\max\{3,4,6,7,-10\}=7\text{（天）}$$

B 与 C：

$$\begin{array}{rrrrr} 2, & 4, & 7, & 10 & \\ - & 4, & 8, & 13, & 18 \\ \hline 2 & 0 & -1 & -3 & -18 \end{array}$$

$$K_{BC}=\max\{2,0,-1,-3,-18\}=2\text{（天）}$$

C 与 D：

$$
\begin{array}{r}
4,\ 8,\ 13,\ 18 \\
-\qquad 2,\ 4,\ 7,\ 10 \\
\hline
4\quad 6\quad 9\quad 11\ -10
\end{array}
$$

$$K_{CD}=\max\{4,6,9,11,-10\}=11\ （天）$$

2）计算工期：$T=\sum K_{i,i+1}+T_n+\sum t_g+\sum t_z-\sum t_d=7+2+11+10=30$（天）。

3）绘制流水施工进度计划表，如图 1-3-7 所示。

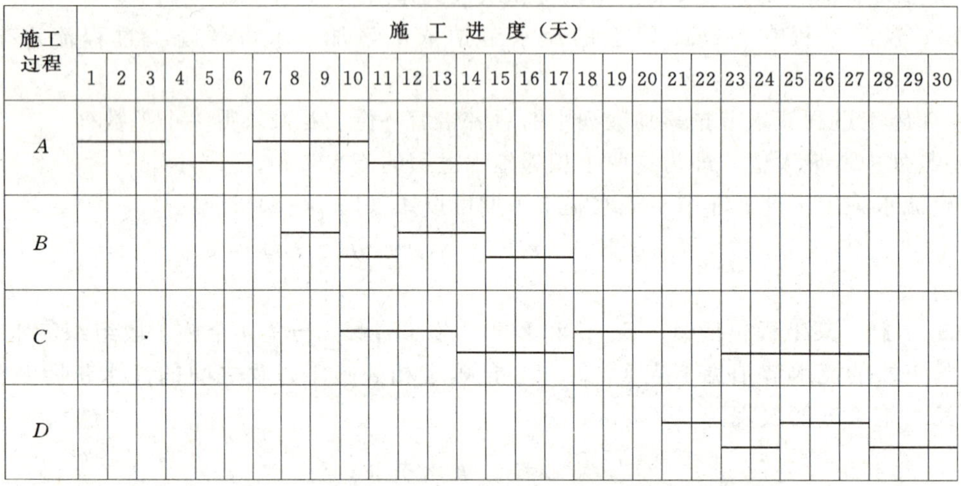

施工过程	施工进度（天）																													
	1	2	3	4	5	6	7	8	9	10	11	12	13	14	15	16	17	18	19	20	21	22	23	24	25	26	27	28	29	30
A																														
B																														
C																														
D																														

图 1-3-7 ［例 1-3-6］流水施工进度计划表

第四节 流水施工的具体应用

针对实际工程组织流水施工时，应按以下步骤进行。

（1）根据作业内容、施工方案、工序要求、施工队的配备和构成等确定施工过程，并计算出各施工过程的工程量、劳动量。

（2）根据工程的层数、面积、施工作业部位和内容、工期要求、资源配备等具体情况，划分施工区和施工段。

（3）根据每一施工过程的劳动量，考虑工期要求或劳动力及机具配备状况、班制安排、工艺要求、流水组织方法等确定合理的流水节拍。

（4）根据施工工序、流水节拍绘制施工进度计划表。

需要注意的是，因施工过程较多，难以全面兼顾时，要以主要施工过程为主。首先保证几个主要施工过程进行流水作业，在符合施工顺序的前提下，力争使主要工种连续施工。对于同一工种同时有几项工作任务时，可将该工种工人分成两个或三个组，分头同时去干不同的任务。次要施工过程可以不参与流水，只作穿插配合。

具体工程实例见本章第五节。

第五节 学 习 情 境

某 12 层住宅室内装饰装修工程包括楼地面、天棚、内墙面、木门制作安装、油漆等。其中，厨房、卫生间贴墙砖、铺地砖；客厅、走廊的墙面、顶棚刮腻子后涂耐擦洗涂料，楼地面铺地砖；卧室墙面、顶棚刮腻子后作耐擦洗涂料，楼地面铺木地板。主要装饰装修工程量见表1-5-1。

表1-5-1　主要装饰装修工程量表

序号	项　目	单位	工程量	序号	项　目	单位	工程量
1	木门套	樘	1434	5	卫生洁具（三件套）	套	240
2	壁柜	m	1257	6	橱柜	套	270
3	瓷砖墙面	m^2	3495	7	耐擦洗涂料墙面	m^2	47967
4	瓷砖地面	m^2	7735	8	木地板	m^2	8280

该装饰工程要求工期为80天。主要工种的人员配备情况如下：木工180人，泥工120人，油工120人，水电工45人。

由于工期较紧，1～12共12层分为上、中、下三个施工区平行施工，每区4层分4段流水作业，即每个楼层作为一个施工段。每个施工区内采用自上而下的流向施工。本装饰工程由于装饰阶段施工过程多，工程量相差较大，组织等节奏流水比较困难，所以可以考虑采用异节奏流水或非节奏流水方式。

各区的工程量、劳动量、工种及人员安排、工作延续时间及节拍见表1-5-2。

表1-5-2　流水施工计算汇总表

序号	分项工程名称	工　程　量		劳　动　量		人数	工作延续时间	流水节拍
		单位	数量	工种	工日			
1	卫、厨楼地面找平	m^2	765	泥	48	12	4	1
2	卫、厨楼地面防水	m^2	1237	油	40	10	4	1
3	卫、厨贴墙砖	m^2	1165	泥	640	40	16	4
4	走廊、客厅、卫、厨地砖	m^2	2578	泥	720	36	20	5
5	走廊、客厅踢脚、安窗台	m	3034	泥	243	30	8	2
6	卫生间洁具	套	80	水电	160	10	16	4
7	门套制作	樘	478	木	478	60	8	2
8	壁柜制作安装	m	419	木	1442	60	24	6
9	顶棚批腻子	m^2	5339	油	322	40	8	2
10	墙面批腻子	m^2	10674	油	641	40	16	4
11	顶棚、墙面涂料	m^2	15989	油	483	40	12	3
12	卧室木地板	m^2	2760	木	712	60	12	3
13	安木门	樘	496	木	248	20	12	3
14	安橱柜	套	90	木	360	30	12	3
15	木制油漆			油		20	12	3
16	安灯具、开关			水电		15	20	5

每区的流水施工具体安排见图1-5-1。图中，每个施工过程后的4条线段分别表示4个施工段的进度安排，第一条线段表示该区的上部一层（即第一段），中间线段表示该区的中间一层（即第二段），依此类推。

考虑木工作业内容较多且量大，木工划分为A、B两个组分别作业，通过集中和分组作业，既保证了施工顺序合理，又使木工得到充分利用。从图中箭线可以看出工作队作业流动情况：木工工作队连续施工，无间歇；水电工工作队连续施工；泥工和油工工作队也基本实现了各自的连续施工。

时间单位：天

序号	项目名称	工程量		劳动量		人数	工作日	施工进度（3月、4月、5月；2~78天）
		单位	数量	工种	工日			
1	卫、厨楼地面找平	m^2	765	泥	48	12	4	
2	卫、厨防水层	m^2	1237	油	40	10	4	
3	卫、厨贴墙砖	m^2	1165	泥	640	40	16	
4	走廊、厅、卫、厨地砖	m^2	2578	泥	720	36	20	
5	走廊、厅踢脚、安窗台	m	3034	泥	243	30	8	
6	卫生间洁具安装	套	80	水电	160	10	16	
7	门套制作	樘	478	木	478	60	8	
8	壁柜制作安装	m	419	木	1442	60	24	
9	顶棚批腻子	m^2	5339	油	322	40	8	
10	墙面批腻子	m^2	10674	油	641	40	16	
11	顶棚墙面涂料	m^2	15989	油	483	40	12	
12	卧室木板地	m^2	2760	木	712	60	12	
13	安木门	樘	496	木 *A*	248	20	12	
14	安橱柜灶具	套	90	木 *B*	360	30	12	
15	木制油漆			油		20	12	
16	安灯具、开关			水电		15	20	

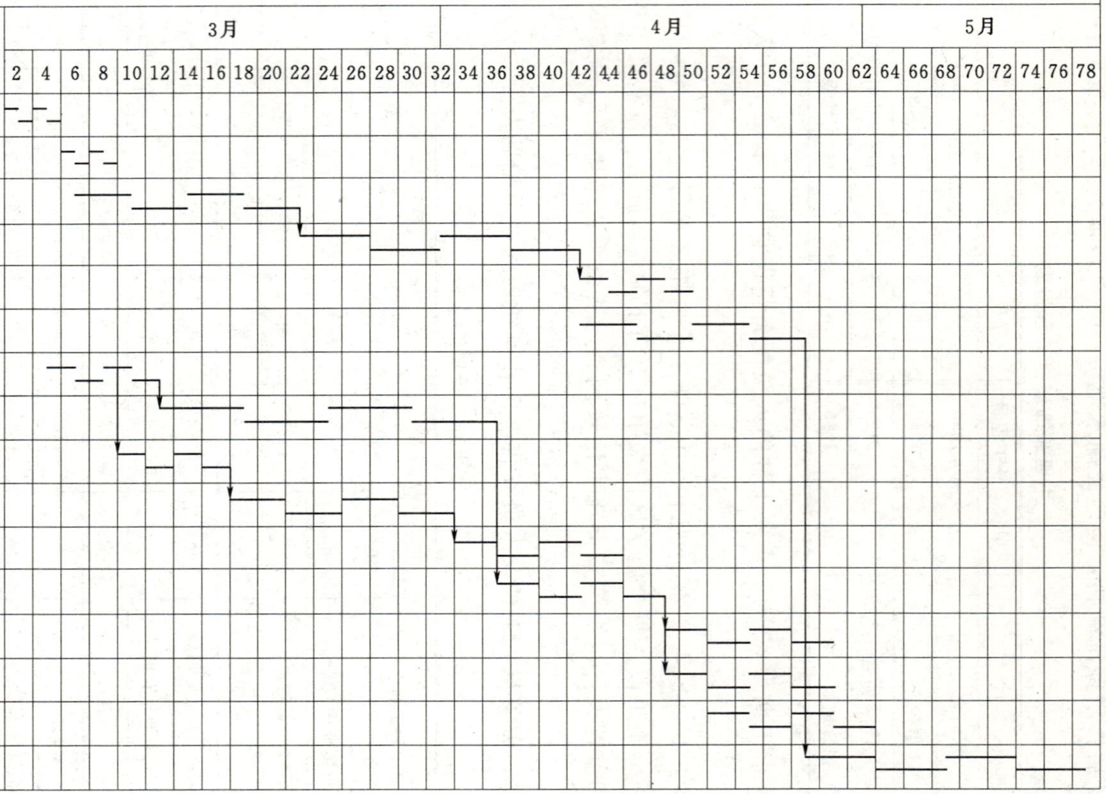

图 1-5-1　某住宅单区装饰装修施工进度计划表

思考题

1. 组织施工的方式有哪几种？各种方式有何特点？

2. 组织流水施工有哪些主要参数？各自的含义是什么？

3. 施工过程数目的划分与哪些因素有关？

4. 施工段划分应遵循哪些原则？

5. 流水节拍数值的确定主要有哪几种方式？

6. 在确定流水节拍时应注意哪些问题？

7. 按流水节拍的特点，流水施工有哪些组织方式？

练习题

1. 某分部工程由 4 个分项工程组成，划分为 3 个施工段，流水节拍为 4 天，无技术、组织间歇，试组织流水施工，绘制流水施工进度表。

2. 某单层建筑的平面尺寸为 17.4m×144m，沿长度方向每隔 48m 留伸缩缝一道，且知当某分部工程采用三段施工时，各施工过程的流水节拍分别为，A：2 天/段；B：4 天/段；C：6 天/段；D：2 天/段。A 施工过程后在其上开始工作的技术要求为 2 天，试按两种方式组织该分部工程的流水施工，绘制流水施工进度表。

3. 某分部工程各施工过程在各施工段的流水节拍见表 1，试确定相邻工序间的流水步距及流水施工工期，并绘制流水施工进度计划。

表 1　某工程流水施工资料

工　序	施　工　段			
	①	②	③	④
A	4 天	3 天	1 天	2 天
B	2 天	3 天	4 天	2 天
C	3 天	4 天	2 天	1 天

第二章　建筑装饰工程网络计划技术

第一节　网 络 计 划 概 述

网络计划技术是利用网络计划进行生产组织与管理的一种方法。在 20 世纪 50 年代中期出现于美国，随后被广泛应用于工业、农业等各个领域。这种方法主要用于进度规划、计划和实施控制，是建筑业公认的目前最先进的计划管理法方法之一。我国自 20 世纪 60 年代起开始使用这种方法，经过多年的推广与实践，目前网络计划技术已成为工程建设领域在工程管理方面必不可少的现代化管理方法。建设部于 2000 年 2 月 1 日起实施新的《工程网络计划技术规程》(JGJ/T 121—99)，使网络计划在工程管理方面有了统一标准。

1. 网络计划基本概念

网络计划技术是用网络图的形式来反映和表达计划的安排。网络图是一种表示整个计划中各项工作实施的先后顺序和所需时间，并表示工作流程的有向、有序的网状图形。

在建筑施工中，网络计划技术主要用来编制工程项目施工的进度计划，并通过对计划的优化、调整和控制，达到缩短工期、降低成本、均衡资源的目标。

2. 网络计划分类

网络计划的种类很多，可以从不同的角度进行分类，常用的分类方法有以下几种。

(1) 按节点和箭线所代表的含义不同，可分为双代号网络图和单代号网络图两大类。

1) 双代号网络图：以箭线及其两端节点的编号表示工作的网络图称为双代号网络图。即用两个节点一根箭线代表一项工作，工作名称写在箭线上面，工作持续时间写在箭线下面，在箭线前后的衔接处画上节点、编上号码，并以节点编号 i 和 j 代表一项工作名称，如图 2-1-1 所示。

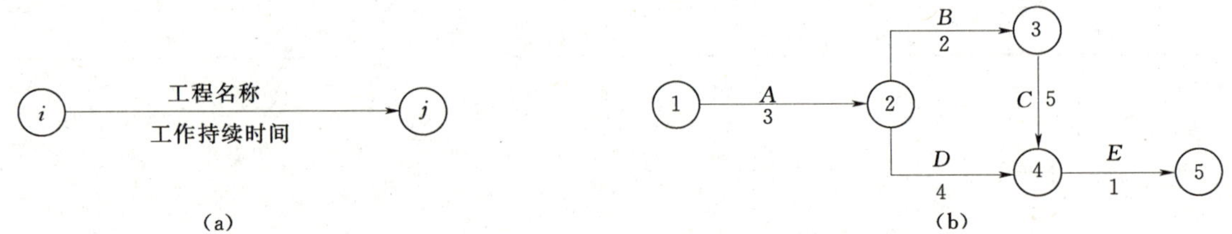

图 2-1-1　双代号网络图

(a) 工作的表示方法；(b) 工程的表示方法

2) 单代号网络图：以节点及其编号表示工作，以箭线表示工作之间的逻辑关系的网络图称为单代号网络图。即每一个节点表示一项工作，节点所表示的工作名称、持续时间和工作代号等标注在节点内，如图 2-1-2 所示。

(2) 根据网络计划的工程对象不同和使用范围大小，网络计划可分为局部网络计划、单位工程网络计划和综合网络计划。

1) 局部网络计划：以一个分部工作或施工段为对象编制的网络计划。

2) 单位工程网络计划：以一个单位工程为对象编制的网络计划。

3) 综合网络计划：以一个建设项目或建筑群为对象编制的网络计划。

(3) 按网络计划的时间表达方式不同，网络计划可分为时标网络计划和非时标网络计划。

1) 时标网络计划：工作的持续时间以时间坐标为尺度绘制的网络计划，如图 2-1-3 所示。

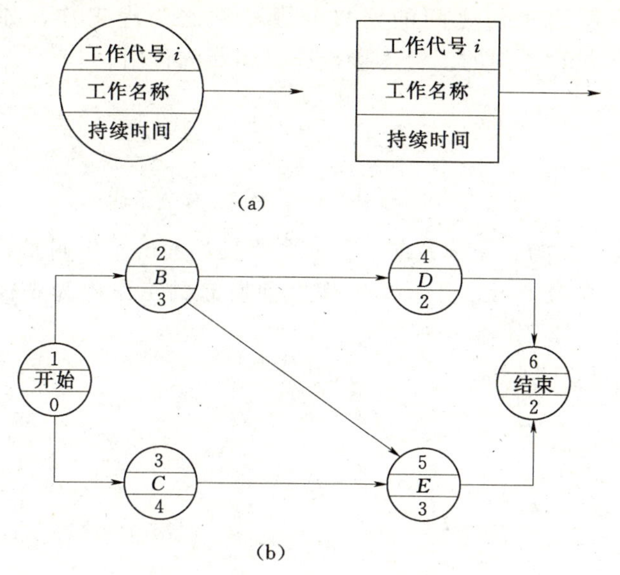

图 2-1-2　单代号网络图

(a) 工作的表示方法；(b) 工程的表示方法

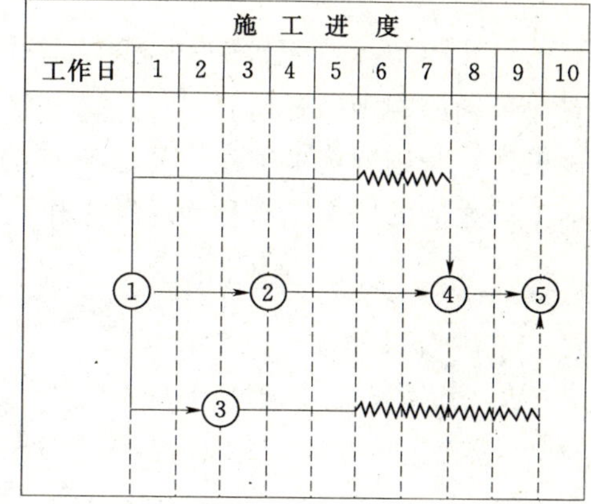

图 2-1-3　时标网络计划

2）非时标网络计划：工作的持续时间以数字形式标注在箭线下面绘制的网络计划，如图2-1-1所示。

3. 网络计划的特点

长期以来，我国一直应用流水施工基本原理，采用横道图的形式来编制工程项目施工进度计划。这种表达方法简单直观，但存在着一些不足。与横道计划相比，网络计划有如下优点。

(1) 网络计划能明确反映各项工作间的逻辑关系。

(2) 通过计算网络图时间参数，能找出影响进度的关键线路，从而抓住主要矛盾，保证工期。

(3) 利用某些工作的机动时间，可进行资源的调整，从而降低成本、均衡施工。

(4) 根据计划目标，可对网络计划进行调整和优化。

但网络图的绘制比较麻烦，表达不像横道图那么直观明了。

第二节　双代号网络计划

双代号网络图的每一个工作（或工序、施工过程、活动等）都由一根箭线和两个节点表示，并在节点内编号，用箭尾节点和箭头节点编号作为这个工作的代号。由于工作均用两个代号标识，所以该表示方法通常称为双代号表示方法。用这种表示方法，将一项计划的所有工作按其逻辑关系绘制而成的网状图形称为双代号网络图。

一、双代号网络图的组成要素

双代号网络图由箭线、节点、线路三个要素组成，其含义和特点介绍如下。

1. 箭线

在双代号网络图中，一根箭线表示一项工作（或工序、施工过程、活动等），如支设模板、绑扎钢筋、混凝土浇筑、混凝土养护等。

每一项工作都要消耗一定的时间和资源。只要消耗一定时间的施工过程都可作为一项工作，各工作用实箭线表示，如图 2-2-1 所示。其工作可以分为两种：第一种需要同时消耗时间和资源，如混凝土浇筑，既需要消耗时间，也需要消耗劳动力、水泥、砂石等资源；第二种仅仅需要消耗时间，如混凝土的养护、油漆的干燥等。

在双代号网络图中，为了正确表达施工过程的逻辑关系，有时必须使用一种虚箭线，这种虚箭线没有工作名称，不占用时间，不消耗资源，只解决工作之间的连接问题，称之为虚工作，如图2-2-2所示。虚工作在双代号网络计划中起施工过程之间的逻辑连接或逻辑间断的作用。

图2-2-1 双代号网络图工作表示法　　　　图2-2-2 双代号网络图虚工作表示法

双代号网络图中，就某一工作而言，紧靠其前面的工作称紧前工作，紧靠其后面的工作叫紧后工作，该工作本身则称为本工作，与之平行的工作称为平行工作。本工作之前所有的工作称为先行工作，本工作之后的所有工作称为后继工作，如图2-2-3所示。

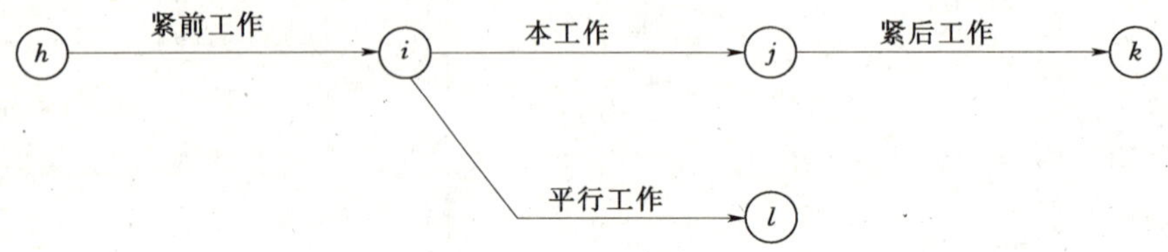

图2-2-3 双代号网络图工作间关系

2. 节点

节点是双代号网络图中箭线之间的连接点，即工作结束与开始之间的交接之点。在双代号网络图中，节点既不占用时间、也不消耗资源，是个瞬间值，即它只表示工作的开始或结束的瞬间，起着承上启下的衔接作用。

节点一般用圆圈或其他形状的封闭图形表示，圆圈中编上整数号码。每项工作都可用箭尾和箭头的节点的两个编号（$i-j$）作为该工作的代号。节点的编号，一般应满足$i<j$的要求，即箭尾号码要小于箭头号码，节点的编号顺序应从小到大，可不连续，但不允许重复。

网络图的第一个节点称为起始节点，表示一项计划（或工程）的开始；最后一个节点称为终点节点，表示一项计划（或工程）的结束；其他节点都称为中间节点，每个中间节点既是紧前工作的结束节点，又是紧后工作的开始节点。

3. 线路

从网络图的起始节点到终止节点，沿着箭线的指向所构成的若干条“通道”即为线路。一般网络图有多条线路，可依次用该线路上的节点代号来记述，其中持续时间最长的一条线路称为关键线路（至少有一条关键线路）。该关键线路的计算工期即为该计划的计算工期，位于关键线路上的工作称为关键工作。其余线路称为非关键线路，位于非关键线路上的工作称为非关键工作。如图2-2-4所示网络图中共有两条线路，1→2→3→4→5线路的持续时间为6天，1→2→4→5线路的持续时间为8天，则1→2→4→5线路为关键线路。

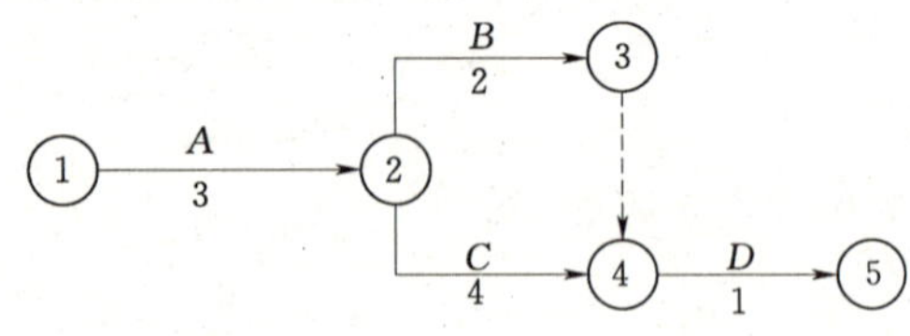

图2-2-4 双代号网络图

在网络图中，关键线路要用双实线、粗箭线或彩色箭线表示，关键线路控制着工程计划的进度，决定着工程计划的工期。要注意关键线路并不是一成不变的。在一定条件下，关键线路和非关键线路可以互相转化，如关键线路上的工作持续时间缩短，或非关键线路上的工作持续时间增加，都有可能使关键线路与非关键线路发生转换。

非关键线路都有若干天机动时间，称为时差。非关键工作可以在时差允许范围内放慢施工进度，将部分人力、物力转移到关键工作上，以加快关键工作的进程；或者在时差允许范围内改变工作开始和结束时间，以达到均衡施工的目的。

二、双代号网络图的绘制

正确绘制网络图是网络计划应用的关键。因此，绘图时必须做到以下两点：首先，绘制的网络图

必须正确表达工作之间的逻辑关系；其次，必须遵守双代号网络图的绘制规则。

1. 网络图的逻辑关系

工作之间相互制约或依赖的关系称为逻辑关系。工作之间的逻辑关系包括工艺关系和组织关系。

（1）工艺关系。工艺关系是指生产工艺上客观存在的先后顺序关系，或者是非生产性工作之间由工作程序决定的先后顺序关系。例如，建筑工程施工时，先做基础，后做主体；先做结构，后做装修等。工艺关系是不能随便改变的。

（2）组织关系。组织关系是指在不违反工艺关系的前提下，人为安排的工作的先后顺序关系。这种关系不受施工工艺的限制，不由工程性质本身决定，在保证施工质量、安全和工期的前提下，可以人为安排。

在网络图中，各工作之间在逻辑关系上关系是变化多端的，双代号网络图中常见的一些逻辑关系及其表示方法见表2-2-1，工作名称均以字母来表示。

表2-2-1　双代号网络图常用的逻辑关系及其相应的表示方法

序号	工作之间的逻辑关系	网络图中的表示方法
1	有 A、B 两项工作按照依次施工方式进行	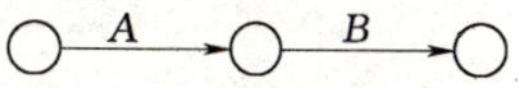 A、B
2	有 A、B、C 三项工作同时开始工作	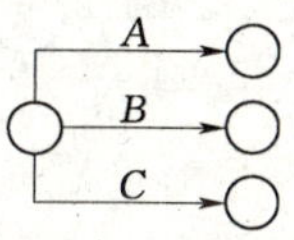 A、B、C
3	有 A、B、C 三项工作同时结束	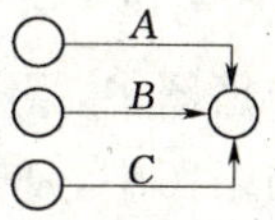 A、B、C
4	有 A、B、C 三项工作，只有在 A 完成后 B、C 才能开始工作	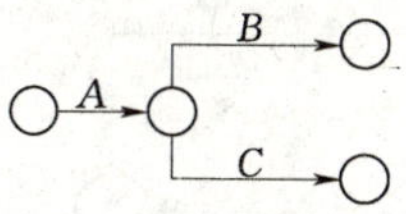 A、B、C
5	有 A、B、C 三项工作，C 工作只有在 A、B 完成后才能开始	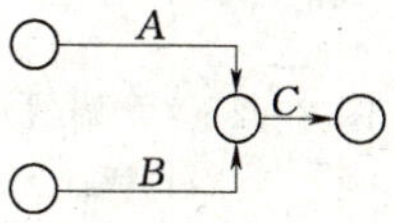 A、C、B
6	有 A、B、C、D 四项工作，只有 A、B 完成后，C、D 才能开始	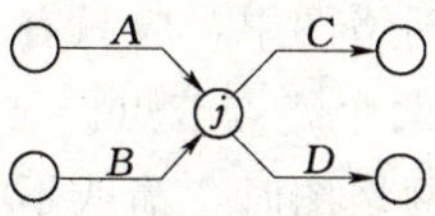 A、C、j、B、D
7	有 A、B、C、D 四项工作，只有 A 完成后，C、D 才能开始，B 完成后 D 才能开始	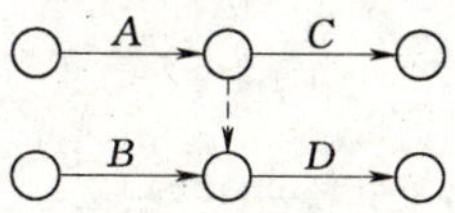 A、C、B、D
8	有 A、B、C、D、E 五项工作，只有 A、B 完成后，C 才能开始，B、D 完成后 E 才能开始	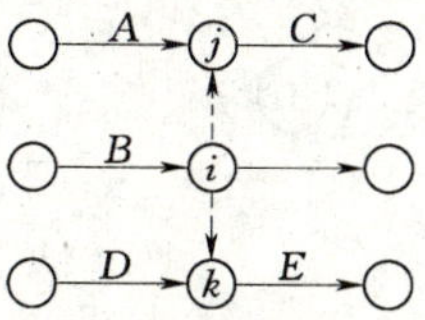 A、j、C、B、i、D、k、E
9	有 A、B、C、D、E 五项工作，只有 A、B、C 完成后，D 才能开始，B、C 完成后 E 才能开始	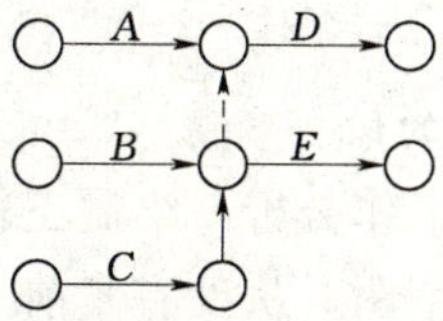 A、D、B、E、C

续表

序号	工作之间的逻辑关系	网络图中的表示方法
10	A、B、C三项工作分三个施工段组织流水施工	A_1 A_2 A_3 B_1 B_2 B_3 C_1 C_2 C_3

2. 网络图的绘制规则

双代号网络图绘制过程中，除正确表达逻辑关系外，还必须遵守以下绘图规则。

(1) 双代号网络图中严禁出现循环回路。所谓循环回路是指从网络图中的某一个节点出发，顺着箭线方向又回到了原来出发点的线路。如图2-2-5所示，②→③→④形成循环回路，由于其逻辑关系相互矛盾，此网络图表达必定是错误的。

(2) 双代号网络图中，在节点间严禁出现带双向箭头或无箭头的连线，如图2-2-6所示。

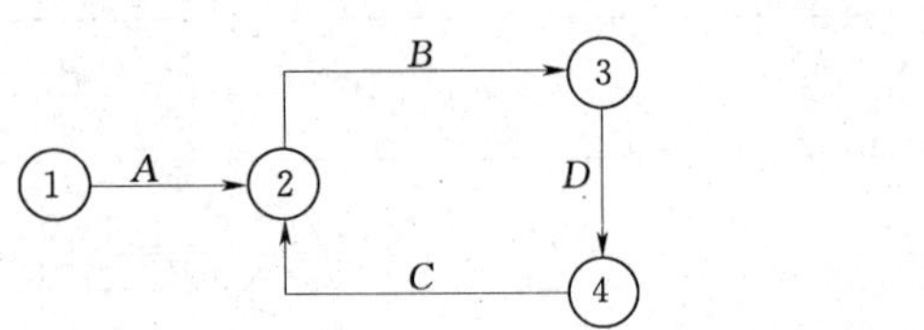

图2-2-5 循环回路示意图

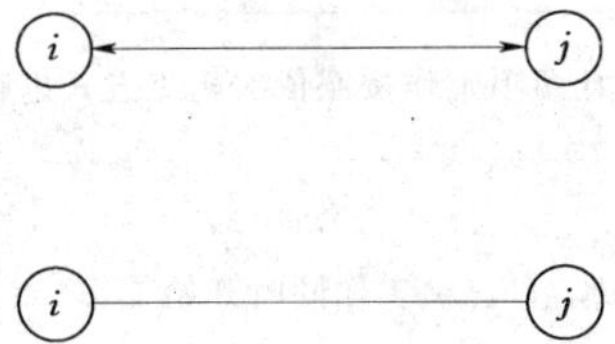

图2-2-6 错误的箭头画法

(3) 双代号网络图中，不允许出现同样编号的节点或箭线，如图2-2-7所示。

(4) 双代号网络图中，同一项工作不能出现两次。如图2-2-8所示，C工作出现了两次。

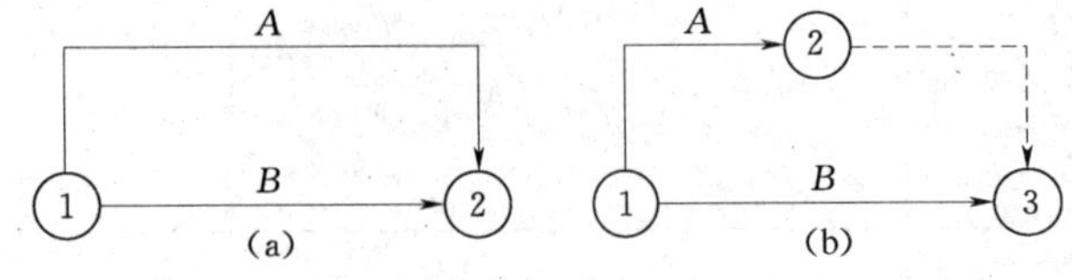

图2-2-7 箭线绘制规则示意图

(a) 错误；(b) 正确

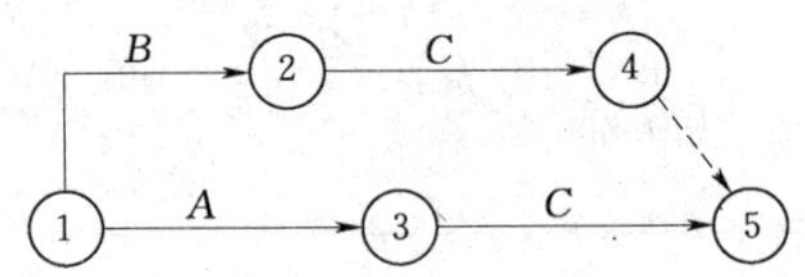

图2-2-8 同一项工作出现两次

(5) 一张网络图中，应只有一个起点节点和一个终点节点。如图2-2-9所示，有1、3两个起点节点，5、6两个终点节点。

(6) 绘制网络图时，箭线不宜交叉；当交叉不可避免时，可用过桥法或指向法。如图2-2-10所示。

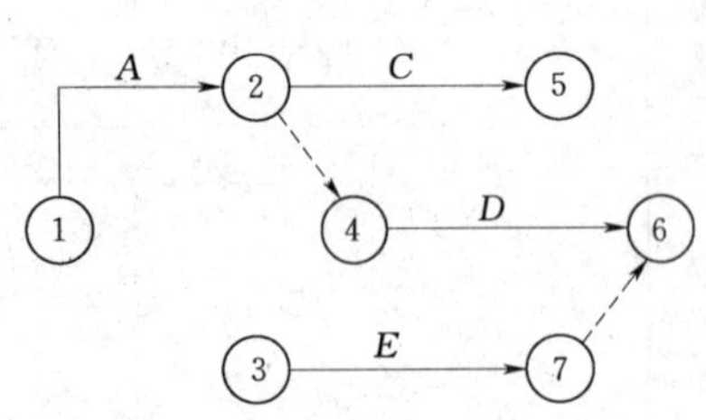

图2-2-9 多个起点、终点节点

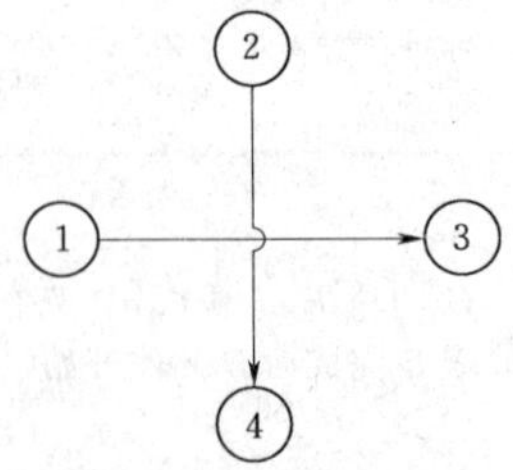

图2-2-10 箭线交叉的处理方法

3. 网络图的绘制步骤

(1) 进行工作分析，绘制逻辑关系表。

(2) 绘制草图，从没有紧前工作的工作画起，从左到右把各工作组成网络图。

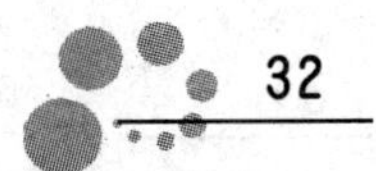

（3）按网络图的绘制规则和逻辑关系检查、调整网络图。

（4）整理构图形式，应从以下几个方面进行整理。

1）箭线宜用水平箭线，垂直箭线表示。

2）避免反向箭杆。

3）去除多余的虚工作，应保证去除后不影响逻辑关系的正确表达，不会出现同样编号的箭线。

（5）给节点编号，编号原则是对于任一工作其箭尾号码要小于箭头号码。

【例 2-2-1】 某工程工作之间的逻辑关系如表 2-2-2 所示，试绘制双代号网络图。

表 2-2-2 各工作逻辑关系及持续时间表

工作	A	B	C	D	E	G	H	I
紧前工作	—	—	A	A、B	B	C、D	D、E	G、H
持续时间	2	4	10	4	6	3	4	2

解： 按照绘制步骤，绘成双代号网络图，如图 2-2-11 所示。

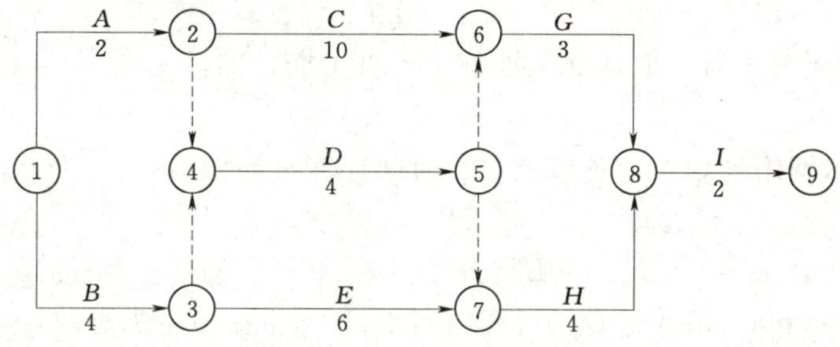

图 2-2-11 某工程双代号网络图

三、双代号网络图时间参数的计算

计算网络计划时间参数，目的主要有三个：①确定关键线路和关键工作，便于施工中抓住重点，向关键线路要时间；②明确非关键工作在施工中时间上有多大的机动性，便于挖掘潜力，统筹全局，部署资源；③确定总工期，做到工程进度心中有数。

1. 时间参数的概念及其符号

（1）工作持续时间（D_{i-j}）：指一项工作从开始到完成的时间。

（2）工作的时间参数。

1）工作最早开始时间（ES_{i-j}）：指在各紧前工作全部完成后，本工作有可能开始的最早时刻。

2）工作最早完成时间（EF_{i-j}）：指在各紧前工作全部完成后，本工作有可能完成的最早时刻。

3）工作最迟开始时间（LS_{i-j}）：指在不影响整个任务按期完成的前提下，本工作必须开始的最迟时刻。

4）工作最迟完成时间（LF_{i-j}）：指在不影响整个任务按期完成的前提下，本工作必须完成的最迟时刻。

5）总时差（TF_{i-j}）：指在不影响计划总工期的前提下，本工作可以利用的机动时间。一项工作可利用的时间范围从最早开始时间到最迟完成时间。

6）自由时差（FF_{i-j}）：指在不影响紧后工作最早开始时间的前提下，本工作可以利用的机动时间。一项工作可利用的时间范围从该工作最早开始时间到紧后工作最早开始时间。

（3）节点的时间参数。

1）节点最早时间（ET_i）：指以该节点为开始节点的各项工作的最早开始时间。

2）节点最迟时间（LT_i）：指以该节点为完成节点的各项工作的最迟完成时间。

2. 网络计划时间参数的计算方法

由于双代号网络图中节点时间参数与工作时间参数有着密切的联系，通常在图上直接计算，先计

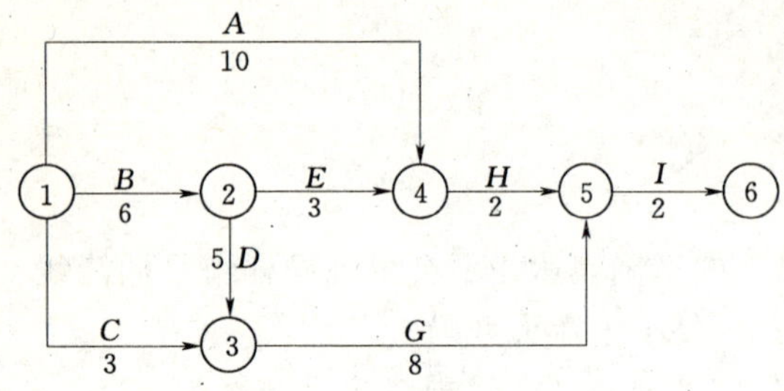

图 2-2-12　某双代号网络计划

算出节点的时间参数，然后推算出工作的时间参数。

现以图 2-2-12 所示为例说明双代号网络图时间参数的计算方法。

（1）节点时间参数的计算。

1）计算各节点最早时间。自起点节点开始，顺着箭线方向逐点向后计算直至终点节点，即“顺着箭线方向相加，逢箭头相碰的节点取最大值”。

当网络计划没有规定开始时间，起点节点的最早时间为零，即

$$ET_1 = 0 \qquad (2-2-1)$$

其他节点的最早时间为

$$ET_j = \max\{ET_i + D_{i-j}\} \qquad (2-2-2)$$

网络计划的计算工期为

$$T_C = ET_n \qquad (2-2-3)$$

当实际工程对工期无要求时，取计划工期等于计算工期，即：

$$T_P = T_C \qquad (2-2-4)$$

如图 2-2-12 所示网络计划中，各节点最早时间计算过程如下：

$$ET_1 = 0$$

$$ET_2 = ET_1 + D_{1-2} = 0 + 6 = 6$$

$$ET_3 = \max\{ET_1 + D_{1-3}, ET_2 + D_{2-3}\} = \max\{0+3, 6+5\} = 11$$

$$ET_4 = \max\{ET_1 + D_{1-4}, ET_2 + D_{2-4}\} = \max\{0+10, 6+3\} = 10$$

$$ET_5 = \max\{ET_3 + D_{3-5}, ET_4 + D_{4-5}\} = \max\{11+8, 10+2\} = 19$$

$$ET_6 = ET_5 + D_{5-6} = 19 + 2 = 21$$

2）计算各节点最迟时间。自终点节点 n 开始，逆着箭线方向逐点向前计算直至起点节点，即“逆着箭线方向相减，逢箭尾相碰的节点取最小值”。

终点节点的最迟时间为

$$LT_n = ET_n（或计划工期 T_P） \qquad (2-2-5)$$

其他节点的最迟时间为

$$LT_i = \min\{LT_j - D_{i-j}\} \qquad (2-2-6)$$

如图 2-2-12 所示网络计划中，各节点最迟时间计算过程如下：

$$LT_6 = ET_6 = 21$$

$$LT_5 = LT_6 - D_{5-6} = 21 - 2 = 19$$

$$LT_4 = LT_5 - D_{4-5} = 19 - 2 = 17$$

$$LT_3 = LT_5 - D_{3-5} = 19 - 8 = 11$$

$$LT_2 = \min\{LT_3 - D_{2-3}, LT_4 - D_{2-4}\} = \min\{11-5, 17-3\} = 6$$

$$LT_1 = \min\{LT_2 - D_{1-2}, LT_3 - D_{1-3}, LT_4 - D_{1-4}\} = \min\{6-6, 11-3, 17-10\} = 0$$

将上述节点时间参数的计算结果标注在图上，如图 2-2-13 所示。

（2）工作时间参数的计算。

1）计算各工作的最早开始时间。工作的最早开始时间等于该工作的开始节点的最早时间，即

$$ES_{i-j} = ET_i \qquad (2-2-7)$$

2）计算各工作的最早完成时间。工作的最早完成时间等于该工作的最早开始时间加持续时间或用节点参数计算，即

$$EF_{i-j} = ES_{i-j} + D_{i-j} \qquad (2-2-8)$$

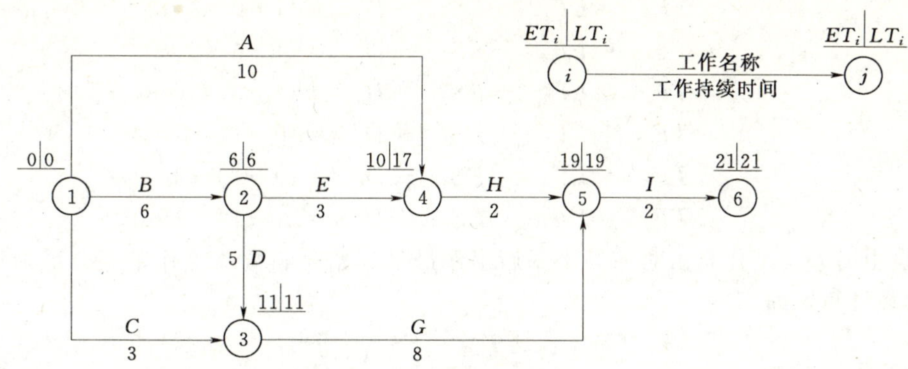

图 2-2-13　双代号网络计划节点时间参数计算结果

或
$$EF_{i-j}=ET_i+D_{i-j} \tag{2-2-9}$$

如图 2-2-12 所示网络计划中，各工作的最早开始时间和最早完成时间计算过程如下：

工作 A：　$ES_{1-4}=ET_1=0$　$EF_{1-4}=ES_{1-2}+D_{1-4}=0+10=10$

工作 B：　$ES_{1-2}=ET_1=0$　$EF_{1-2}=ES_{1-2}+D_{1-2}=0+6=6$

工作 C：　$ES_{1-3}=ET_1=0$　$EF_{1-3}=ES_{1-2}+D_{1-3}=0+3=3$

工作 D：　$ES_{2-3}=ET_2=6$　$EF_{2-3}=ES_{2-3}+D_{2-3}=6+5=11$

工作 E：　$ES_{2-4}=ET_2=6$　$EF_{2-4}=ES_{2-4}+D_{2-4}=6+3=9$

工作 G：　$ES_{3-5}=ET_3=11$　$EF_{3-5}=ES_{3-5}+D_{3-5}=11+8=19$

工作 H：　$ES_{4-5}=ET_4=10$　$EF_{4-5}=ES_{4-5}+D_{4-5}=10+2=12$

工作 I：　$ES_{5-6}=ET_5=19$　$EF_{5-6}=ES_{5-6}+D_{5-6}=19+2=21$

3）计算各工作的最迟完成时间。工作的最迟完成时间等于该工作的完成节点的最迟时间，即

$$LF_{i-j}=LT_j \tag{2-2-10}$$

4）计算各工作的最迟开始时间。工作的最迟开始时间等于该工作的最迟完成时间减持续时间或用节点参数计算，即

$$LS_{i-j}=LF_{i-j}-D_{i-j} \tag{2-2-11}$$

或
$$LS_{i-j}=LT_j-D_{i-j} \tag{2-2-12}$$

如图 2-2-12 所示网络计划中，各工作的最迟完成时间和最迟开始时间计算过程如下：

工作 A：　$LF_{1-4}=LT_4=17$　$LS_{1-4}=LF_{1-4}-D_{1-4}=17-10=7$

工作 B：　$LF_{1-2}=LT_2=6$　$LS_{1-2}=LF_{1-2}-D_{1-2}=6-6=0$

工作 C：　$LF_{1-3}=LT_3=11$　$LS_{1-3}=LF_{1-3}-D_{1-3}=11-3=8$

工作 D：　$LF_{2-3}=LT_3=11$　$LS_{2-3}=LF_{2-3}-D_{2-3}=11-5=6$

工作 E：　$LF_{2-4}=LT_4=17$　$LS_{2-3}=LF_{2-4}-D_{2-4}=17-3=14$

工作 G：　$LF_{3-5}=LT_5=19$　$LS_{3-5}=LF_{3-5}-D_{3-5}=19-8=11$

工作 H：　$LF_{4-5}=LT_5=19$　$LS_{4-5}=LF_{4-5}-D_{4-5}=19-2=17$

工作 I：　$LF_{5-6}=LT_6=21$　$LS_{5-6}=LF_{5-6}-D_{5-6}=21-2=19$

5）计算总时差。工作总时差等于该工作最迟完成时间减去最早开始时间再减持续时间或用节点参数计算，即

$$TF_{i-j}=LF_{i-j}-ES_{i-j}-D_{i-j} \tag{2-2-13}$$

或
$$TF_{i-j}=LT_j-ET_i-D_{i-j} \tag{2-2-14}$$

如图 2-2-12 所示网络计划中，各工作总时差计算过程如下：

工作 A：　$TF_{1-4}=LF_{1-4}-ES_{1-4}-D_{1-4}=17-0-10=7$

工作 B：　$TF_{1-2}=LF_{1-2}-ES_{1-2}-D_{1-2}=6-0-6=0$

工作 C：　　$TF_{1-3}=LF_{1-3}-ES_{1-3}-D_{1-3}=11-0-3=8$

工作 D：　　$TF_{2-3}=LF_{2-3}-ES_{2-3}-D_{2-3}=11-6-5=0$

工作 E：　　$TF_{2-4}=LF_{2-4}-ES_{2-4}-D_{2-4}=17-6-3=8$

工作 G：　　$TF_{3-5}=LF_{3-5}-ES_{3-5}-D_{3-5}=19-11-8=0$

工作 H：　　$TF_{4-5}=LF_{4-5}-ES_{4-5}-D_{4-5}=19-10-2=7$

工作 I：　　$TF_{5-6}=LF_{5-6}-ES_{5-6}-D_{5-6}=21-19-2=0$

6）计算自由时差。工作自由时差等于紧后工作最早开始时间减该工作最早开始时间再减持续时间或用节点参数计算，即

$$FF_{i-j}=ES_{j-k}-ES_{i-j}-D_{i-j} \tag{2-2-15}$$

或

$$FF_{i-j}=ET_j-ET_i-D_{i-j} \tag{2-2-16}$$

如图 2-2-12 所示网络计划中，各工作自由时差计算过程如下：

工作 A：　　$FF_{1-4}=ES_{4-5}-ES_{1-4}-D_{1-4}=10-0-10=0$

工作 B：　　$FF_{1-2}=ES_{2-4}-ES_{1-2}-D_{1-2}=6-0-6=0$

工作 C：　　$FF_{1-3}=ES_{3-5}-ES_{1-3}-D_{1-3}=11-0-3=8$

工作 D：　　$FF_{2-3}=ES_{3-5}-ES_{2-3}-D_{2-3}=11-6-5=0$

工作 E：　　$FF_{2-4}=ES_{4-5}-ES_{2-4}-D_{2-4}=10-6-3=1$

工作 G：　　$FF_{3-5}=ES_{5-6}-ES_{3-5}-D_{3-5}=19-11-8=0$

工作 H：　　$FF_{4-5}=ES_{5-6}-ES_{4-5}-D_{4-5}=19-10-2=7$

工作 I：　　$FF_{5-6}=ET_6-ET_5-D_{5-6}=21-19-2=0$

将上述工作时间参数的计算结果标注在图上，如图 2-2-14 所示。

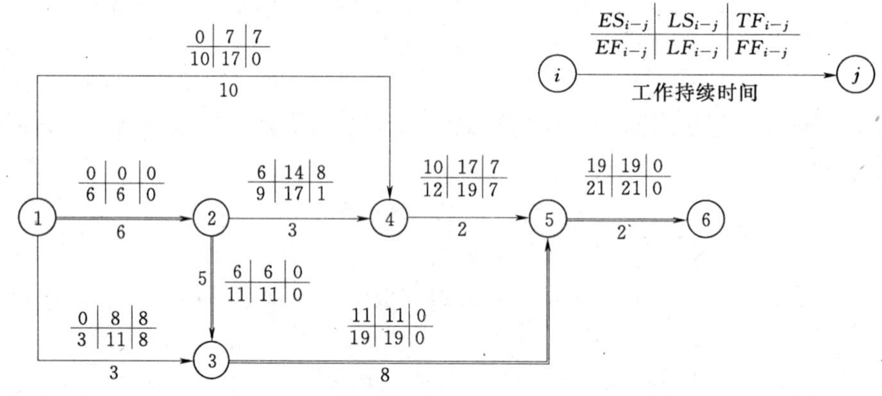

图 2-2-14　双代号网络计划工作时间参数计算结果

3. 关于总时差和自由时差

(1) 通过计算式不难看出：因 $LT_j \geqslant ET_j$，所以 $TF_{i-j} \geqslant FF_{i-j}$。

(2) 两者的关系。总时差是属于某线路上共有的机动时间，当该工作使用全部或部分总时差时，该线路上其他工作的总时差就会消失或减少，进行重新分配。自由时差为某工作独立使用的机动时间，对后续工作没有影响，利用某项工作的自由时差，不会影响其紧后工作的最早开始时间。

(3) 总时差用途。

1）判别关键工作。总时差最小的工作为关键工作。

2）控制总工期。通过总时差可判别出关键工作和非关键工作，而非关键工作有一定的潜力可挖，可在时差范围内机动安排工作的开始时间或延长该工作的时间，从而抽调人力、物力等资源去支援关键线路上的关键工作，以保证关键线路上工期按时、提前完成。

4. 关键工作和关键线路的确定

(1) 关键工作的确定。网络计划中机动时间最少的工作为关键工作，所以工作总时差最小的工作

即为关键工作。在计划工期等于计算工期时，总时差为零的工作即为关键工作。

(2) 关键线路的确定。到目前为止，确定关键线路的方法有以下几种。

1) 算出所有线路的持续时间，其中持续时间最长的线路为关键线路。这种方法的缺点是找齐所有线路的工作量大，不适用于实际工程。

2) 总时差最小的工作为关键工作，将所有关键工作连起来即为关键线路，如图 2-2-14 所示。这种方法的缺点是计算各工作总时差的工作量较大。

3) 下面介绍一种快速确定关键线路的方法——节点标号法，应用这种方法，在计算节点最早时间的同时就“顺便”把关键线路找出来了，其具体步骤为：①从起点节点向终点节点计算节点最早时间。②在计算节点最早时间的同时，每标注一个节点最早时间，都要把该节点的最早时间是由哪个节点计算而来的节点编号标在该节点上。③自终点节点开始，从右向左，逆箭线方向，按所标节点编号可绘出一条（或几条）线路，该线路即为关键线路。

【例 2-2-2】 将图 2-2-11 所示网络图用节点标号法确定其关键线路。

解： 其计算结果如图 2-2-15 所示，关键线路为 1→2→6→8→9。

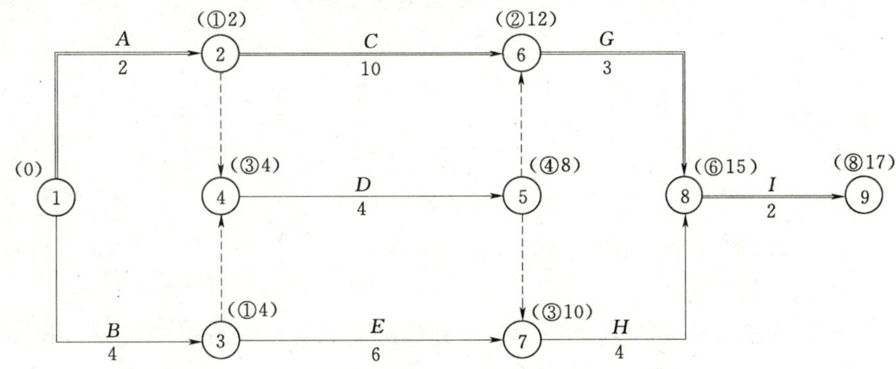

图 2-2-15 某双代号网络计划节点标号法确定关键线路

第三节 单代号网络计划

单代号网络图是网络计划的另一种表示方法。它是用一个圆圈或方框代表一项工作，将工作代号、工作名称和工作持续时间写在圆圈或方框里，箭线仅用来表示工作之间的顺序关系，如图 2-1-2 (a)所示。用这种方法把一项计划的所有工作按其逻辑关系绘制而成的图形，称为单代号网络图，如图 2-1-2 (b) 所示。

单代号网络图与双代号网络图相比，作图方便，图面简洁，由于没有虚工作，产生逻辑关系错误的可能性小。但单代号网络图用节点表示工作，没有长度概念，不便于绘制时标网络计划。

1. 单代号网络图的绘制

由于单代号网络图和双代号网络图所表示的计划内容是一致的，两者的区别仅在于绘图的符号不同。因此，在双代号网络图中所说明的绘图规则，在单代号网络图中原则上都应遵守。另外，当网络图中有多个起点节点或多项终点节点时，应在网络图的起点和终点设置一项虚工作。

为了便于比较，按照［例 2-2-1］中表 2-2-2 所示逻辑关系绘成单代号网络计划，如图 2-3-1所示。

2. 单代号网络图时间参数的计算

单代号网络图的节点表示工作，所以只需计算工作的时间参数。工作参数的含义与双代号网络图相同，但计算步骤略有区别。下面以图 2-3-1 为例，说明时间参数的计算方法。

(1) 计算各工作的最早开始时间（ES_i）和最早完成时间（EF_i）。自起点工作开始，顺着箭线方

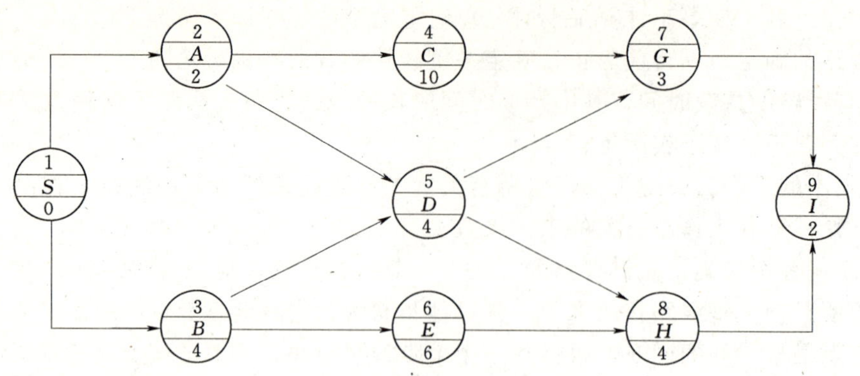

图 2-3-1 某工程单代号网络图

向逐点向后计算直至终点工作。任一工作的最早开始时间，取决于该工作前面所有工作的完成；最早完成时间等于它的最早开始时间加上持续时间。

当网络计划没有规定开始时间时，起点工作的最早开始时间为零，即

$$ES_1 = 0 \tag{2-3-1}$$

$$EF_1 = D_1 \tag{2-3-2}$$

对于其他任何工作：

$$ES_i = \max\{EF_h\} \tag{2-3-3}$$

$$EF_i = ES_i + D_i \tag{2-3-4}$$

式中 EF_h——工作 i 的各项紧前工作 h 的最早完成时间；

D_i——工作 i 的持续时间。

如图 2-3-1 所示网络计划中，各工作的最早开始时间和最早完成时间计算过程如下：

$$ES_1 = 0 \qquad EF_1 = 0$$

工作 A：$ES_2 = EF_1 = 0$　　$EF_2 = ES_2 + D_2 = 0 + 2 = 2$

工作 B：$ES_3 = EF_1 = 0$　　$EF_3 = ES_3 + D_3 = 0 + 4 = 4$

工作 C：$ES_4 = EF_2 = 2$　　$EF_4 = ES_4 + D_4 = 2 + 10 = 12$

工作 D：$ES_5 = \max\{EF_2, EF_3\} = \max\{2, 4\} = 4$　　$EF_5 = ES_5 + D_5 = 4 + 4 = 8$

工作 E：$ES_6 = EF_3 = 4$　　$EF_6 = ES_6 + D_6 = 4 + 6 = 10$

工作 G：$ES_7 = \max\{EF_4, EF_5\} = \max\{12, 8\} = 12$　　$EF_7 = ES_7 + D_7 = 12 + 3 = 15$

工作 H：$ES_8 = \max\{EF_5, EF_6\} = \max\{8, 10\} = 10$　　$EF_8 = ES_8 + D_8 = 10 + 4 = 14$

工作 I：$ES_9 = \max\{EF_7, EF_8\} = \max\{15, 14\} = 15$　　$EF_9 = ES_9 + D_9 = 15 + 2 = 17$

(2) 计算相邻两工作之间的时间间隔（$LAG_{i,j}$）。某工作 i 的最早完成时间与其紧后工作 j 的最早开始时间的差，称为两工作间的时间间隔。

当终点节点为虚拟工作时

$$LAG_{i,n} = T_P - EF_i \tag{2-3-5}$$

式中 T_P——网络计划的计划工期。

其他节点的时间间隔

$$LAG_{i,j} = ES_j - EF_i \tag{2-3-6}$$

如图 2-3-1 所示网络计划中，相邻两工作之间的时间间隔计算过程如下：

$$LAG_{7,9} = ES_9 - EF_7 = 15 - 15 = 0$$

$$LAG_{8,9} = ES_9 - EF_8 = 15 - 14 = 1$$

$$LAG_{4,7} = ES_7 - EF_4 = 12 - 12 = 0$$

$$LAG_{5,7} = ES_7 - EF_5 = 12 - 8 = 4$$

$$LAG_{5,8} = ES_8 - EF_5 = 10 - 8 = 2$$
$$LAG_{6,8} = ES_8 - EF_6 = 10 - 10 = 0$$
$$LAG_{2,4} = ES_4 - EF_2 = 2 - 2 = 0$$
$$LAG_{2,5} = ES_5 - EF_2 = 4 - 2 = 2$$
$$LAG_{3,5} = ES_5 - EF_3 = 4 - 4 = 0$$
$$LAG_{3,6} = ES_6 - EF_3 = 4 - 4 = 0$$
$$LAG_{1,3} = ES_3 - EF_1 = 0 - 0 = 0$$
$$LAG_{1,2} = ES_2 - EF_1 = 0 - 0 = 0$$

(3) 计算自由时差（FF_i）。任一工作自由时差应取该工作与诸紧后工作时间间隔的最小值，即

$$FF_i = \min\{LAG_{i,j}\} \tag{2-3-7}$$

如图 2-3-1 所示网络计划中，各工作自由时差计算过程如下：

$$FF_2 = \min\{LAG_{2,4}, LAG_{2,5}\} = \min\{0,2\} = 0$$
$$FF_3 = \min\{LAG_{3,5}, LAG_{3,6}\} = \min\{0,0\} = 0$$
$$FF_4 = LAG_{4,7} = 0$$
$$FF_5 = \min\{LAG_{5,7}, LAG_{5,8}\} = \min\{4,2\} = 2$$
$$FF_6 = LAG_{6,8} = 0$$
$$FF_7 = LAG_{7,9} = 0$$
$$FF_8 = LAG_{8,9} = 1$$

(4) 计算总时差（TF_i）。任一工作总时差可以用该工作与紧后工作时间间隔 $LAG_{i,j}$ 与紧后工作的总时差 TF_i 之和来表示，当紧后工作有多项时应取其中最小值，即

终点节点工作的总时差为

$$TF_n = T_P - EF_n \tag{2-3-8}$$

其他工作的总时差为

$$TF_i = \min\{TF_j + LAG_{i,j}\} \tag{2-3-9}$$

如图 2-3-1 所示网络计划中，各工作总时差计算过程如下：

$$TF_9 = T_9 - EF_9 = 17 - 17 = 0$$
$$TF_8 = TF_9 + LAG_{8,9} = 0 + 1 = 1$$
$$TF_7 = TF_9 + LAG_{7,9} = 0 + 0 = 0$$
$$TF_6 = TF_8 + LAG_{6,8} = 1 + 0 = 1$$
$$TF_5 = \min\{TF_8 + LAG_{5,8}, TF_7 + LAG_{5,7}\} = \min\{1+2, 0+4\} = 3$$
$$TF_4 = TF_7 + LAG_{4,7} = 0 + 0 = 0$$
$$TF_3 = \min\{TF_5 + LAG_{3,5}, TF_6 + LAG_{3,6}\} = \min\{3+0, 1+0\} = 1$$
$$TF_2 = \min\{TF_4 + LAG_{2,4}, TF_5 + LAG_{2,5}\} = \min\{0+0, 3+2\} = 0$$
$$TF_1 = \min\{TF_2 + LAG_{1,2}, TF_3 + LAG_{1,3}\} = \min\{0+0, 1+0\} = 0$$

(5) 计算各工作的最迟开始时间（LS_i）和最迟完成时间（LF_i）。工作的最迟开始时间等于该工作的最早开始时间与总时差之和，最迟完成时间等于它的最迟开始时间加上持续时间，即

$$LS_i = ES_i + TF_i \tag{2-3-10}$$
$$LF_i = LS_i + D_i \tag{2-3-11}$$

如图 2-3-1 所示网络计划中，各工作的最迟开始时间和最迟完成时间计算过程如下：

$$LS_2 = ES_2 + TF_2 = 0 + 0 = 0 \qquad LF_2 = LS_2 + D_2 = 0 + 2 = 2$$
$$LS_3 = ES_3 + TF_3 = 0 + 1 = 1 \qquad LF_3 = LS_3 + D_3 = 1 + 4 = 5$$
$$LS_4 = ES_4 + TF_4 = 2 + 0 = 2 \qquad LF_4 = LS_4 + D_4 = 2 + 10 = 12$$
$$LS_5 = ES_5 + TF_5 = 4 + 3 = 7 \qquad LF_5 = LS_5 + D_5 = 7 + 4 = 11$$

$$LS_6 = ES_6 + TF_6 = 4 + 1 = 5 \qquad LF_6 = LS_6 + D_6 = 5 + 6 = 11$$
$$LS_7 = ES_7 + TF_7 = 12 + 0 = 12 \qquad LF_7 = LS_7 + D_7 = 12 + 3 = 15$$
$$LS_8 = ES_8 + TF_8 = 10 + 1 = 11 \qquad LF_8 = LS_8 + D_8 = 11 + 4 = 15$$
$$LS_9 = ES_9 + TF_9 = 15 + 0 = 15 \qquad LF_9 = LS_9 + D_9 = 15 + 2 = 17$$

将［例 2-2-1］的工作时间参数的计算结果标注在图上，如图 2-3-2 所示，关键线路用双线标注。

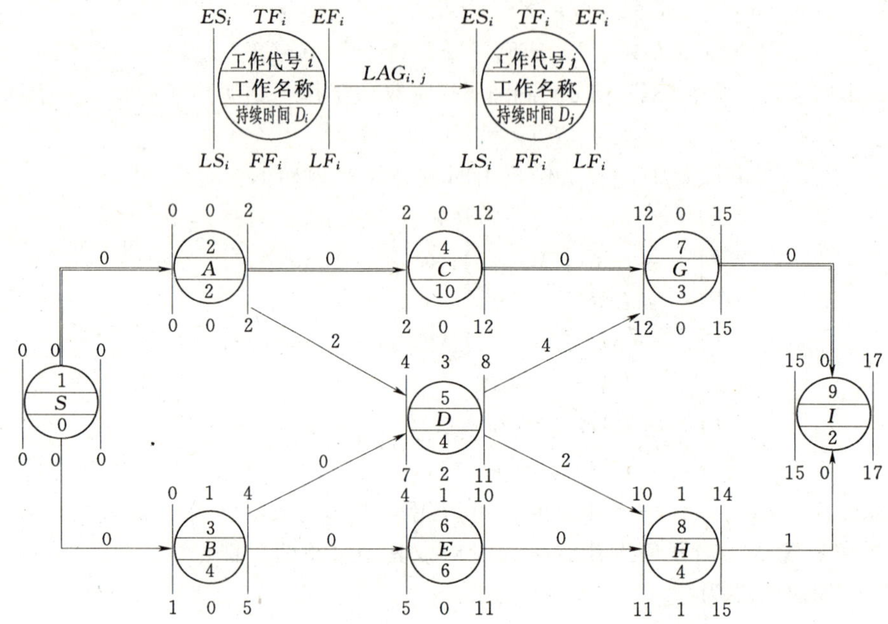

图 2-3-2　单代号网络计划时间参数计算结果

第四节　双代号时标网络计划

1. 双代号时标网络计划的概念及特点

（1）概念。一般双代号网络计划都是不带时标的，工作持续时间与箭线长短无关。虽然绘制较方便，但因为没有时标，看起来不太直观，不像建筑工程中常用的横道图。横道图可以从图上直接看出各项工作的开工和完工时间，并可按天统计资源需要量，编制资源需要量计划。

双代号时标网络计划是综合应用一般双代号网络计划和横道图的时间坐标原理，吸取二者的优点，使其结合在一起的以水平时间坐标为尺度编制的双代号网络计划。

（2）特点。

1）箭杆长度与工作延续时间长度一致。

2）可直接在时标网络计划中统计出劳动力、材料等资源需要量，绘制资源动态曲线。

2. 双代号时标网络计划的绘制

在绘制时标网络计划时，一般应先绘好无时标网络计划，即一般网络计划，然后先算后绘，具体计算步骤如下（以按节点最早时间来绘制时标网络计划为例）。

（1）绘制一般双代号网络计划。

（2）确定坐标限所代表的时间单位，计算节点最早时间。

（3）确定节点位置。根据网络图中各节点的最早时间逐个画出各节点，节点定位应参照一般网络计划的形状，其中心对准时间刻度线。

（4）绘制箭杆。箭杆水平投影长度应与工作持续时间一致。

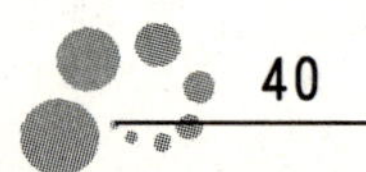

1）若某工作箭杆长度不能达到该工作完成节点时，用波形线补齐。

2）箭杆最好画成水平向折线，若斜线则其水平投影表示持续时间。

3）虚工作因不占时间，故必须以垂直方向的虚箭线表示（箭头方向不能从右向左），有自由时差时加波形线表示。

3. 双代号时标网络计划时间参数的确定

（1）关键线路的确定。自终点节点逆箭线方向朝起点节点方向观察，自始至终不出现波形线的线路为关键线路。

（2）工期的确定。时标网络计划的计算工期，应是其终点节点与起点节点所在位置的时标值之差。

（3）工作时间参数的判读。在时标网络计划中，6个工作时间参数的确定步骤如下。

1）工作最早时间参数的确定。按节点最早时间绘制的时标网络计划，工作最早时间参数可直接从图上确定。①工作最早开始时间 ES_{i-j}：左端箭尾节点所对应的时标值。②最早完成时间 EF_{i-j}：若实箭线抵达箭头节点，则最早完成时间就是箭头节点时标值；若实箭线未抵达箭头节点，则其最早完成时间为实箭线右端末所对应的时标值。

2）自由时差 FF_{i-j} 的确定。波形线的水平投影长度即为该工作的自由时差。当箭线无波形部分，则自由时差为零。

3）总时差 TF_{i-j} 的确定。自右向左进行，且符合下列规定：

以终点节点（$j=n$）为箭头节点的总时差应按计划工期 T_P 确定，即

$$TF_{i-j} = T_P - FF_{i-n} \tag{2-4-1}$$

其他工作总时差等于诸紧后工作的总时差的最小值与本工作的自由时差之和，即

$$TF_{i-j} = \min\{TF_{j-k}\} + FF_{i-j} \tag{2-4-2}$$

4）最迟时间参数的确定。最迟开始时间和最迟完成时间应按下式计算

$$LS_{i-j} = ES_{i-j} + TF_{i-j} \tag{2-4-3}$$

$$LF_{i-j} = EF_{i-j} + TF_{i-j} \tag{2-4-4}$$

【例2-4-1】 按照［例2-2-1］中表2-2-2所示逻辑关系绘成双代号时标网络计划并判读各工作时间参数。

解：1）按照逻辑关系表绘成无时标双代号网络图，如图2-2-11所示。

2）计算节点最早时间，计算结果如图2-4-1所示。

3）先确定节点位置，再绘制箭杆，绘成双代号时标网络计划，如图2-4-2所示。

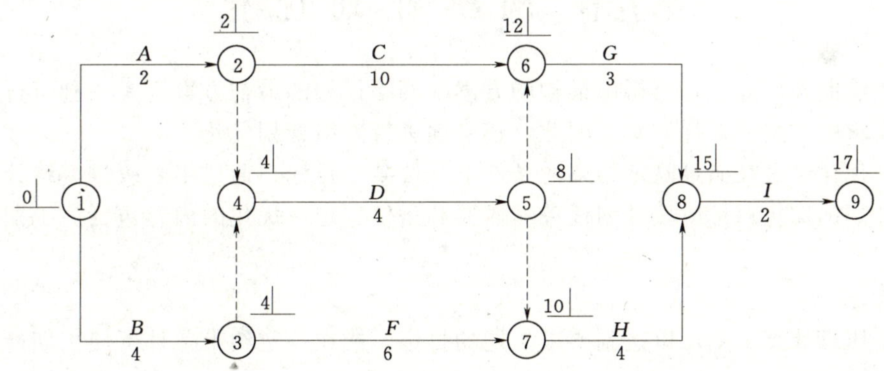

图2-4-1　双代号网络计划节点最早时间计算结果

图2-4-2中可直接读出各工作的最早开始时间、最早完成时间、自由时差，找出关键线路为1→2→6→8→9。

对于关键工作，其总时差、自由时差都为零；对于非关键工作，可进一步计算其总时差：

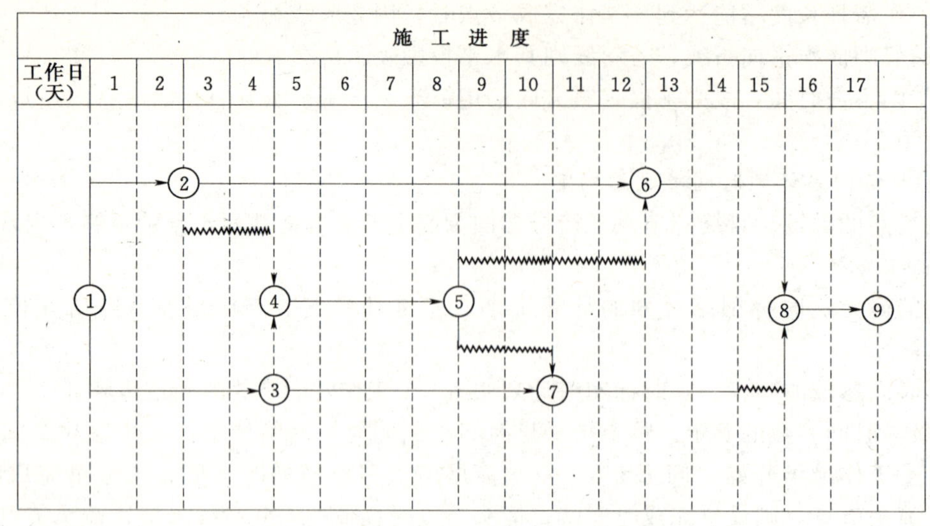

图 2-4-2 某工程双代号时标网络计划

$$TF_{7-8}=TF_{8-9}+FF_{7-8}=0+1=1$$

$$TF_{5-6}=TF_{6-8}+FF_{5-6}=0+4=4$$

$$TF_{5-7}=TF_{7-8}+FF_{5-7}=1+2=3$$

$$TF_{4-5}=\min\{TF_{5-6},TF_{5-7}\}+FF_{4-5}=\min\{4,3\}+0=3+0=3$$

$$TF_{3-7}=TF_{7-8}+FF_{3-7}=1+0=1$$

$$TF_{2-4}=TF_{4-5}+FF_{2-4}=3+2=5$$

$$TF_{3-4}=TF_{4-5}+FF_{3-4}=3+0=3$$

$$TF_{1-3}=\min\{TF_{3-4},TF_{3-7}\}+FF_{1-3}=\min\{3,1\}+0=1+0=1$$

对于 1→2、1→3 工作的最迟开始时间、最迟完成时间计算如下：

$$LS_{1-2}=ES_{1-2}+TF_{1-2}=0+0=0$$

$$LF_{1-2}=EF_{1-2}+TF_{1-2}=2+0=2$$

$$LS_{1-3}=ES_{1-3}+TF_{1-3}=0+1=1$$

$$LF_{1-3}=EF_{1-3}+TF_{1-3}=4+1=5$$

由此类推，可计算出各项工作的最迟开始时间、最迟完成时间。

第五节 网络计划优化

网络计划经绘制和计算后，可得出最初的方案。网络计划的最初方案只是一种可行的方案，不一定是合乎规定要求的方案或最优方案。因此，还必须进行网络计划优化。

网络计划的优化，是在满足既定约束的条件下，按某一目标，通过不断改进网络计划，以寻求满意方案。网络计划的优化目标应按计划任务的需要和条件选定，优化的内容包括：工期优化、资源优化、费用优化。

一、工期优化

工期优化是压缩计算工期，以达到要求工期的目标，或在一定约束条件下使工期最短的过程。

1. 工期优化步骤

（1）计算并找出网络计划的计算工期、关键线路及关键工作。

（2）按要求工期计算应缩短的持续时间。

（3）确定各关键工作能缩短的持续时间。

（4）按上述因素选择关键工作压缩其持续时间，并重新计算网络计划的计算工期。

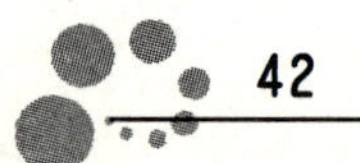

(5) 当计算工期仍然超过要求工期时，则重复以上步骤，直至计算工期满足要求工期为止。

(6) 当所有关键工作的持续时间都已达到所能缩短的极限，而工期仍不能满足要求时，应对原组织方案进行调整，或对要求工期重新审定。

2. 工期优化应考虑的因素

(1) 缩短工期应压缩关键工作。

(2) 选择要压缩时间的关键工作时应考虑以下原则。

1) 缩短持续时间对质量和安全影响不大的工作。

2) 有充足备用资源的工作。

3) 缩短持续时间所需增加的费用最少的工作。

(3) 关键工作压缩时间后仍应为关键工作。

(4) 若有多条关键线路存在时，要同时、同步压缩。

3. 工期优化示例

【例 2-5-1】 如图 2-5-1 所示的网络计划，图中括号内的数据为工作最短持续时间，当指定工期为 140 天时，如何调整？

解： 1) 用工作正常持续时间计算节点的最早时间，用节点标号法确定关键线路为 1→3→4→6，关键工作为 1→3、3→4、4→6，如图 2-5-2 所示。

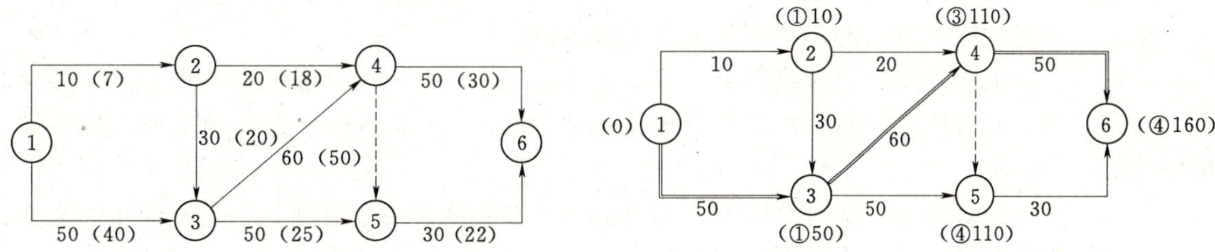

图 2-5-1 某工程网络计划　　图 2-5-2 网络计划的关键线路

2) 计算工期为 160 天，按指定工期要求应缩短 20 天。

3) 关键工作 1→3 能压缩 10 天，关键工作 3→4 能压缩短 10 天，关键工作 4→6 能压缩 20 天。由于只需压缩 20 天，可压缩 1→3 工作 5 天，压缩 3→4 工作 5 天，压缩 4→6 工作 10 天。

4) 重新计算网络计划工期，如图 2-5-3 所示，图中标出了关键线路，工期为 140 天，满足了工期要求。

二、费用优化

费用优化又称时间成本优化，是寻求最低成本时的最优工期安排，或按要求工期寻求最低成本的计划安排过程。要达到上述优化目标，就必须首先研究工期和费用的关系。

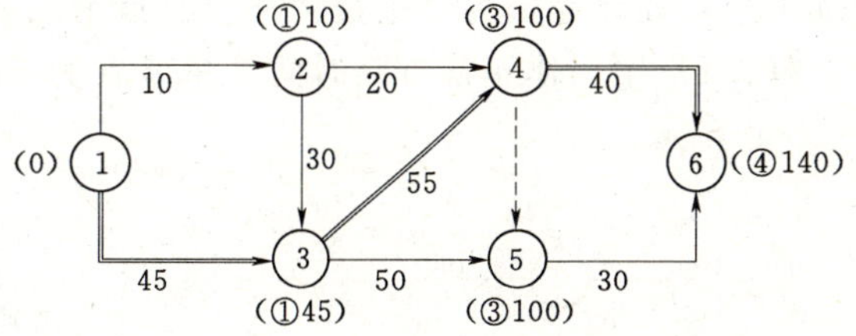

图 2-5-3 工期优化后的网络计划

1. 工期和费用的关系

工程费用包括直接费用和间接费用两部分，直接费用是直接投入到工程中的成本，即在施工过程中耗费的人工费、材料费、机械设备费等构成工程实体的各项费用；而间接费用是间接投入到工程中的成本，主要由管理费等构成。一般情况下，直接费用随工期的缩短而增加，间接费用随工期的缩短而减少，如图 2-5-4 所示。图中的总费用曲线中，总存在一个最低的点，即最小的工程总成本 C_0，与此相对应的工期为最优工期 T_0，这就是费用优化所寻求的目标。

为简化计算，如图 2-5-4 所示，通常把直接费用曲线 1、间接费用曲线 2 表达为直接费用直线 1′、间接费用直线 2′。这样可以通过直线斜率表达直接（间接）费用率，即直接（间接）费用在单位

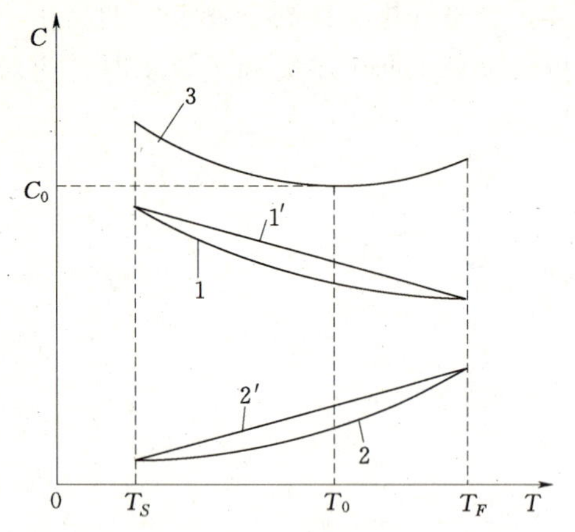

图 2-5-4 工期—费用曲线

1—直接费用曲线；1′—间接费用直线；2—间接费用曲线；2′—间接费用直线；3—总费用曲线；T_S—最短工期；T_0—最优工期；T_F—正常工期；C_0—最低总成本

时间内的增加（减少）值。如工作 $i-j$ 的直接费用率 ΔC_{i-j} 为：

$$\Delta C_{i-j}=\frac{CC_{i-j}-CN_{i-j}}{DN_{i-j}-DC_{i-j}} \quad (2-5-1)$$

式中 CC_{i-j}——将工作持续时间缩短为最短持续时间后完成该工作所需的直接费用；

CN_{i-j}——在正常条件下完成工作 $i-j$ 所需的直接费用；

DN_{i-j}——工作 $i-j$ 的正常持续时间；

DC_{i-j}——工作 $i-j$ 的最短持续时间。

2. 费用优化的步骤

费用优化的基本思路是不断地找出能使工期缩短且直接费用增加最少的工作，缩短其持续时间，同时考虑间接费用增加，便可求出费用最低相应的最优工期和满足工期要求相应的最低费用。

费用优化可按下述步骤进行。

(1) 计算各工作的直接费用率 ΔC_{i-j} 和间接费用率 $\Delta C'$（间接费用率算法同直接费用率）。

(2) 按工作的正常持续时间确定工期并找出关键线路。

(3) 当只有一条关键线路时，应找出直接费用率 ΔC_{i-j} 最小的一项关键工作，作为缩短持续时间的对象；当有多条关键线路时，应找出组合直接费用率 $\sum\{\Delta C_{i-j}\}$ 最小的一组关键工作，作为缩短持续时间的对象。

(4) 对选定的压缩对象缩短其持续时间，缩短值 ΔT 必须符合两个原则：一是不能压缩成非关键工作；二是缩短后其持续时间不小于最短持续时间。

(5) 计算时间缩短后总费用的变化 C_i。

$$C_i=\sum\{\Delta C_{i-j}\times\Delta T\}-\Delta C'\times\Delta T \quad (2-5-2)$$

(6) 当 $C_i\leqslant 0$ 时，重复上述 (3) ～ (5) 步骤，一直计算到 $C_i>0$，即总费用不能降低为止，费用优化即告完成。

3. 费用优化示例

【例 2-5-2】 如图 2-5-5 所示的网络计划，箭线下方括号外为正常持续时间，括号内为最短持续时间，箭线上方为直接费用率，当指定工期为 140 天时，请进行合理压缩，使费用增加最少。

解： 1) 用工作正常持续时间计算节点的最早时间，用标号法确定关键线路为 1→3→4→6。如图 2-5-6 所示。

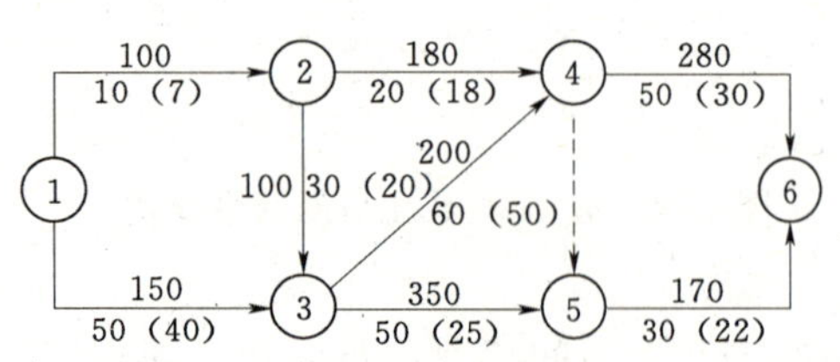

图 2-5-5 某工程网络计划

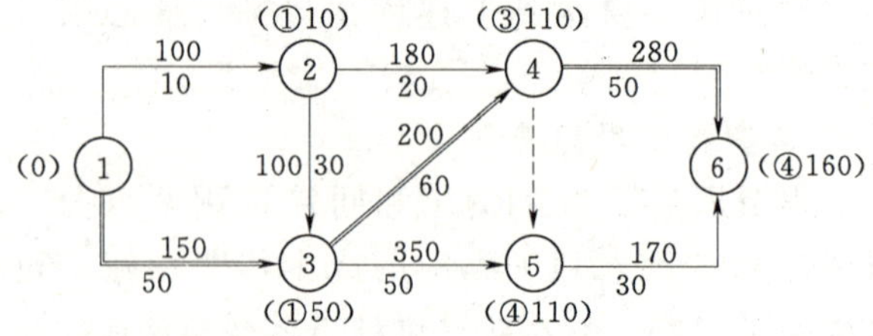

图 2-5-6 网络计划的关键线路

2) 比较关键工作 1→3、3→4、4→6 的直接费用率，工作 1→3 的直接费用率最低，故压缩工作 1→3，$\Delta C_{1-3}=150$，压缩时间 $\Delta t=50-40=10$（天），增加的直接费用 $\Delta S_1=150\times 10=1500$（元）。

3) 重新计算网络计划的时间参数，此时有两条关键线路：1→3→4→6 和 1→2→3→4→6，如图 2-5-7 所示为第一次压缩后的网络计划。

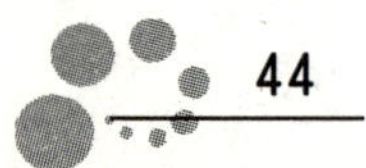

4）因工作1→3已无可压缩时间，不能将工作1→2或2→3与其组合压缩，故在工作3→4和4→6中，选择直接费用率最低的工作3→4进行压缩 $\Delta C_{3-4}=200$，压缩时间 $\Delta t=60-50=10$（天），增加的直接费用 $\Delta S_2=200\times10=2000$（元）。

5）此时，工期已压缩至140天，且增加的费用最少，调整后的网络计划如图2-5-8所示。

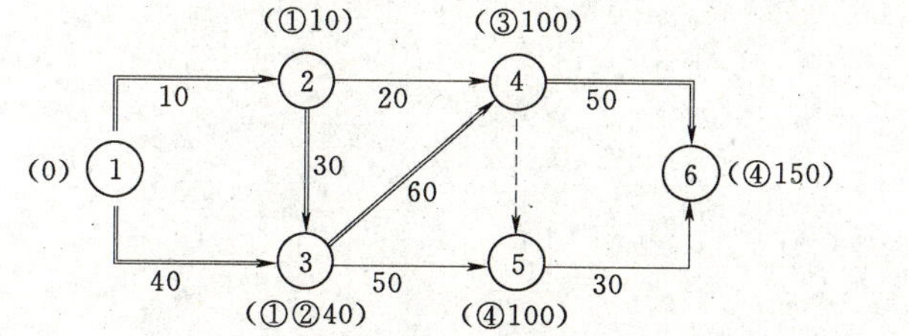

图2-5-7 第一次压缩后的网络计划

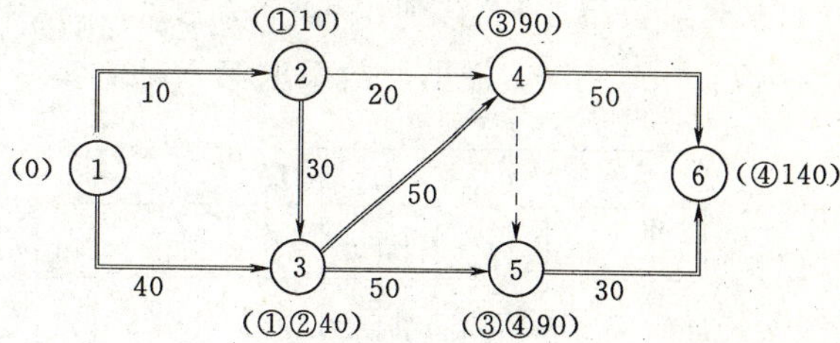

图2-5-8 费用优化完成后的网络计划

综上所述，比较［例2-5-1］和［例2-5-2］，同样是将工期压缩20天，但当优化目标不同时，所选择的优化方案是不同的。

三、资源优化

所谓资源是指完成工程项目所需的人力、材料、机械设备和资金等的统称。一般情况下，这些资源也是有一定限量的。在编制网络计划时必须对资源进行统筹安排，保证资源需要量在其限量之内、资源需要量尽量均衡。资源优化就是通过调整工作之间的安排，使资源按时间的分布符合优化的目标。

资源优化可分为“资源有限—工期最短”和“工期固定—资源均衡”两类问题。

1. 资源有限—工期最短的优化

资源有限—工期最短的优化是调整计划安排，以满足资源限制条件，并使工期拖延最少的过程。资源有限—工期最短的优化步骤如下。

（1）按最早时间参数绘制双代号时标网络图，根据各个工作在每个时间单位的资源需要量，统计出每个时间单位内的资源需要量 R_t。

（2）从网络计划开始的第一天起，从左至右计算资源需用量 R_t，并检查其是否超过资源限量 R_a，如检查至网络计划最后一天都是 $R_t\leqslant R_a$，则该网络计划就符合优化要求；如发现 $R_t>R_a$，就停止检查而进行调整。

（3）调整网络计划。将 $R_t>R_a$ 处的工作进行调整。调整的方法是将该处的一项工作移在该处的另一项工作之后，以减少该处的资源需用量。如该处有两项工作 α、β，则有 α 移 β 后和 β 移 α 后两个调整方案。

（4）计算调整后的工期增量。调整后的工期增量等于前面工作的最早完成时间减移在后面工作的最早开始时间再减移在后面的工作的总时差。如 β 移 α 后，则其工期增量为

$$\Delta T_{\alpha,\beta}=EF_\alpha-ES_\beta-TF_\beta \tag{2-5-3}$$

（5）重复以上步骤，直至所有时间单位内的资源需要量都不超过资源限量，资源优化即告完成。

【例2-5-3】 已知网络计划如图2-5-9所示，箭线下方数据为该工作持续时间，箭线上方数据为工作的每天资源需要量，假定资源限量为13，试对网络计划进行资源有限—工期最短的优化。

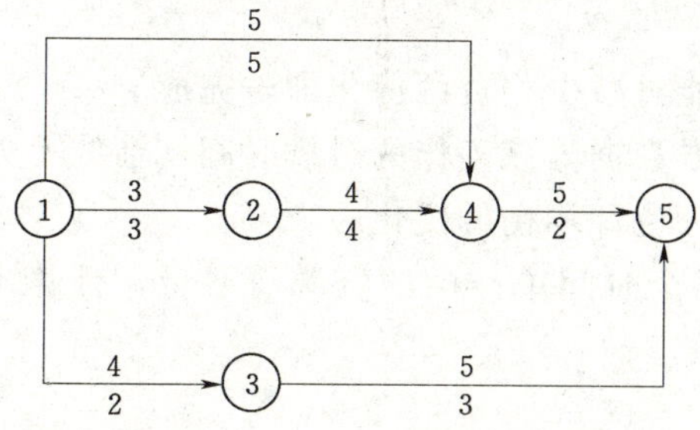

图2-5-9 初始网络计划

解：1）按节点最早时间绘制双代号时标网络图，统计出每个时间单位内的资源需要量，计算出工作的总时差（标在括号内），如图2-5-10所示。

2）从图中可知，$R_4=14>13$，必须进行调整，共有六种方案。

方案一：将1→4移到2→4后，$\Delta T_{2-4,1-4}=EF_{2-4}-ES_{1-4}-TF_{1-4}=7-0-2=5$

方案二：将2→4移到1→4后，$\Delta T_{1-4,2-4}=EF_{1-4}-$

$ES_{2-4}-TF_{2-4}=5-3-0=2$

方案三：将 3→5 移到 2→4 后，$\Delta T_{2-4,3-5}=EF_{2-4}-ES_{3-5}-TF_{3-5}=7-2-4=1$

方案四：将 2→4 移到 3→5 后，$\Delta T_{3-5,2-4}=EF_{3-5}-ES_{2-4}-TF_{2-4}=5-3-0=2$

方案五：将 1→4 移到 3→5 后，$\Delta T_{3-5,1-4}=EF_{3-5}-ES_{1-4}-TF_{1-4}=5-0-2=3$

方案六：将 3→5 移到 1→4 后，$\Delta T_{1-4,3-5}=EF_{1-4}-ES_{3-5}-TF_{3-5}=5-2-4=-1$

$\Delta T_{1-4,3-5}=-1$ 最小，故采取第六种方案，如图 2-5-11 所示。

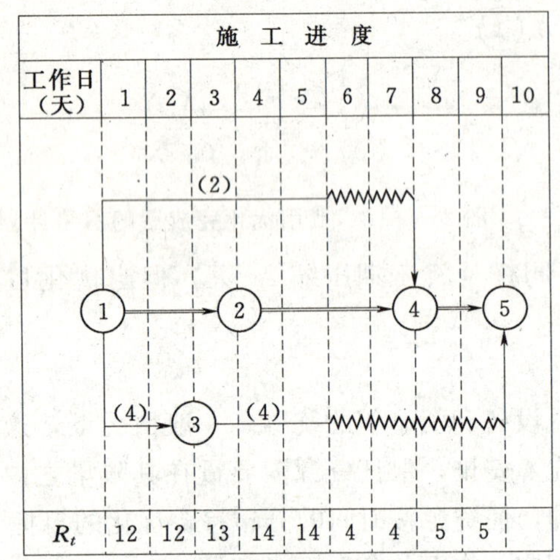

图 2-5-10　初始时标网络计划

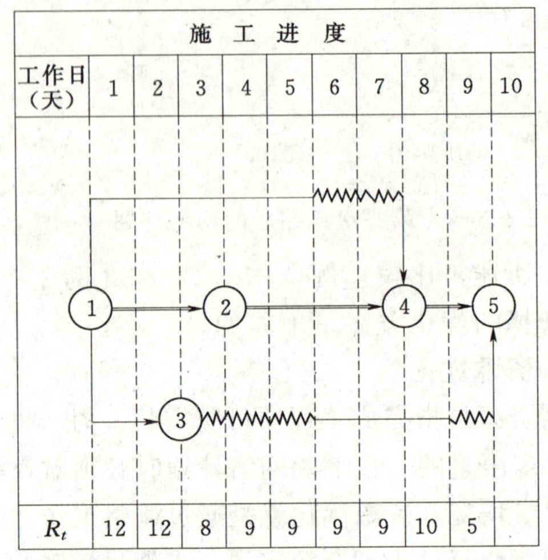

图 2-5-11　优化完成后的时标网络计划

从图中可知，每天资源需要量均小于资源限量 13，即资源优化完成。

2. 工期固定—资源均衡的优化

工期固定—资源均衡的优化是指在工期保持不变的条件下，使资源需要量尽可能分布均衡的过程。也就是在资源需要量曲线上尽可能不出现短期高峰或长期低谷的情况，力求使每天资源需要量接近于平均值。

工期固定—资源均衡优化的方法有多种，这里仅介绍削高峰法，即利用非关键工作的机动时间，在工期固定的条件下，使得资源峰值尽可能减小。

工期固定—资源均衡的优化步骤如下。

(1) 按最早时间参数绘制双代号时标网络图，根据各个工作在每个时间单位的资源需要量，统计出每个时间单位内的资源需要量 R_t。

(2) 找出资源高峰时段的最后时刻 T_h，计算非关键工作如果向右移到 T_h 处开始，还剩下的机动时间 ΔT_{i-j}，即

$$\Delta T_{i-j}=TF_{i-j}-(T_h-ES_{i-j}) \tag{2-5-4}$$

当 $\Delta T_{i-j}\geqslant 0$ 时，则说明该工作可以向右移出高峰时段，使得峰值减小，并且不影响工期。当有多个工作 $\Delta T_{i-j}\geqslant 0$ 时，应选择 ΔT_{i-j} 值最大的工作向右移出高峰时段。

(3) 绘制出调整后的时标网络计划。

(4) 重复上述 (2) ～ (3) 步骤，直至高峰时段的峰值不能再减少，资源优化即告完成。

【例 2-5-4】 已知网络计划如图 2-5-9 所示，箭线下方数据为该工作的持续时间，箭线上方数据为工作的每天资源需要量，试对该网络计划进行工期固定—资源均衡的优化。

解： 1) 按节点最早时间绘制双代号时标网络图，统计出每个时间单位内的资源需要量，计算出工作的总时差（标在括号内），如图 2-5-10 所示。

2) 从图 2-5-10 中统计的资源需要量可知，$R_{max}=14$，$T_5=5$

$$\Delta T_{1-4}=TF_{1-4}-(T_5-ES_{1-4})=2-(5-0)=-3<0$$

$$\Delta T_{3-5} = TF_{3-5} - (T_5 - ES_{3-5}) = 4 - (5-2) = 1 > 0$$

因 $\Delta T_{3-5}=1>0$，故将 3→5 右移 3 天，如图 2-5-12 所示。

3）从图 2-2-34 中统计的资源需要量可知，$R_{max}=12$，$T_2=2$

$$\Delta T_{1-4} = TF_{1-4} - (T_2 - ES_{1-4}) = 2 - (2-0) = 0$$

$$\Delta T_{1-3} = TF_{1-3} - (T_2 - ES_{1-3}) = 4 - (2-0) = 2 > 0$$

若将 1→3 向右移 2 天，如图 2-5-13 所示，并未使峰值减少。

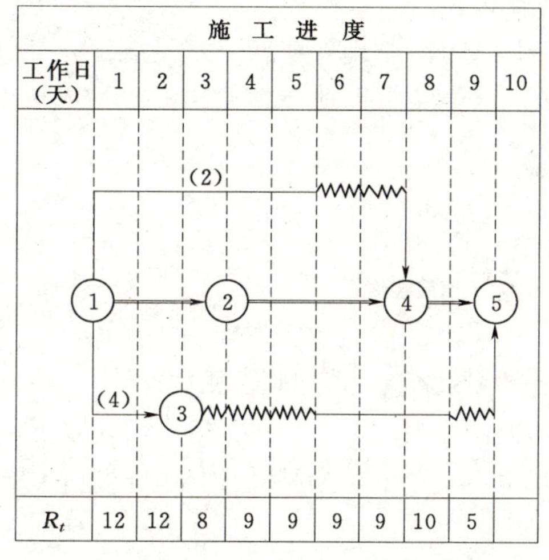
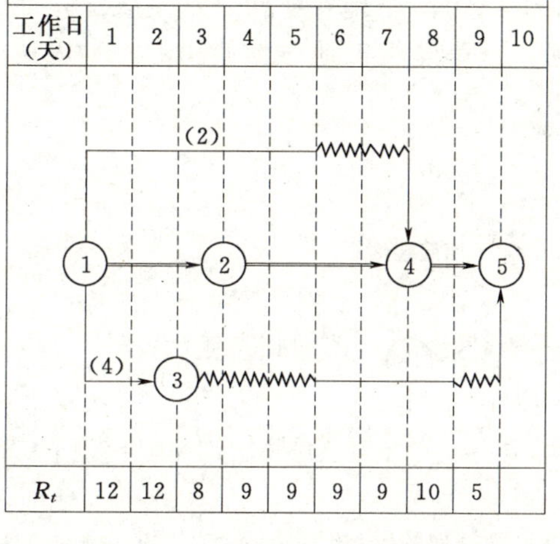

图 2-5-12　第一次削峰后的时标网络计划

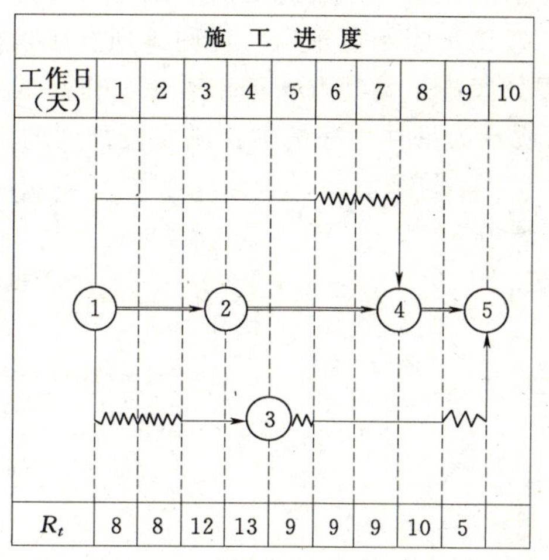

图 2-5-13　第二次削峰后的时标网络计划

因再调整不能使峰值减少，故资源优化完成，资源优化后的网络计划应为图 2-5-12，从图 2-5-12中统计的资源需要量可知，$R_{max}=12$，$T_2=2$。

第六节　双代号网络计划在建筑装饰施工中的应用

1. 网络计划的编制步骤

网络计划是用网络图代替横道图在施工方案已确定的基础上来安排施工进度计划的。网络计划根据工程对象不同分为分部工程网络计划、单位工程网络计划、群体工程网络计划。无论是哪种网络计划，其编制步骤一般如下。

（1）熟悉图纸，对工程对象进行分析，选择施工方案和施工方法。

施工方案决定该工程施工的顺序、施工方法、资源供应方式等基本要求，是编制网络计划的基础。

（2）根据网络图的用途决定工作项目划分的粗细程度，确定工作项目名称。

工作项目名称是网络计划的基本组成单元。工作内容的多少，划分的粗细程度，应根据计划的需要来决定。

（3）确定各工作之间合理的施工顺序，绘制逻辑关系表。

在确定各工作之间的逻辑关系时，既要考虑他们之间的工艺关系，又要考虑它们之间的组织关系。

（4）根据各工作之间的逻辑关系绘制网络图。

编制单位工程网络图可以先按分部工程编制，然后将各分部工程的网络计划连接起来。对于多层或高层建筑也可以先编制出标准区的网络图，然后再把各区连接起来形成网络计划的初始方案。

（5）计算时间参数，确定关键工作、关键线路及非关键工作的机动时间。

计算时间参数的目的是为网络计划下一步的调整提供依据，同时也便于更好地利用网络计划指导实际施工。

（6）根据实际情况调整计划，制定最优的计划方案。

对网络计划的初始方案进行审查，看其是否满足工期目标、资源限制条件等。如不满足预期目标，就要按照工期优化、费用优化、资源优化的方法对网络计划的初始方案进行调整。

（7）将调整后的初始网络计划绘制成正式可行的施工网络计划。

2. 建筑装饰施工网络计划的排列方法

在绘制建筑装饰施工网络计划时，为达到形象化、条理化的目的，使网络计划中各工作之间在工艺及组织上的逻辑关系表达更为清晰，常采用如下排列方法。

（1）按施工流水段排列。这种排列方法是把同一施工段的作业排列在同一水平线上，能够反映出建筑工程分段施工的特点，突出表示工作面的利用情况，这是建筑工地习惯使用的一种表达方式，图 2－6－1 所示为吊顶工程按施工流水段排列的网络计划。

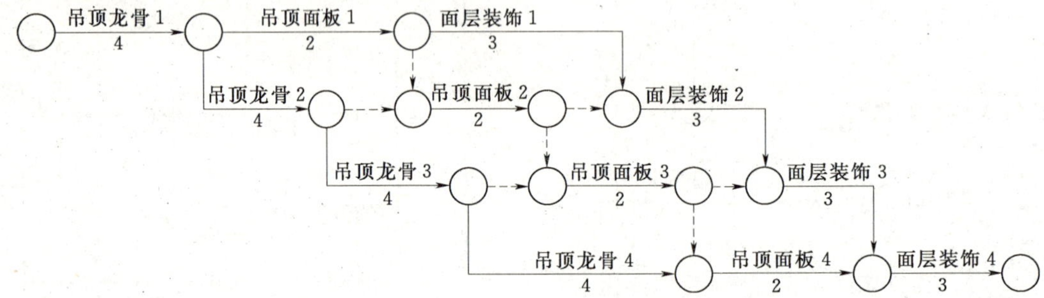

图 2－6－1　吊顶工程按施工流水段排列的网络计划

（2）按工种排列。这种排列方法是把相同工种的工作排列在同一条水平线上，能够突出不同工种的工作情况，这也是建筑工地习惯使用的一种表达方式，图 2－6－2 所示为吊顶工程按工种排列的网络计划。

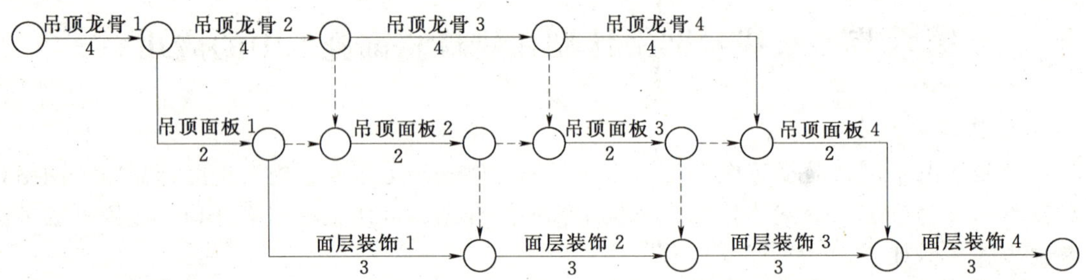

图 2－6－2　吊顶工程按工种排列的网络计划

（3）按楼层排列。在分段施工中，当若干项工作沿着建筑物的楼层展开时，其网络计划一般都可以按楼层排列。如图 2－6－3 所示是某内装修工程，每层为一段，按楼层由上到下进行的网络计划。

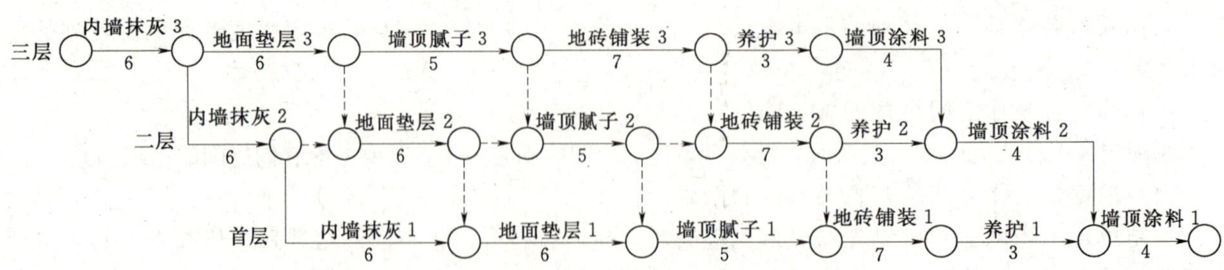

图 2－6－3　某内装修工程按楼层排列的网络计划

【例 2－6－1】　某装饰工程分为 3 个施工段，施工过程及其延续时间为：内墙抹灰 4 天、安塑钢门窗 2 天、铺地面砖 3 天、墙顶涂料 2 天，铺地砖与刷涂料间的技术间歇为 2 天，试组织流水施工，

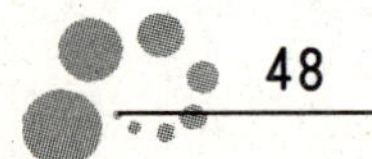

并用双代号网络图表示之。

解：铺地砖与刷涂料间的技术间歇为 2 天，即为养护 2 天，也需要用实箭杆表示，绘制的网络图如图 2－6－4、图 2－6－5 所示。

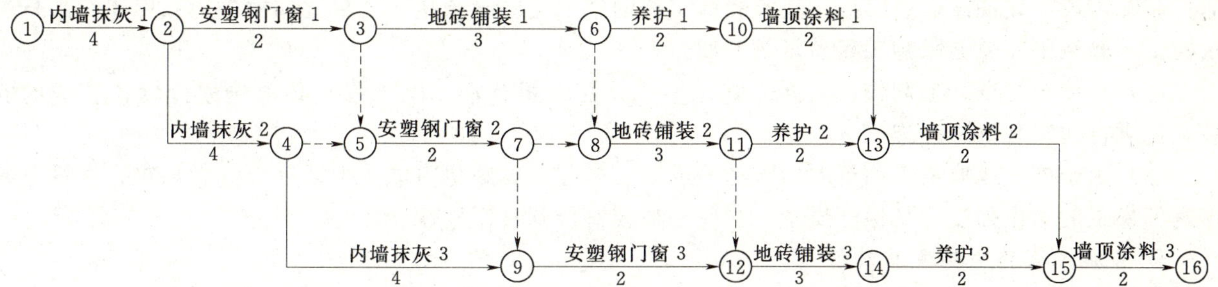

图 2－6－4　［例 2－6－1］按施工流水段排列的网络计划

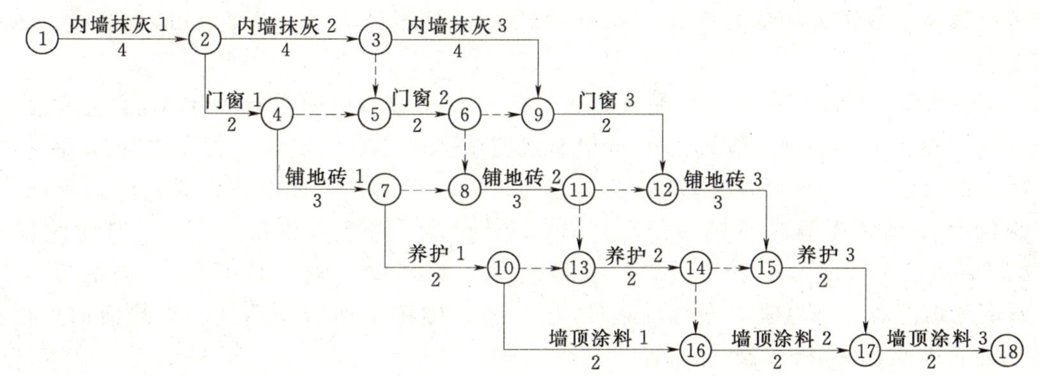

图 2－6－5　［例 2－6－1］按工种排列的网络计划

第七节　学　习　情　境

某服务楼装饰工程包含门窗、吊顶、地面、轻质隔墙、饰面砖、涂饰、细部等分部分项工程及相应的水、电安装工程。

1. 工程概述

工程名称：××服务楼二次装饰装修工程

本工程共 21 层（含地下一层），总建筑面积为 25000m^2。

2. 施工区的划分

将整个工程项目划分为相对独立的施工区，化整为零，使每个具备施工条件的施工部位都能有效地进行相对独立的施工，且不影响隐蔽、交叉施工和配合工作，并根据工程性质和项目经理及其管理班子的施工经验和专业特长，对本项目进行分区负责、分区管理。

针对本工程的特点，施工时，将本项目分为以下 3 个施工区，每个区分别设 1 名施工区负责人，由项目经理全盘统筹，并设“施工协调组”，专职协调各工区、各工种之间以及与其他专业施工的配合，使工程能同步、协调地进行，最终保证工程进度和工程质量的实现。本工程具体施工时，须划分施工区，共划分为 3 个施工区，其中 1～5 层为施工一区（共 5 层），6～15 层为施工二区（共 10 层），16～20 层为施工三区（共 5 层），各施工区进行分区平行施工，以确保工程工期的实现。

3. 确定施工流向

工程室内装饰的工序较多，一般先做墙面及顶面，后做地面、踢脚，室内的墙面抹灰应在预埋管线后进行；吊顶工程应在水电管线完成安装后进行，卫生间装饰应在做完地面防水层、安装洁具之后进行。走廊留在最后施工。

(1) 生产工艺过程，往往是确定施工流向的关键因素。建筑装饰工程施工工艺的总规划是先预埋、后封闭、再装饰。在预埋阶段，先通风系统，后电气线路。封闭阶段，先墙面，后顶面，再地面；装饰阶段，先油漆，后面板。建筑装饰工程的施工流向必须按各工种之间的先后顺序组织平行流水施工，颠倒工序就会影响工程质量及工期。

(2) 对技术复杂、工期较长的部位应先施工。卫生间有水、电工程，必须先进行设备管线的安装，再进行建筑装饰工程施工。

(3) 由于施工场地及工期要求的限制，成品、半成品材料尽可能由专业公司定做加工，这样既减少现场加工的工作强度，又保证质量，并使工期相对得到有效控制。

4. 各施工区的主要施工内容

(1) 施工一区（1～5层）。

1) 1～5层楼地面主要施工内容：主要采用美国白麻、塑料地板（拼纹）、塑胶地材、进口地毯、圣象牌防静电架空地板、大咖啡大理石、微晶石饰面、防滑砖、600mm×600mm抛光砖、国产麻石、方块地毯等。

2) 1～5层墙面主要施工内容：微晶石饰面、10+10夹胶清玻璃栏板、微晶石及铝单板饰面、拉丝不锈钢饰面、亚光不锈钢饰面脚线、5mm厚有机玻璃透光片（内藏霓虹管）、12mm钢化清玻璃门（300mm厚砂钢门套）、12mm钢化清玻璃自动趟门、镜面不锈钢饰面电梯门及门套、梯间门砂面不锈钢、单板门及50mm宽哑光不锈钢门套、8mm砂玻璃、黑檀木饰面、12mm厚横纹特种玻璃、8mm厚喷砂玻璃、ϕ250mm留空暗藏筒灯喷砂玻璃、攀爬壁（暗藏日光灯）、啡钻花岗石饰面、10mm厚西班牙雪花石、进口家私布饰面包45度角边、樱桃饰面清漆消光、扇灰面饰进口立邦漆、白沙米黄大理石饰面、窗帘、墙纸饰面等。

3) 1～5层顶棚主要施工内容：轻钢龙骨铝单板天花、乐思龙吊顶、穿孔铝板吊顶、埃特板天花、轻钢龙骨条状金属天花、8mm钢化砂玻璃贴散光灯箱片、镜面不锈钢饰面、轻钢龙骨石膏板面饰进口立邦漆等。

(2) 施工二区（6～15层）。

1) 6～15层楼地面主要施工内容：主要采用塑胶地材、防滑砖、微晶石、啡珠石、国产麻石等。

2) 6～15层顶棚主要施工内容：主要采用金属扣板天花、原建筑天花、轻钢龙骨12mm石膏板、面饰进口立邦漆等。

(3) 施工三区（16～20层）。

1) 16～20层楼地面主要施工内容：主要采用塑胶地材、大咖啡大理石、微晶石饰面、防滑砖、600mm×600mm抛光砖、国产麻石、地毯等。

2) 16～20层墙面主要施工内容：10mm厚磨砂玻璃（钢化）、立邦漆饰面、砂钢脚线、窗帘、墙面饰胶板、12mm厚钢化清玻璃门（砂钢门套）、"富美家"胶板、200mm×300mm瓷片、成品胶板间隔、5mm厚银镜（磨斜边8mm宽）、水晶面饰面台面、干挂微晶石饰面、砂面不锈钢饰面脚线、9mm厚丝面玻璃、镜面不锈钢防火门、面饰进口墙纸、软包面饰面包直角边、"富美家"胶板饰面、5mm厚丝印玻璃、黑檀木夹板饰面、黑檀木夹板饰面门（黑檀木实木门套）、铝合金门（6mm厚药水玻璃）、爵士白大理石、黑金砂大理石。

3) 16～20层顶棚主要施工内容：轻钢龙骨铝单板天花、轻钢龙骨石膏板面饰进口立邦漆、1200mm×300mm金属扣板天花。

5. 施工进度安排

(1) 整体控制目标。总工期为150个日历天，实际施工时按150天编排。本工程暂定开工日期为2004年3月15日，计划竣工日期为2004年8月11日。

施工人员现场工作时间：每月有效施工日考虑30天，每天正常工作时间初定8小时。

(2) 主要工作施工控制点。本工程共计20层，实际施工时分为3个施工区，各施工区组织平行施工。具体划分方法为：1～5层为施工一区，6～15层为施工二区，16～20层为施工三区。各施工区的主要工作控制点如下。

1) 施工一区（1～5层）总施工时间为136天，控制工期为2004年3月17日～7月30日，其中：

隔断墙及墙面龙骨施工控制工期计30天；

天棚龙骨施工控制工期计35天；

天棚面层施工控制工期计32天；

墙面石材粘贴（干挂）施工控制工期计45天；

墙面瓷砖粘贴施工控制工期计25天；

软包墙面施工控制工期计25天；

木质板材墙面装饰施工控制工期计50天；

墙面进口立邦漆涂刷施工控制工期计30天；

玻璃隔断墙施工控制工期计45天；

墙面壁纸施工控制工期计25天；

墙面不锈钢饰面施工控制工期计15天；

楼地面块料面层施工控制工期计35天；

楼地面脚线施工施工控制工期计20天；

楼地面铺地毯施工控制工期计25天；

水电工程施工控制工期计118天；

窗帘盒制作和安装施工控制工期计25天；

玻璃饰面施工控制工期计25天；

油漆工程施工控制工期计50天。

2) 施工二区（6～15层）总施工时间为125天，控制工期为2004年3月20日～7月22日，其中：

天棚龙骨施工控制工期计55天；

天棚面层施工控制工期计65天；

楼地面块料面层施工控制工期计65天；

楼地面铺地毯施工控制工期计28天；

水电工程施工控制工期计118天；

油漆工程施工控制工期计75天。

3) 施工三区（16～20层）总施工时间为130天，控制工期为2004年3月25日～8月1日，其中：

隔断墙及墙面龙骨施工控制工期计28天；

天棚龙骨施工控制工期计35天；

天棚面层施工控制工期计28天；

墙面石材粘贴（干挂）施工控制工期计40天；

墙面瓷砖粘贴施工控制工期计25天；

软包墙面施工控制工期计30天；

木质板材墙面装饰施工控制工期计55天；

墙面进口立邦漆涂刷施工控制工期计35天；

玻璃隔断墙施工控制工期计40天；

墙面壁纸施工控制工期计25天；

墙面不锈钢饰面施工控制工期计 15 天；

卫生间防水施工控制工期计 20 天；

楼地面找平层施工控制工期计 15 天；

楼地面块料面层施工控制工期计 30 天；

楼地面脚线施工控制工期计 23 天；

楼地面铺地毯施工控制工期计 13 天；

不锈钢栏河及梯栏杆施工控制工期计 22 天；

水电工程施工控制工期计 115 天；

窗帘盒制作和安装施工控制工期计 25 天；

玻璃饰面施工控制工期计 35 天；

油漆工程施工控制工期计 50 天。

(3) 具体施工进度安排见图 2－7－1。

6. *主要劳动力投入计划*

本工程共 20 层，装饰装修工程量较大，所需劳动力较多，实际施工时，划分为 3 个施工区，其中 1～5 层为施工一区，6～15 层为施工二区，16～20 层为施工三区，为保证工程施工工期，3 个施工区采取平行施工。

施工期间，劳动力总动员人数为 493 人，为高峰使用人数，根据不同施工阶段，实际施工人数会有一定调整。具体劳动力投入计划见表 2－7－1 和表 2－7－2。

表 2－7－1　　主要劳动力需用量计划表（3 个施工区合计使用人数）

工　种	人数	担负的主要工作内容	工　种	人数	担负的主要工作内容
木作施工班组	120	木制品制作与安装施工	给排水施工班组	25	室内给排水施工
石材施工班组	75	石材及瓷砖铺（粘）贴施工	综合工种	20	材料搬运等
焊接施工班组	18	不锈钢管及钢筋（干挂石材用）焊接	泥水工	30	抹灰施工
天花施工班组	60	扣板天花施工	钢筋工	25	干挂石材钢筋网施工
金属施工班组	30	金属装饰线安装施工	测量工	10	测量放线施工
油漆工	45	室内油漆施工	机修工	5	机械维修等
电气施工班组	30	室内电气安装施工	合计	493	

表 2－7－2　　劳动力在各时间段内分配情况

序号	工　种	计划总用工数	2004 年					
			3 月	4 月	5 月	6 月	7 月	8 月
1	木作施工班组	120	115	120	120	120	100	85
2	石材施工班组	75	25	65	75	75	75	75
3	焊接施工班组	18	9	12	18	18	15	10
4	天花施工班组	60	40	60	60	60	45	25
5	金属施工班组	30	15	30	30	30	30	25
6	油漆工	45			40	45	45	45
7	电气施工班组	30	30	30	30	30	30	25
8	给排水施工班组	25	25	25	25	25	25	20
9	综合工种	20	20	20	20	20	20	15
10	泥水工	30	30	30	30	30	30	25
11	钢筋工	25	15	25	25	20	10	
12	测量工	10	10	10	10	10	8	5
13	机修工	5	5	5	5	5	5	2
	合计	493	339	432	488	488	438	357

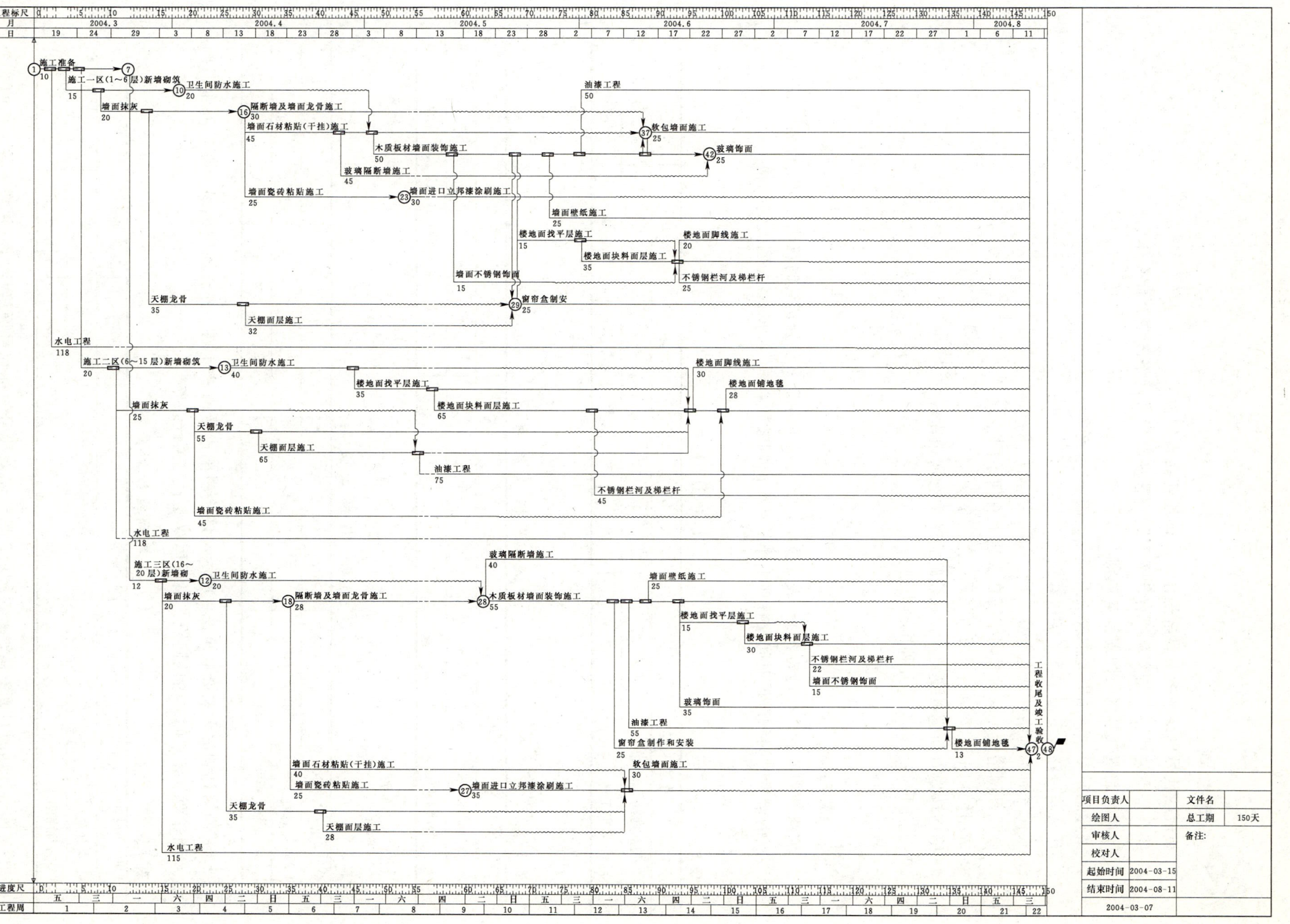

图 2-7-1 某服务楼装饰装修施工网络计划

思考题

1. 组成双代号网络图的三要素是什么？试述各要素的含义。
2. 什么是虚箭线？它与实箭线有什么不同？它在双代号网络图中起什么作用？
3. 简述绘制双代号网络图的基本规则。
4. 试述总时差、自由时差的含义及特点。
5. 什么叫线路、关键工作、关键线路？
6. 双代号时标网络计划有何特点？
7. 单代号网络图和双代号网络图在表达上有何不同？
8. 费用优化中，工期和费用的关系是怎样的？
9. 网络计划有何优点及缺点，在建筑施工中有何用途？
10. 施工网络计划有哪几种排列方法？

练习题

1. 网络计划的有关资料如表1～表3所示，试对以下3个工程分别绘制双代号网络计划，并计算各个节点的最早时间和最迟时间及各项工作的6个时间参数，最后用双线标明关键线路。

（1）

表1　　工程1资料

工　作	A	B	C	D	E
持续时间（天）	2	3	5	7	3
紧前工作	—	—	A	A、B	B

（2）

表2　　工程2资料

工　作	A	B	C	D	E	G
持续时间（天）	5	3	2	4	7	5
紧前工作	—	—	—	A、B	A、B、C	D、E

（3）

表3　　工程3资料

工　作	A	B	C	D	E	G	H
持续时间（天）	4	3	5	6	4	7	8
紧前工作	—	—	—	—	A、B	B、C、D	C、D

2. 某网络计划的有关资料如表4所示，试绘制单代号网络计划，并在图中标出工作的6个时间参数及相邻两工作之间的时间间隔，最后用双线表明关键线路。

表4　　某网络计划资料

工　作	A	B	C	D	E	G
持续时间（天）	12	10	5	7	6	4
紧前工作	—	—	—	B	B	C、D

3. 某网络计划的有关资料如表5所示，试绘制双代号时标代号网络计划，并判定各工作的6个

时间参数和关键线路。

表 5　　　　某网络计划资料

工　作	A	B	C	D	E	G	H	I
持续时间（天）	5	4	2	2	7	3	4	5
紧前工作	—	A	A	B	B、C	C	D、E	E、G

4. 如图 1 所示网络计划，箭线下方括号外为正常持续时间，括号内为最短持续时间，箭线上方为直接费用率，当指定工期为 43 天时，请进行合理压缩使费用增量最少。

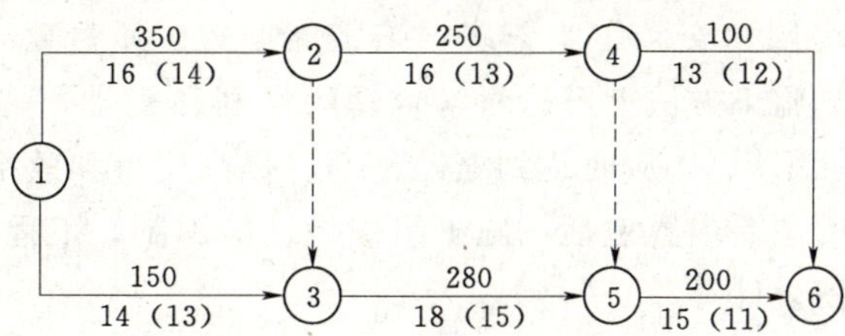

图 1　某工程网络计划

5. 已知某工程网络计划如图 2 所示，箭线上方为工作每天需要的资源量，箭线下方为工作的持续时间，若资源限量为 14，试对网络计划进行资源有限—工期最短的优化。

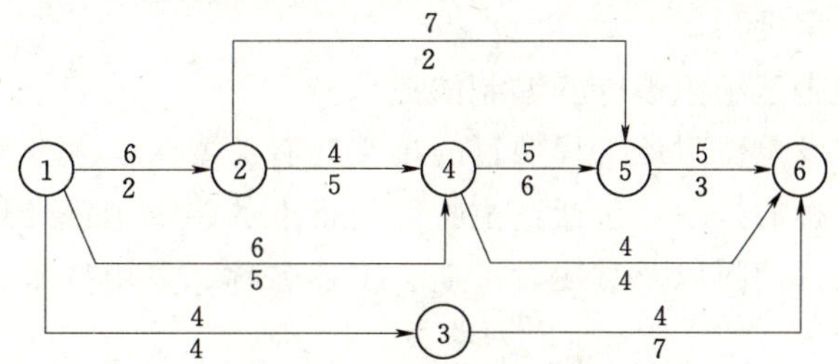

图 2　某工程网络计划

6. 某网络计划如图 3 所示，箭线上方为工作的每天资源需要量，箭线下方为工作持续时间，试对该网络计划进行工期固定—资源均衡优化。

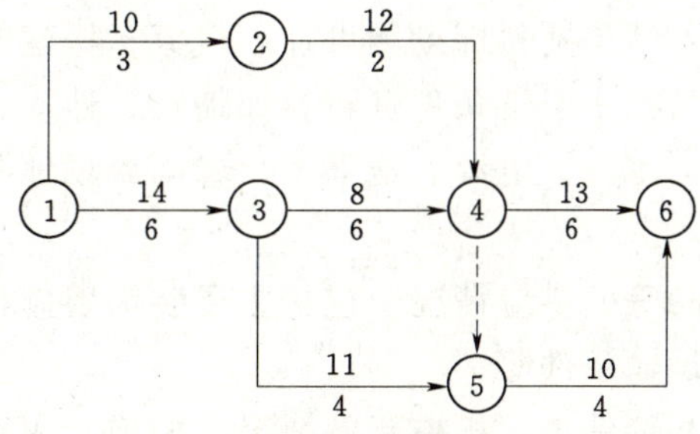

图 3　某工程网络计划

第三章　单位建筑装饰工程施工组织设计

建筑装饰工程施工组织设计是在建筑装饰工程开工前，由施工企业编制，施工单位用来指导施工准备和组织施工过程中各项活动的一个经济、技术、管理等方面的综合性文件。由于建筑装饰工程具有工序多、工艺复杂、场地受限、交叉作业繁多、施工周期短、质量要求高等特点，这就需要在人力、物力、财力和施工方案、施工方法上进行科学合理的计划和安排，解决施工过程中的各种矛盾，以真正做到"优化配置、系统组织"；从而达到缩短工期、提高质量和效率、降低成本的目的。

建筑装饰施工组织设计的主要内容包括：施工组织设计的编制、工程概况和施工方案、施工进度计划、施工准备和施工平面图设计等。

第一节　单位建筑装饰工程施工组织设计的编制依据和程序

单位建筑装饰工程施工组织设计一般由工程主管工程师组织有关人员进行编制，并根据工程项目规模的大小，上报主管部门审批。

一、单位建筑装饰工程施工组织设计的编制依据

(1) 上级主管部门和建设单位对该工程项目的批文和有关要求。主管部门的批文和有关要求，主要是指上级主管部门对该工程的批示，包括：主管部门批准的装饰工程计划书，概预算指标和投资计划，分期分批交付使用的项目期限以及对建设工期、工程名称、采用技术、质量等级、全套施工图纸和对施工的要求等。

(2) 施工组织总设计。如果单位建筑装饰工程是整个建筑装饰工程项目的一部分，则应当依据建筑装饰工程的施工组织设计中的总体部署以及与本工程有关的规定和要求，编制单位建筑装饰工程施工组织设计。

(3) 企业的年度施工计划对本工程的安排和规定的各项指标。

(4) 地质与气象资料。地质与气象资料即勘测设计、气象、城建等部门和施工企业对建设地区或建设地点提供和积累的自然条件与技术经济条件资料。如地形、地质、地上施工障碍物、地下施工障碍物、水准点、气象、交通运输、水源、电源、地下水、暴雨后场地积水情况和排水情况、施工期间的最低和最高气温、雨量等。

(5) 材料、预制构件及半成品等的供应情况。包括主要装饰装修材料、构件、半成品的来源及供应情况，以及预制构件的运距及运输条件等。

(6) 建设单位可提供的条件和劳动力、机械配备情况。如施工用地、水电供应、临时设施等。其中包括水源和水质，电源供应量以及是否需要单独设置变压器。

(7) 国家的有关规定、规范、规程及各省、市、地区的操作规程和定额、工程使用的全套的施工图纸和定额手册。

(8) 施工单位的有关质量标准的规定和管理办法。

二、单位建筑装饰工程施工组织设计的编制程序

单位建筑工程装饰施工组织设计的程序，是指单位建筑装饰工程施工组织设计的各个组成部分形成的先后顺序，以及相互之间的制约关系。根据装饰装修工程种类、工程的特点和现场的施工条件，编制的程序繁简不一，如图 3－1－1 所示。

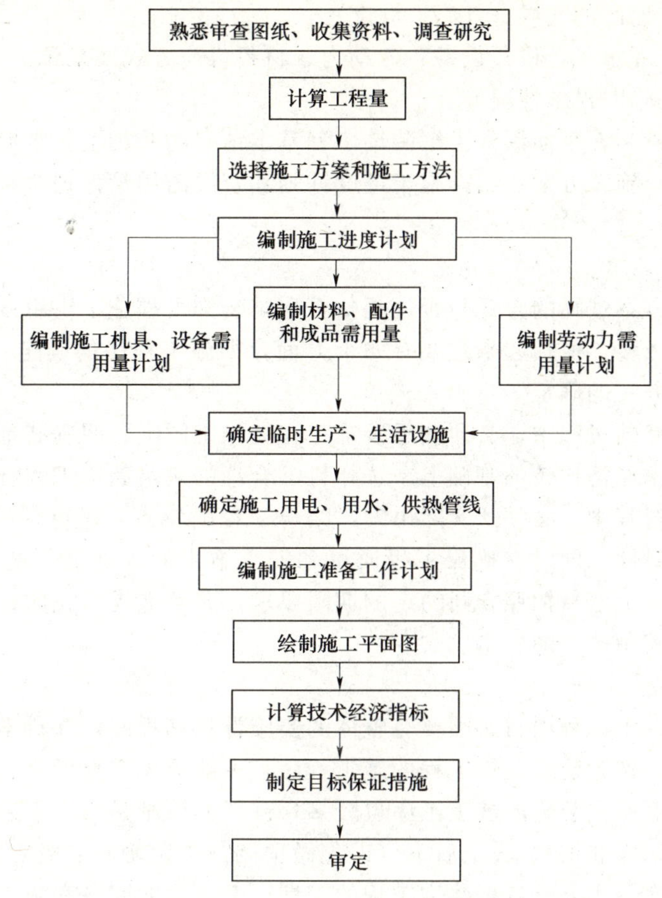

图 3-1-1 单位建筑工程装饰施工组织设计的编制程序

第二节 工程概况和施工方案

一、工程概况的含义

工程概况是主要针对工程的装饰特点，对拟装饰工程的地点、特征和施工条件等结合施工现场的具体条件所做的一个简明扼要、突出重点的文字介绍。编制工程概况的目的是找出关键性的问题加以说明，并对新材料、新技术、新工艺和施工重点、难点进行分析研究。

二、工程概况的主要内容

对建筑装饰工程概况的综合分析是选择施工方案，编制施工进度计划、资源需用量计划，设计施工平面图的前提。其主要内容包括以下几方面。

(1) 对拟装饰工程装饰的目的和意义的说明。

(2) 拟装饰工程的建设单位。

(3) 装饰工程的名称。

(4) 装饰工程的地点。

(5) 装饰工程的性质和用途。

(6) 装饰工程的投资额。

(7) 装饰工程的设计单位。

(8) 装饰工程的施工单位。

(9) 装饰工程的监理单位。

(10) 装饰设计图纸情况以及施工期限。

（11）装饰工程所在地区的气候、气温、湿度。

（12）施工单位的管理水平，机具设备、劳动力、材料供应方式及来源。

（13）业主提供现场临时设施情况等。

通过以上的综合分析，在全面深入了解装饰工程基本情况的基础上，掌握工程施工的特点和施工的关键问题，以便在选择施工方案、编排施工进度计划和资源需用量计划时采取相应的有效措施进行统筹安排。

三、施工方案

建筑装饰工程施工方案选择的合理与否，是整个建筑装饰工程施工组织设计成败的关键。建筑装饰施工方案选择的内容很多，概括起来主要有四个方面，即施工程序的确定、施工起点流向的确定、施工顺序的确定和施工方法的确定。

在进行施工方案选择的过程中，必须熟悉装饰工程的施工图纸，明确装饰工程的特点和施工任务的要求，在正确进行技术经济比较的基础上，选择科学合理的建筑装饰工程施工方案。

在施工方案的选择过程中，必须从实际出发，结合工程的特点，做好深入细致的调查研究工作，使方案具有可行性和针对性；同时在确保工程质量和安全施工的基础上，施工期限要满足合同的要求，必须保证在竣工时间上严格按照合同约定的期限要求，并争取提前完成；要采用正当的、有效的降低施工费用的措施，控制施工的成本。

四、施工程序的确定

建筑装饰施工作为一个工程项目必须要有整体的实施计划和程序，并科学地安排施工的顺序，才能保证工程质量和工期。作为建筑装饰工程的施工程序，一般有先室外后室内、先室内后室外和室内外同时进行三种情况，而室内装饰的施工工序也较多，一般的原则是：先里后外（即先基层处理，再做装饰构造，最后进行饰面装饰）、先上后下（即先做顶棚，再做墙面，最后装饰地面）。

如何选择施工的程序，主要是依据装饰工程的工期、劳动力的配备和施工现场的实际条件综合考虑。对于工期较长的新建工程来说，可以根据情况选择先室内后室外或者先室外后室内的施工程序，但是工期较短装饰工程一般采用室内外同时进行的施工程序。

五、施工起点流向的确定

施工起点流向是指单位装饰工程在平面和空间上施工的开始部位及流动方向。它将涉及一系列施工活动的展开和进程，是组织施工的重要环节。根据装饰工程项目规模的不同，在施工起点流向的确定上也会呈现不同的方法。对于高层和多层建筑，需要确定每层平面上的施工流向及其层间或单元空间上的施工流向，而单层建筑只需确定出分段施工在平面上的施工流向。建筑装饰工程施工起点流向通常有以下几种方案。

（1）自上而下的施工流向。室内装饰工程自上而下的施工方案是指在主体结构封顶，屋面防水层做好以后，从顶层开始，逐层向下进行。这种起点流向又有水平向下和垂直向下之分，如图 3-2-1 所示。自上而下的施工方案的特点是：主体结构完成以后，有一定的沉降时间，沉降趋于稳定，屋面防水层已做好，可以防止屋面漏水而影响室内装饰的质量，同时可以避免各工序之间的交叉干扰，便于组织施工。其缺点表现在：工期长，要等主体结构完工后才能进行装饰施工。

（2）自下而上的施工流向。自下而上的施工流向是指主体结构施工到一定楼层（一般是3层）以上时，室内装饰从底层开始逐层向上的施工流向，可分为水平向上和垂直向上两种形式，如图 3-2-2 所示。其特点是：室内装饰施工与主体结构平行搭接，工期短；但各工序之间交叉作业，组织施工难度增大，影响质量和安全的因素增多。

（3）自中而下，再自上而中的施工流向。自中而下，再自上而中的施工流向，是指多层或高层建筑中，主体结构施工到一半时，室内装饰施工从中间开始逐层向下进行，在主体结构封顶，屋面防水层做好之后，再从顶层开始，逐层向下进行至中间；也可分为水平向上和垂直向上两种形式。这种施工起点流向综合了前两种施工流向的优缺点，主要适用于多层或高层建筑的装饰工程施工。

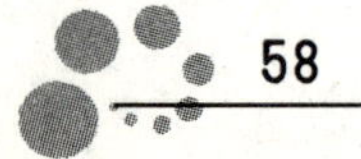

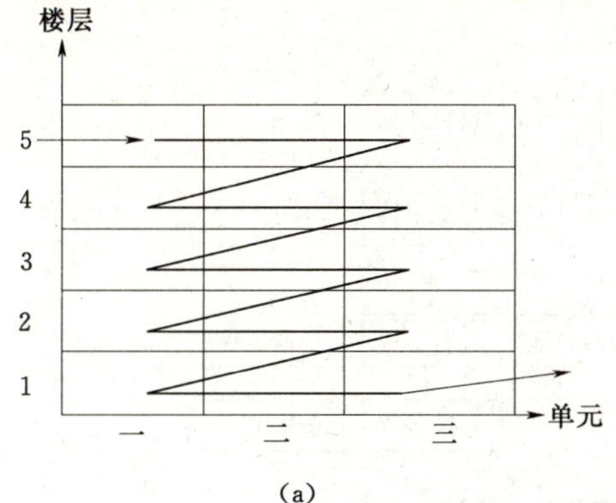

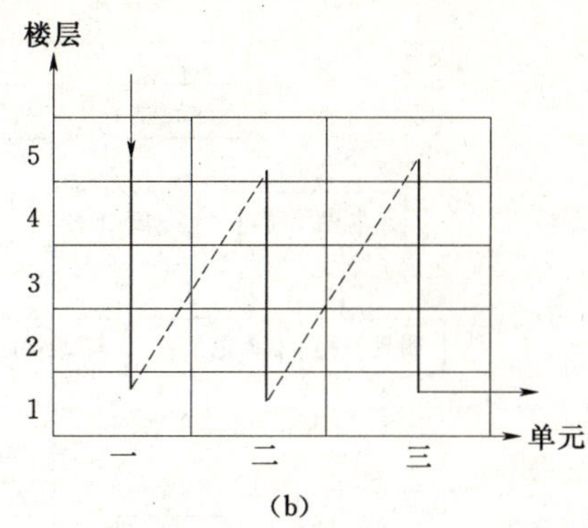

图 3-2-1 自上而下的施工流向示意图

(a) 水平向下；(b) 垂直向下

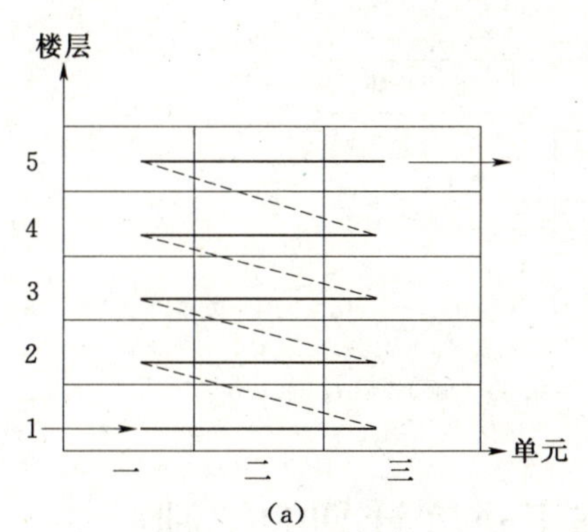

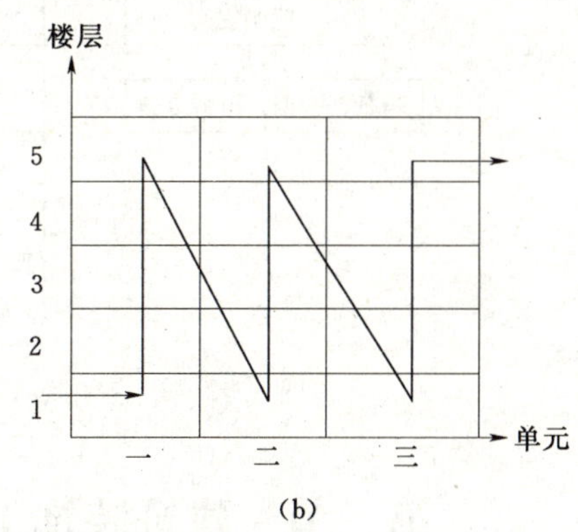

图 3-2-2 自下而上的施工流向示意图

(a) 水平向上；(b) 垂直向上

六、施工顺序的确定

装饰工程的施工顺序是指分部（分项）工程施工的先后次序，主要包括室内外装饰施工的先后顺序，室内装饰施工的顺序和室内界面的施工顺序。在确定施工顺序的过程中必须要遵循施工的总程序，符合施工工艺、质量和安全的要求，充分考虑气候条件的影响。

一般而言，室内、室外装饰施工的先后顺序主要有先内后外、先外后内和内外同时进行三种形式。室内装饰施工工序多、劳动量大、工期长，因此，确定好室内装饰施工的顺序非常关键。一般是先抹灰、饰面、吊顶和隔断工程施工；接着是门窗和玻璃工程施工；再是涂料及隔断罩面板的安装工程施工；最后是裱糊工程施工。对于室内同一房间的不同界面的处理，有两种形式：一是先地面，后墙面和顶棚；二是先顶棚，后墙面和地面。室内装饰工程的一般施工顺序如图 3-2-3 所示。

七、施工方法的确定

正确地选择施工方法是建筑装饰施工的关键。它直接影响装饰施工的进度和质量，在编制施工组织设计时，必须高度重视。在确定装饰施工方法时，应着重考虑影响整个装饰工程的重要部分，对工程量大、工艺复杂、质量要求高、起关键作用的施工方法，要做重点要求，并且要做详细的施工图交底。对于常规的做法的只需要提出具体要求即可。

选择施工方法，必然要选择相应的施工机具。使用合适的施工机具，可以提高施工的效率，保证施工的进度和质量。选择施工机具时，要根据装饰工程的特点选择适宜的机具，在同一施工现场的，应尽可能地选择种类和型号少的、一机多能的综合性机具，以便于维护和管理；同时还要考虑建筑结构的特征和充分发挥机具本身的能力。

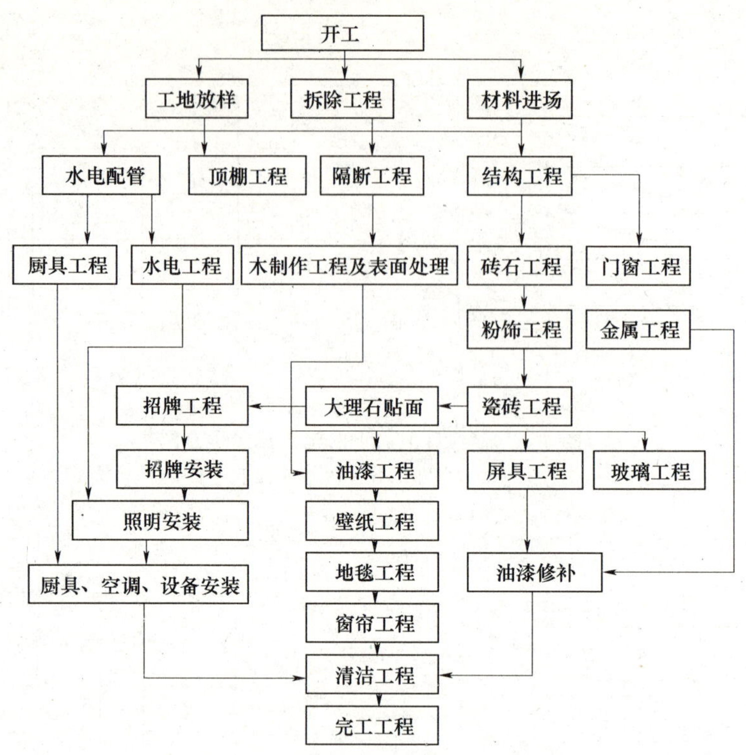

图3-2-3 室内装饰工程的一般施工顺序示意图

第三节 建筑装饰工程施工进度计划的编制

建筑装饰工程施工进度计划是在确定了建筑装饰工程施工方案和施工方法的基础上，根据规定工期和技术物资的供应条件，按照各施工过程的工艺顺序，统筹安排各项施工活动进行编制的。

施工进度计划是施工方案在时间上的具体反映，其理论依据是流水施工原理，主要采用横道图或网络图的形式体现。它的任务是为各施工过程指明一个确定的施工日期，并以此为依据确定施工作业所必需的劳动力和技术物资的供应计划。

一、施工进度计划的概念

1. 施工进度计划的表现形式

(1) 总进度计划。总进度计划一般包括总进度网络计划和总进度计划横道图及其编制说明。在总进度网络计划图中，反映了项目施工工序的最早和最迟开工、完工日期，每道工序之间的逻辑关系，关键线路、关键日期和里程碑，也反映了各工序所需资源。

(2) 外部进度计划。必须提交审批的计划，即承包商与业主、监理工程师共同进行控制的计划，称之为外部进度计划。

(3) 内部进度计划。在建项目各项目经理部内部所用的一系列便于实施和控制的计划，称之为内部进度计划。内部进度计划中主要包括三类计划：进度计划、资源使用计划和资金使用计划。其中，进度计划包括单位工程进度计划、季度计划、月计划和周进度计划。

施工进度计划的表现形式有横道图和网络图两种，这两种图能够反映和表达施工计划安排。横道图简单、形象和易懂，但是不能全面地反映出整个施工活动过程中各工序之间的联系和相互依赖与制约的关系，使人们抓不住工作的重点，不知如何降低成本。网络图虽然克服了横道图的不足之处，但网络图没有时标，不直观，看不出各工序的开、竣工时间，而且绘制复杂。网络图在本书第二章已经做出过说明，在此仅以横道图为例来介绍。

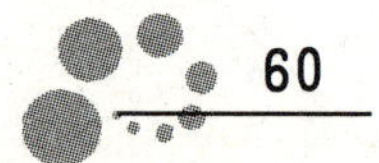

施工进度计划的横道图主要由左右两部分组成，左边部分反映拟装饰工程所划分的施工项目、工程量、劳动量和机械的台班量、工作班数、施工人数以及各施工过程的持续时间等计算内容；右边部分则用水平线段反映各施工过程的施工进度和搭接关系，其中的每一格可以代表一天或若干天，如表3-3-1所示。

表3-3-1　单位工程施工进度计划

序号	施工项目	工程量		定额	劳动量		需要的机械		每天工作班	每班工作人数	工作天	施工进度（天）									
		单位	数量		工种	工日数	机械名称	台班数				×月									
												1	3	5	7	9	11	13	15	17	19

2. 施工进度计划的作用

单位建筑工程施工进度是施工组织设计的重要内容，是控制各分部分项工程施工进度的主要依据，也是编制季度、月度施工作业计划及各项资源需用量计划的依据。施工进度计划的作用主要表现在以下几方面。

(1) 确定装饰工程各个工序的施工顺序及需要的施工持续时间。

(2) 组织协调各工序之间的衔接、穿插、平行搭接、协作配合等关系。

(3) 指导现场施工安排，控制施工进度和确保施工任务的按期完成。

若装饰工程为新建项目，其施工进度计划应是在建筑工程施工总进度计划规定的工期控制范围内来编制；若为改造工程时，则应是在合同规定的工期范围内来编制，从而使整个装饰工程在施工进度计划的控制范围内组织施工。

3. 施工进度计划的分类

根据装饰工程施工项目划分的粗细程度，可分为指导性计划和控制性计划两类。

(1) 指导性进度计划。指导性进度计划按分项工程或施工过程来划分施工项目，具体确定各施工过程的施工时间及其相互搭接、相互配合的关系。这种进度计划适用于任务具体明确、施工条件基本落实、各项资源供应正常、施工工期不太长的装饰工程。

(2) 控制性进度计划。控制性进度计划按照分部工程来划分施工项目，控制各分部工程的施工时间及其相互搭接、相互配合的关系。这种进度计划适用于工程比较复杂、规模较大、工期较长的装饰工程，还适用于工程不复杂、规模不大但各项资源不落实的情况。

二、施工进度计划的编制

1. 施工进度计划的编制依据

(1) 装饰工程施工组织总设计和施工项目管理目标要求。

(2) 拟装饰工程施工图和工程计算资料。

(3) 施工方案。

(4) 施工预算。

(5) 工期定额。

(6) 预算定额。

(7) 施工定额。

(8) 施工现场条件及资源供应情况。

(9) 工期要求。

2. 施工进度计划的编制程序

单位建筑装饰工程施工进度计划的编制程序如图3-3-1所示。

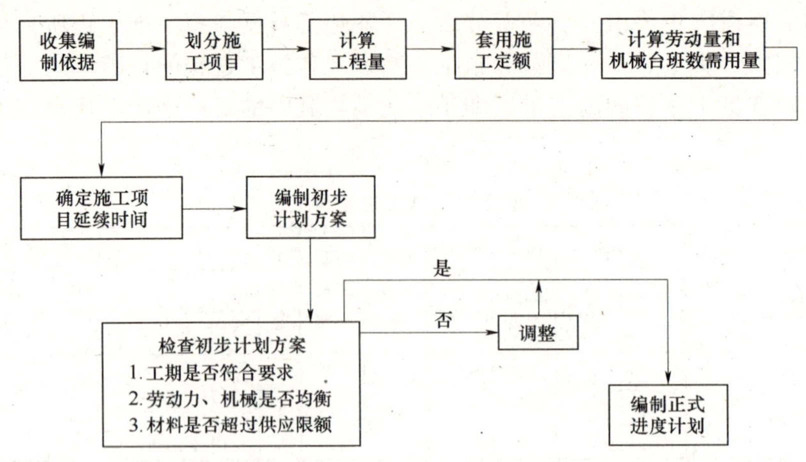

图 3-3-1　建筑装饰工程施工进度计划的编制程序

3. 施工进度计划的编制步骤

（1）划分施工过程，确定施工顺序。施工过程划分的粗细程度要根据工程量的大小和复杂程度来决定。在确定施工过程和施工顺序时应该注意施工过程的划分要与施工方案一致，要遵守施工工艺要求，考虑气候等条件。

（2）计算装饰工程的工程量。

（3）确定劳动量和机械台班数。

（4）确定各施工过程的工作时间。

（5）编制施工进度计划。

第四节　施工准备工作计划及各项资源需用量计划

一、施工准备工作计划

建筑装饰工程施工准备工作计划主要是反映装饰工程开工前及施工过程中必须提前做好的准备工作。它是完成装饰工程施工任务的重要环节，也是施工组织设计中一项重要内容。其内容包括：技术准备、现场准备、资源准备及其他准备。其计划表格形式如表 3-4-1 所示。

表 3-4-1　施工准备工作计划表

序号	施工准备工作项目		工程量		进度										
			单位	数量	×月						×月				
					1	2	3	4	5	…	1	2	3	4	…

二、各项资源需用量计划

单位工程施工进度计划确定之后，可以根据单位工程施工进度计划来编制各主要工种劳动力需用量计划以及施工机械、机具、主要装饰材料、构配件等的需用量计划，以便于及时组织劳动力和技术物资的供应，保证施工进度计划的顺利进行。

1. 主要劳动力需用量计划

主要劳动力需用量计划就是将各种施工过程所需的主要工种的劳动力，根据施工进度计划的安排进行叠加，编制出主要工种劳动力需用量计划，为施工现场劳动力调整提供依据，如表 3-4-2 所示。

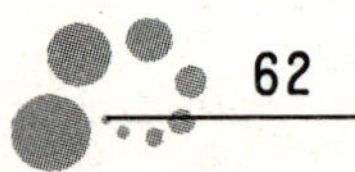

表 3-4-2　劳动力需用量计划表

序号	工作名称	总劳动量		每月需用量（工日）										
				1	2	3	4	5	6	7	8	9	10	…

2. 施工机械需用量计划

施工机械需用量计划主要是根据施工进度和施工方案确定施工的类型、数量及进退场时间。一般是将单位工程施工进度表中的每一个施工过程、每天所需要的机械类型、数量和施工日期进行汇总，如表 3-4-3 所示。

表 3-4-3　施工机械需用量计划表

序号	机械名称	机械类型（规格）	需用量		来源	使用起止时间	备注
			单位	数量			

3. 主要材料需用量计划

主要材料需用量计划，主要是为组织备料、确定仓库、堆场面积、组织运输提供依据，是将施工预算进度表中各施工过程的工程量、按照材料的名称、规格、使用时间，在考虑材料消耗的基础上进行预算汇总每天（月、旬、季）所需的材料数量，如表 3-4-4 所示。

表 3-4-4　主要材料需用量计划表

序号	材料名称	规　格		需用量		供应时间	备　注
				单位	数量		

4. 主要构配件需用量计划

为同加工单位签订供应合同、确定堆场面积、组织运输等，也可编制主要构配件需用量计划，如表 3-4-5 所示。

表 3-4-5　主要构配件需用量计划表

序号	名称	规格	图号	需用量		使用部位	加工单位	供应时间	备注
				单位	数量				

第五节　施工平面图设计

单位工程施工平面图设计是对用地的规划，目的是合理使用场地，使场地内施工秩序井然，减少临时设施费用，并为文明施工创造条件。

1. 施工平面图定义

单位装饰工程施工平面图是结合装饰工程施工特点和施工现场条件，按照一定的设计原则，对施工机械、加工场地、材料、成品、半成品存放地点和施工场所等的确定，也是确定临时道路、临时供水、供电、供热管网和其他临时设施位置的依据。它是实现文明施工、节约并合理利用场地、减少临时设施费用的基本条件，也是施工组织设计的重要组成部分。单位装饰工程施工平面图的绘制比例，一般采用1∶100。

施工平面图是施工过程空间组织的具体成果，亦即根据施工过程空间组织的原则，对施工过程所需的工艺路线、施工设备、原材料堆放、动力供应、场内运输、半成品生产、仓库、料场、生活设施等进行空间的、特别是平面的科学规划与设计，并以平面图的形式加以表达。

建筑装饰工程施工平面图的内容与装饰工程的性质、规模、施工条件、施工方案的关系密切。如果拟建装饰工程具有一定的规模，应单独绘制施工平面图，使整个施工现场井然有序，方便施工；如拟建装饰工程为新建工程时，可在原土建施工平面图的基础上，做适当调整补充即可；如拟建工程为改造装饰工程或局部装饰工程时，由于可利用的平面空间较小，应根据具体情况，对材料堆放场地、仓库、临时设施、水电管线等依据已有的工程条件安排布置。图3-5-1提供了一个建筑装饰工程施工平面图案例。

2. 施工平面图设计的依据

(1) 工程平面图。

(2) 施工进度计划和主要施工方案。

(3) 各类材料、半成品的供应计划和运输方式。

(4) 各类临时设施的性质、形式、面积和尺寸。

(5) 各加工车间、场地规模和设备数量。

(6) 水源、电源。

(7) 其他有关设计资料。

3. 施工平面图设计原则

(1) 便捷性原则。临时设施便于施工，生活房屋放在后面，生产房屋放在前面。

(2) 接近性原则。材料减少二次搬运，仓库位置的确定、运输距离、大型构件存放在使用地点附近；加工附属地点靠近原材料基地。

(3) 合理性原则。符合生产工艺流程。砂、石、水泥料场的布置，符合施工安全要求。供水、供电的布置，利于指挥、施工、生活。指挥部、生产区、生活区的布置，符合进度、施工方法、施工工艺流程要求。

(4) 经济性原则。建筑装饰施工平面图的设计要本着降低施工成本的原则，在工程预算范围内合理设计。

4. 施工平面图的设计步骤

(1) 分析调查资料。

(2) 确定主要施工机械的位置，如主梁吊装的龙门架、轨道的布置。

(3) 全面考虑各工种所使用的装饰材料的堆放位置。

(4) 确定水、电线路的布置。

(5) 确定临时设施的位置，如木工车间等的位置。

(6) 确定临时道路的位置、长度、标准。

(7) 进行施工平面图的绘制。

5. 施工平面图的类型及主要内容

(1) 施工总平面图。

1) 原有与施工有关的地物。

2) 施工用地范围、主要工程项目、沿线交通设施、交通路线。

3) 施工组织成果、临时设施的位置、各类加工车间等。

4) 施工管理机构。

5) 其他与施工有关的内容。

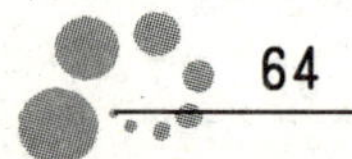

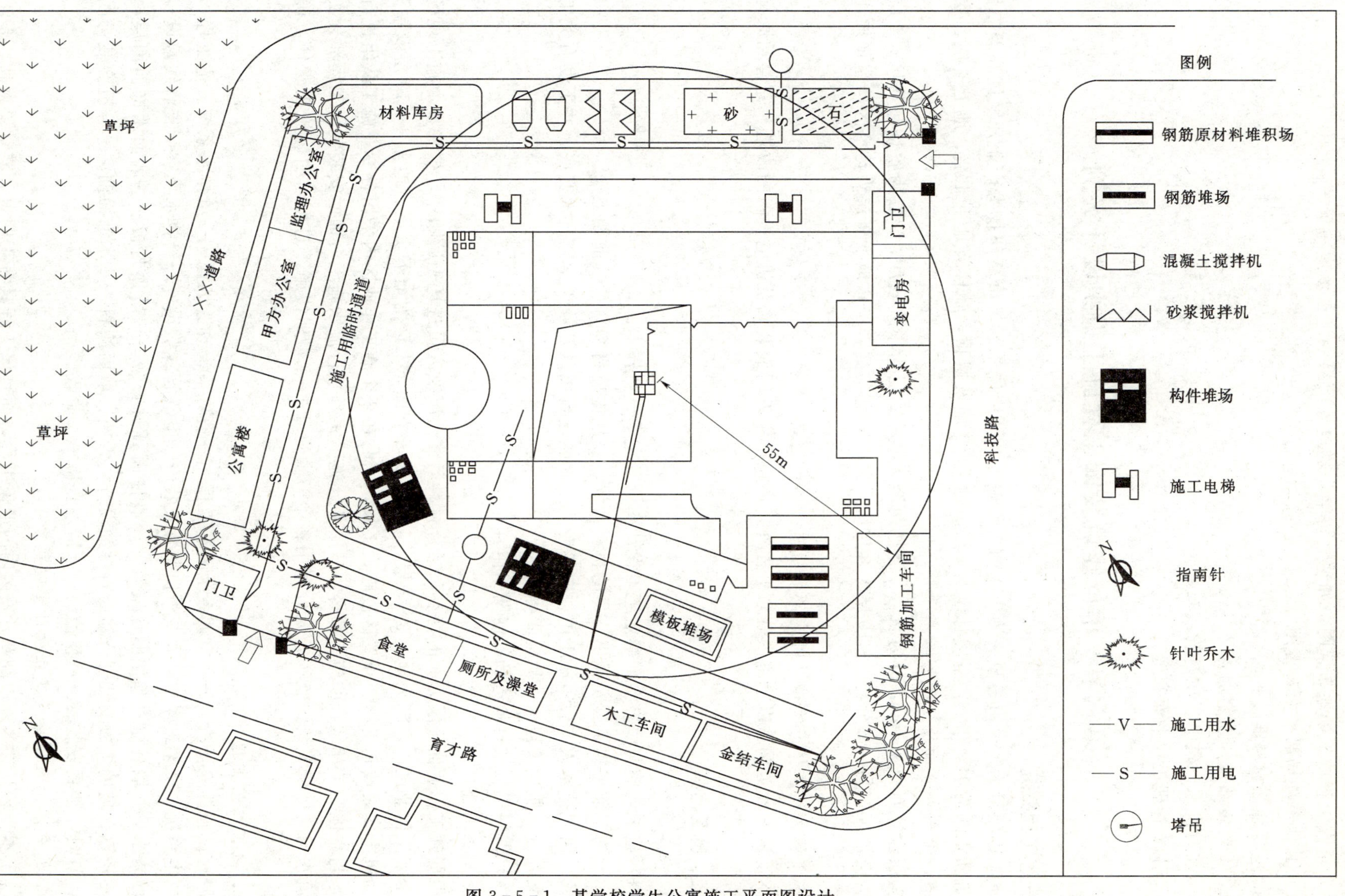

图 3-5-1　某学校学生公寓施工平面图设计

(2) 单项工程、分部工程施工平面图。

1) 重点工程施工场地布置图，如独立桥梁、隧道等项目的施工场地布置图。

2) 其他单项局部平面布置图。

a. 主要装饰材料堆放平面布置图。

b. 重要装饰构件预制加工区。

c. 临时供水、供电、供热管线布置。

d. 主要管理机构平面布置。

第六节 单位建筑装饰工程施工组织设计实例

一、工程概况

本工程项目为××市三星级酒店装饰工程施工，酒店位于××市高新技术产业开发区高新二路，总建筑面积约为12000m²，主楼有地下1层、地上10层及层顶，辅楼有地下1层、地上4层、层顶及院落、部分外立面及初次装修。

首层建筑面积955m²，分为酒店、酒楼两个大堂；2层为中式餐厅；3层为餐饮包房区；4层一部分为会议区，另一部分与5～10层为客房区，共126套各类客房；地下1层为足浴区，屋顶加建茶休区。

本工程大楼主体已完成，并有部分机电设备已安装。

本工程投标范围除以上室内装修工程外，还包括室外门面装修及机电设备的改道、完善和原有设施的拆除、清运。

二、施工方案

1. 施工准备

(1) 施工前应与甲方全面确定施工设计图纸及主要材料样本。

(2) 施工前根据工程量做出详尽的材料计划，完成主要材料订货的前期工作。

(3) 组织技术人员会审施工图，向各专业施工队进行图纸及施工工艺技术交底，并下发有关工艺技术交底卡、质量管理卡、质检表等文件。

(4) 做好机具及材料进场的前期工作。

2. 施工部署

根据施工作业面分层分布的特点，结合材料运输情况及人员进场先后顺序，拟将整个施工现场分为3个施工作业区：一区为地上1～3层、1院落及外立面；二区为地下1层、地上4～10层及屋顶；三区为机电安装改造工程。设置区段施工工长，同时在3个施工作业区内采用各专业施工队组进行平行流水与立体交叉相结合的施工部署，基层部分施工实行平行流水施工，饰面安装装饰工程部分实行平行流水与立体交叉结合施工，充分利用各个专业施工特点，加快施工进度，明确施工责任，确保工期。

3. 施工工艺流程

原有设施拆除及清运——空调系统改造工程——消防系统改造工程——给排水系统改造工程——强、弱电系统主桥架工程——天花吊顶龙骨安装——电气管线敷设——给排水及空调支管线敷设——墙地面防水——墙柱面木基层制作安装——墙柱面石材安装——吊顶封板——墙面木饰面面层、铝板、不锈钢、玻璃饰面安装——地面石材铺设——天花、墙面涂料——木饰面油漆——五金装饰品安装——灯具、洁具安装——地毯铺设——清理自检——验收。

4. 结合本工程的特点建立项目管理制度

鉴于本工程是在××市高新开发区内的形象工程，而且该工程具有工期短、质量要求高、多工种交叉施工等特点，公司除在组织、制度、部署上给予必要的保障外，还须辅助以科学的管理、先进的机械设备、优良的施工工艺才能达到最优秀的工程质量。为此，该工程将完全按照 ISO 9001 国际质量认证体系标准进行，为保证装饰的最后效果符合设计要求，应本着精心组织、周密策划、合理有序、有效控制的原则来进行施工管理。

5. 施工流程图

施工流程图如图 3－6－1 所示。

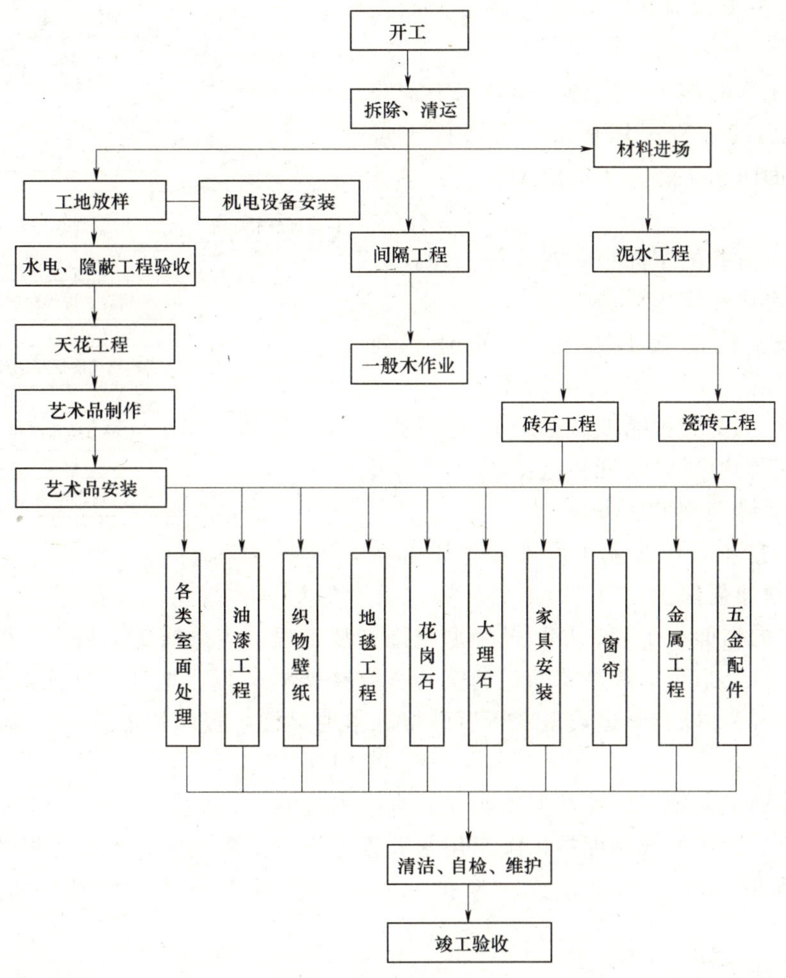

图 3－6－1　施工流程图

6. 工程现场管理流程图

工程现场管理流程如图 3－6－2 所示。

三、主要施工方法、技术措施

（一）概述

本装饰工程工序复杂、工种较多、参加施工人员多，而且很多项目需经反复穿插施工作业才能完成。在总进度计划安排下，应合理安排施工作业，严密控制施工细节，使各工种工序衔接严密，按计划如期完成施工指标。

（二）总则

（1）装饰工程所用的材料，应按设计要求选用，并应符合现行材料标准的规定。对选用的材料，应抽样检验，合格后方可使用。

（2）装饰工程所用的砂浆、石灰膏、玻璃、涂料等，宜集中加工和配制。

（3）装饰材料和饰件以及有饰面的构件，在运输、保管和施工过程中，必须采取措施防止损坏和变质。

(4) 抹灰、涂料和刷浆工程的等级及适用范围，应符合设计要求。

(5) 饰面工程应在基体或基层的质量检验合格后，方可施工。

(6) 高级装饰工程施工前，应预先做样板（样品或标准间），并经有关单位认可后，方可进行大面积施工。

(7) 室内装饰工程的施工，应待屋面防水工程完工后，并在不致被后续工程损坏和玷污的条件下进行；室内抹灰在屋面防水工程完工前施工时，必须采取防护措施。

(8) 室内吊顶、隔断的罩面板和花饰等工程，应待室内地（楼）面湿作业完工后施工。

(9) 室内装饰工程的施工顺序，应符合下列规定。

1) 抹灰、饰面、吊顶和隔断工程，应待隔断、钢木门窗框、暗装的管道、电线管和电器预埋件、预制钢筋混凝土楼板灌缝等完工后进行。

2) 玻璃工程，宜在湿作业完工后进行，如需在湿作业前进行，必须加强保护。

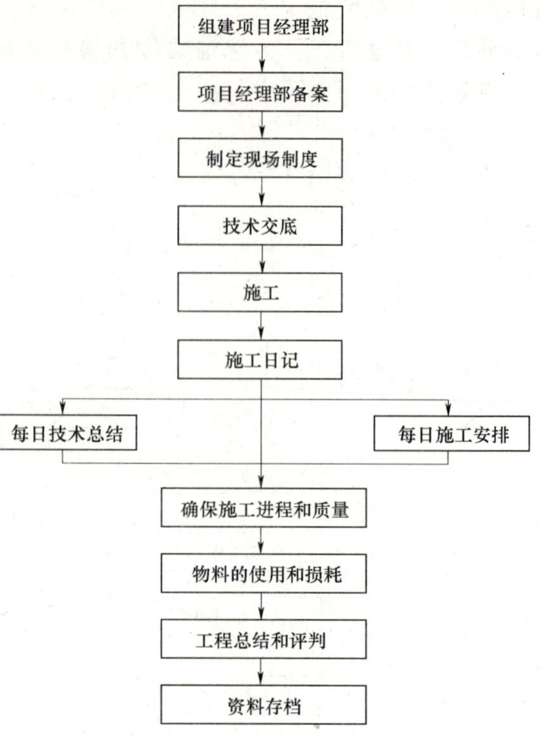

图 3-6-2　工程现场管理流程图

3) 有抹灰基层的饰面板工程、吊顶及轻型花饰安装工程，应待抹灰工程完工后进行。

4) 涂料工程，以及吊顶、隔断罩面板的安装，应在塑料地板、地毯、硬质纤维等地（楼）面的面层和明装电线施工前，以及管道设备试压后进行。木地（楼）板面的最后一遍涂料，应待裱糊工程完工后进行。

(10) 室内外装饰工程施工的环境温度，应符合下列规定。

(11) 装饰工程必须作好成品保护，施工用水和管道设备试压的水，不得污损装饰工程。

(12) 装饰工程施工安全技术、劳动保护、防火、防毒等要求，应按国家现行的有关规定执行。

(三) 分（部）项工程

1. 抹灰工程

(1) 一般规定。抹灰工程采用的砂浆品种，应按设计要求选用，如设计无要求，应符合下列规定。

1) 窗洞口的外侧壁、屋檐、勒脚、压檐墙等的抹灰应选用水泥砂浆或水泥混合砂浆。

2) 湿度较大的房间和车间的抹灰应选用水泥砂浆或防水砂浆。

3) 混凝土板和墙的底层抹灰应选用水泥混合砂浆、水泥砂浆或聚合物水泥砂浆。

4) 硅酸盐砌块、加气混凝土块和板的底层抹灰应选用水泥混合砂浆或纸筋石灰砂浆。

(2) 材料质量要求。

1) 石灰膏应用块状生石灰淋制，淋制时必须用孔径不大于 3mm×3mm 的筛过滤，并贮存在沉淀池中。熟化时间，常温下一般不少于 15 天；用于罩面时，不应少于 30 天。使用时，石膏内不得含有未熟化的颗粒和其他杂质。

2) 在沉淀池中的石灰膏应加以保护，防止其干燥、冻结和污染。

3) 抹灰用的石膏可用磨细生石灰粉代替，其细度应通过 4900 孔/cm^2 的筛。用于罩面时，熟化时间不应小于 3 天。

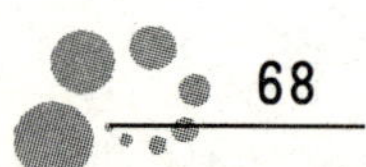

4）抹灰用的砂子应过筛，不得含有杂物。装饰抹灰用的骨料（石粒、砾石等），应耐光、坚硬，使用前必须冲洗干净。干粘石用的石粒应干燥。

5）抹灰用的膨胀珍珠岩，宜采用中级粗细粒径混合级配，堆集密度宜为 80～150kg/m^3。

6）抹灰用的黏土、炉渣应洁净，不得含有杂质。黏土应选用亚黏土，并加水浸透；炉渣应过筛，粒径不应大于 3mm，并加水焖透。

7）抹灰用的纸筋应浸透、捣烂、洁净；罩面纸筋宜机碾磨细。稻草、麦秸、麻刀应坚韧、干燥、不含杂质，其长度不得大于 30mm。稻草、麦秸应经石灰浆浸泡处理。

8）掺入装饰砂浆的颜料，应用耐碱、耐光的颜料。

（3）一般抹灰。

1）本部分要求适用于石灰砂浆、水泥混合砂浆、水泥砂浆、聚合物水泥砂浆、膨胀珍珠岩水泥砂浆和麻刀石灰、纸筋石灰、石膏灰等抹灰工程的施工。

2）一般抹灰按质量要求分为普通和高级两类，主要工序为：①普通抹灰——分层赶平、修整，表面压光；②高级抹灰——阴阳角找方，设置标筋，分层赶平、修整，表面压光。

3）抹灰层的平均总厚度，不得大于下列规定。

a. 顶棚：板条、空心砖、现浇混凝土，15mm；预制混凝土，10mm。

b. 内墙：普通抹灰，18mm；中级抹灰，20mm；高级抹灰，25mm。

c. 外墙：外墙，20mm；勒脚及突出墙面部分，25mm。

d. 石墙：石墙，35mm。

4）涂抹水泥砂浆每遍厚度宜为 5～7mm。涂抹石灰砂浆和水泥混合砂浆每遍厚度宜为 7～9mm。

5）面层抹灰经赶平压实后的厚度，麻刀石灰不得大于 3mm；纸筋石灰、石膏灰不得大于 2mm。

6）水泥砂浆和水泥混合砂浆的抹灰层，应待前一层抹灰层凝结后，方可涂抹后一层；石灰砂浆的抹灰层，应待前一层七八成干后，方可涂抹后一层。

7）混凝土大板和大模板建筑的内墙面和楼板底面，宜用腻子分遍刮平，各遍应黏结牢固，总厚度为 2～3mm。如用聚合物水泥砂浆、水泥混合砂浆喷毛打底，纸筋石灰罩面，以及用膨胀珍珠岩浆抹面，总厚度为 3～5mm。

8）加气混凝土表面抹灰前，应清扫干净，并应做基层表面外理，随即分层抹灰，防止表面空鼓开裂。

9）板条、金属网顶棚和墙的抹灰，必须经检查合格后，方可抹灰；底层和中层宜用麻刀石砂浆或纸筋石灰砂浆，各层应分遍成活，每遍厚度为 3～6mm；顶棚的高级抹灰，应加钉长 350～450mm 的麻束，间距为 400mm，并交错布置，分遍按放射状梳理抹进中层砂浆内；金属网抹灰砂浆中掺用水泥时，水泥掺量应由试验确定。

（4）抹灰工程质量要求。抹灰工程验收时，应检查所用材料的品种、面层的颜色及花纹是否符合设计要求。抹灰工程的面层，不得有爆灰和裂缝。各抹灰层之间及抹灰层与基体之间应黏结牢固，不得有脱层、空鼓等缺陷。抹灰分格缝的宽度和深度应均匀一致，表面光滑、无砂眼，不得有错缝、缺棱掉角。

（5）一般抹灰的质量标准。

1）一般抹灰面层的外观质量，应符合下列规定：①普通抹灰表面应光滑、洁净，接槎平整，分格缝应清晰；②高级抹灰表面应光滑、洁净、颜色均匀、无抹纹，分格缝和灰线应清晰美观。

检验方法：观察；手摸检查。

2）一般抹灰工程质量的允许偏差，应符合表 3-6-1 的规定。

表 3-6-1　一般抹灰质量的允许偏差表

项次	项　目	允许偏差（mm）		检　验　方　法
		普通抹灰	高级抹灰	
1	立面垂直度	4	3	用 2m 垂直检测尺检查
2	表面平整度	4	3	用 2m 靠尺和塞尺检查
3	阴阳角方正	4	3	用直角检测尺检查
4	分格条（缝）直线度	4	3	拉 5m 线，不足 5m 拉通线，用钢直尺检查
5	墙裙、勒脚上口直线度	4	3	拉 5m 线，不足 5m 拉通线，用钢直尺检查

2. 防水工程

（1）防水工程使用聚氨酯涂膜防水，涂刷 3 遍，厚度不小于 1.5mm。施工前，需将地漏、管根等连接找平，但穿越楼板的部位应用防水嵌缝膏嵌封严密，并经过验收。管根、阴阳角处抹成弧形。地漏、管根、阴阳角处用玻璃丝布做一布二油附加层，经过隐蔽验收后开始做防水层。

（2）防水工程完工后需经 24 小时闭水试验，确认无渗漏后方可进行下道工序。

（3）聚氨酯涂膜防水使用的二甲苯稀释剂为挥发性易燃有毒液体，施工时应注意通风，并制定专门的防火措施。

3. 门窗工程

本工程中门窗工程主要是各式木门、地弹门门口及五金配件的制作与安装。

（1）一般规定。

1）门窗安装前应按以下要求进行检查：

a. 据门窗图纸，检查门窗的品种、规格、开启方向及组合杆、附件，并对其外形及平整度检查校正，合格后方可安装。

b. 按设计要求检查洞口尺寸，如与设计不符应予以纠正。

2）门窗的存放、运输应符合下列规定：

a. 门窗应在室内竖直排放，并且枕木垫平，严禁与酸碱等物一起存放在室内，存放地点应清洁、干燥、通风。

b. 塑料门窗应存放在设有靠架的室内并与热源隔开，以免受热变形。

c. 门窗存放时，应采取措施避免日晒雨淋。

d. 铝合金、涂色镀锌钢板和塑料门窗运输时，应竖立排放并固定牢靠，樘与樘间应用非金属软质材料隔开，防止相互磨损及压坏玻璃和五金件。

3）门窗框扇安装过程中，应符合下列规定：

a. 不得在门窗框扇上安放脚手架、悬挂重物或在框扇内穿物起吊，以防门窗变形和损坏。

b. 吊运时，门窗框扇表面应用非金属软质材料衬垫，选择牢靠平稳的着力点，以免门窗表面擦伤。

4）安装门窗必须采用预留洞口的方法，严禁边安装边砌口或先安装后砌口。门窗固定可采用焊接、膨胀螺栓或射钉方式，但砖墙严禁用射钉固定。

5）安装过程中应及时清理门窗表面的水泥砂浆、密封膏等，以保护表面质量。

（2）门窗质量要求。门窗及零件质量均应符合现行国家标准、行业标准的规定，按设计要求选用。不得使用不合格产品。

（3）工程验收。

1）门窗按品种、类型分类，抽查各类樘数的 5%，但均不少于 3 樘。

2）所用门窗的品种、规格、开启方向及安装位置应符合设计要求。

3）门窗安装必须牢固，横平竖直，高低一致。框与墙体缝隙应填嵌饱满密实，表面平整光滑、

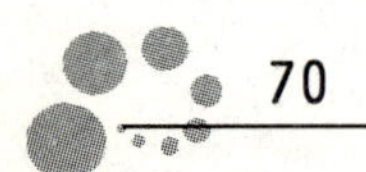

无裂缝，填塞材料与方法等应符合设计要求。

4）预埋件的数量、位置、埋设连接方法必须符合设计要求。

5）门窗扇应开启灵活，无倒翘、阻滞现象。

6）五金配件应齐全，位置正确。关闭后密封条应处于压缩状态。

7）门窗安装后外观质量应表面洁净。大面无划痕、碰伤、锈蚀；涂膜大面平整光滑、厚度均匀、无气孔。

8）门窗工程质量允许偏差应符合有关规定。

4. 吊顶工程

本装饰工程主要采用的是悬吊式顶棚中的轻钢龙骨石膏板、金属板吊顶。

（1）一般规定。

1）吊顶工程所用材料的品种、规格、颜色以及基层构造、固定方法应符合设计要求。

2）吊顶龙骨在运输安装时，不得扔摔、碰撞，龙骨应平放，防止变形。

3）罩面板在运输和安装时，应轻拿轻放，不得损坏板材的表面和边角。运输时应采取相应措施，防止受潮变形。

4）吊顶龙骨宜存放在地面平整的室内，并应采取措施，防止龙骨变形、生锈；罩面板应按品种、规格分类存放于地面平整、干燥、通风处，并根据不同罩面板的性质，分别采取措施，防止受潮变形。

5）罩面板安装前的准备工作应符合相关规定。

6）罩面板安装前，应根据构造需要分块弹线。带装饰图案罩面板的布置应符合设计要求；若设计无要求，宜由顶棚中间向两边对称排列安装。墙面与顶棚的接缝应交圈一致。

7）罩面板与墙、窗帘盒、灯具等的交接处应严密，不得有漏缝现象。

8）搁置式的轻质罩面板，应按设计要求设置压卡装置。

9）罩面板不得有悬臂现象，应增设附加龙骨固定。

10）施工用的临时马道应架设或吊挂在结构受力构件上，严禁以吊顶龙骨作为支撑点。

11）吊顶施工过程中，土建与电气设备等安装作业应密切配合，特别是预留孔洞、吊灯等处的补强应符合设计要求，以保证安全。

12）罩面板安装后，应采取保护措施，防止损坏。

（2）材料质量要求。

1）各类罩面板不应有气泡、起皮、裂纹、缺角、污垢、图案不完整等缺陷，表面应平整，边缘应整齐，色泽应一致。穿孔板的孔距应排列整齐，暗装的吸声材料应有防散落措施。胶合板、木质纤维板不应脱胶、变色和腐烂。

2）各类罩面板的质量均应符合现行国家标准、行业标准的规定。

3）吊顶工程所用的木龙骨、轻钢龙骨、铝合金龙骨及其配件应符合有关现行国家标准。

4）安装罩面板的紧固件，宜采用镀锌制品，预埋的木砖应作防腐处理。

5）胶黏剂的类型应按所用罩面权的品种配套选用，现场配制胶黏剂，其配合比应由试验确定。

（3）安装要点。

1）轻钢龙骨吊顶安装要点见表3-6-2。

表3-6-2　　轻钢龙骨吊顶安装要点

项　目	说　明
施工准备	（1）根据设计要求，选用轻钢龙骨主件及配件。 （2）在结构基层上，按设计要求弹线，确定龙骨及吊点位置。主龙骨端部或接长部位要增设吊点。有较大面积的吊顶（如音乐厅、比赛厅等），龙骨和吊点间距应进行单独设计和检算。 （3）确定吊顶标高。在墙面和柱面上，按吊顶高度要求弹出标高线。弹线应清楚，位置准确，其水平允许偏差±5mm

续表

项　目	说　　明
施工方案	(1) 龙骨与结构连接固定的方法，可采用在吊点位置钉入带孔射钉，然后用镀锌铁丝连接固定。 (2) 在吊点位置预留埋胀管螺栓，然后用吊杆连接固定。 (3) 在吊点位置预留吊钩或埋件，然后将吊杆直接与预留吊钩固定或与预埋件焊接连接，再用吊杆连接固定龙骨。 (4) 采用吊杆时，吊杆端头螺纹部分长度不应小于 30mm，以便于有较大的调节量
施工工艺	(1) 龙骨安装顺序，应先安装主龙骨，但也可主、次龙骨一次安装。 (2) 上人的吊顶的悬挂，既要挂住龙骨，同时也要阻止龙骨摆动，要用一吊环将龙骨箍住。 (3) 先将大龙骨与吊杆（或镀锌铁丝）连接固定，与吊杆固定时，应用双螺帽在螺杆穿过部位上下固定。然后按标高线调整大龙骨的标高，使其在同一水平面上。大的房间可以根据设计要求起拱，一般为 1/200 左右。大龙骨的连接位置，不允许留在同一直线上，应适当错开。 (4) 主龙骨调平一般以一个房间为单元。 (5) 中小龙骨的位置，一般应按装饰材料的尺寸在大龙骨底部弹线，用挂件固定，并使其固定严密，不得有松动。为防止大龙骨向一边倾斜，吊挂件安装方向应交错进行。 (6) 横撑龙骨应用中龙骨截取，下料尺寸要比名义尺寸小 2～3mm，一般安置在板材接缝处。纵向龙骨和横撑龙骨底面（即饰面板背面）要求在同一水平面上

2）石膏板吊顶安装固定方法见表 3－6－3。

表 3－6－3　　石膏板吊顶安装固定方法

固定方法	说　　明
搁置平放法	采用 T 形铝合金龙骨或轻钢龙骨时，将装饰石膏板搁置在由 T 形龙骨组成的各格栅框内，即完成吊顶安装
螺钉固定法	采用 U 形轻钢龙骨时，装饰石膏板可用镀锌自攻螺钉与 U 形龙骨固定。孔眼用腻子找平，再用与板面颜色相同的色浆涂刷
黏结安装法	采用轻钢龙骨（UC 形）组成的隐蔽式装配吊顶时，可采用胶黏剂将装饰石膏板直接粘贴在龙骨上。胶黏剂应涂刷均匀，不得漏涂，粘贴牢固

3）铝合金条板吊顶安装要点见表 3－6－4。

表 3－6－4　　铝合金条板吊顶安装要点

项目	说　　明
条板与龙骨组合	铝合金条板一般多用卡的方式与龙骨相连，通常适用于板厚为 0.8mm 以下、板宽在 100mm 以下的条板。对于板宽超过 100mm、板厚超过 1mm 的板材，多采用螺钉固定
安装要点	(1) 安装前应全面检查中心线，复核龙骨标高线和龙骨布置的弹线；检查复核龙骨是否调平调直，以保证板面平整；在龙骨调平的基础上，才能安装条板。 (2) 安装前应全面检查中心线，复核龙骨及条板的形式。 (3) 条板安装应从一个方向依次安装，如果龙骨本身兼卡具，只要将条板托起后，先将条板的一端用力压入卡脚，再顺势将其余部分压入卡脚内。 (4) 条板切割时，除了控制好切割的角度，同时要将切口部位用锉刀修平，将毛边及不妥处修整好，然后再用相同颜色的胶黏剂（可用硅胶）将接口部位进行密合

（4）工程验收。

1）检查数量。按有代表性的自然间抽查 10%，礼堂等大间按两轴线为 1 间，数量不少于 3 间。

2）检查吊顶工程所用的材料的品种、规格、颜色以及基层构造、固定方法等符合设计要求。

3）罩面板与龙骨应连接紧密，表面应平整，不得有污染、折裂、缺棱掉角、锤伤等缺陷，接缝应均匀一致，粘贴的罩面板不得有胶层，胶合板得有刨透之处。

4）搁置的罩面板不得有漏水、透光、翘角等现象。

5. 隔断工程

（1）一般规定。

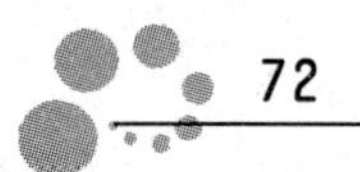

1）隔断工程所用材料的品种、规格、颜色以及隔断的构造、固定方法，应符合设计要求。

2）隔断龙骨在运输和安装时，不得扔摔、碰撞。龙骨应平放，防止变形；罩面板及石膏条板在运输和安装时，应轻拿轻放，不得损坏板材的表面和边角，运输时应采取措施，防止受潮变形。

3）隔断龙骨宜存放在地面平整的室内，并应采取措施，防止龙骨变形、生锈；石膏板应按品种、规格分类存放于地面平整、干燥、通风处，并根据不同罩面板的性质分别采取措施，防止受潮变形；石膏条板堆放场地应平整、清洁、干燥，并应采取措施，防止石膏条板浸水损坏，受潮变形。

4）民用电器等的底座，应装嵌牢固，其表面应与罩面的底面齐平。

5）门窗框或筒子板与隔断相接处应符合设计要求。

6）罩面板安装前，应按其品种、规格、颜色等进行分类选配；安装后，应采取保护措施，防止损坏。

（2）材料质量要求。

1）罩面板应表面平整、边缘整齐，不应有污垢、裂纹、缺角、翘曲、起皮、色差和图案不完整等缺陷。胶合板、木质纤维不应脱胶、变色和腐朽。各类罩面板的质量均应符合现行国家标准、行业标准的规定。

2）隔断工程所用木龙骨、轻钢龙骨及其配件应符合有关的现行国家和行业标准。

3）石膏条板的质量应符合设计要求及产品质量的有关规定。

4）安装罩面板宜使用镀锌的螺钉、钉子。接触砖石、混凝土的木龙骨和预埋的木砖应做防腐处理。

5）胶黏剂应按罩面板的品种选用，现场配制胶黏剂，其配合比应由试验确定。

（3）龙骨安装。

1）安装的隔断龙骨的基体质量，应符合现行国家标准的规定。

2）在隔断与上、下及两边基体的相接处，应按龙骨的宽度弹线。弹线清楚，位置准确。

3）沿弹线位置固定沿顶、沿地龙骨，各处交接后的龙骨，应保持平直。

4）沿弹线位置固定边框龙骨，龙骨的边线应与弹线重合。龙骨的端部就地固定，固定点间距应不大于1m，固定应牢固；边框龙骨与基体之间，应按设计要求安装密封条。

5）选用支撑卡系列龙骨时，应先将支撑卡安装在竖向龙骨的开口上，卡距为400～600mm，距龙骨两端的距离为20～25mm。

6）安装竖向龙骨应垂直，龙骨间距应按设计要求布置。

7）选用通贯系列龙骨时，低于3m的隔断安装1道；3～5m隔断安装2道；5m以上安装3道。

8）罩面板横向接缝处，如不在沿顶沿地龙骨上，应加横撑龙骨固定板缝。

9）门窗或特殊节点处，使用附加龙骨，安装应符合设计要求。

10）对于特殊结构的隔断龙骨安装（如曲面、斜面隔断等）应符合设计要求。

11）安装罩面板前，应检查隔断龙骨架的牢固程度，如有不牢固处应进行加固。骨架的允许偏差应符合规定。

（4）罩面板安装。

1）石膏板安装应符合下列规定：

a. 安装石膏板前，应对预埋隔断中的管道和有关附墙设备采取局部加强措施。

b. 石膏板宜竖向铺设，长边（即包封边）接缝宜落在竖龙骨上。但隔断为防火墙时，石膏板应横向铺设；曲面墙所用石膏板宜横向铺设。

c. 龙骨两侧的石膏板及龙骨一侧的内外两层石膏板应错缝排列，接缝不得落在同一根龙骨上。

d. 石膏板用自攻螺钉固定。沿石膏板周边螺钉间距不应大于200mm，中间部分螺钉间距不应大于300mm，螺钉与板边缘的距离应为10～16mm。

e. 安装石膏板时，应从板的中部向板的四边固定。钉头略埋入板内，但不得损坏纸面，钉眼应用石膏腻子抹平。

f. 石膏板宜使用整板。如需对接时，应靠紧，但不得强压就位。

g. 石膏板的接缝，应按设计要求进行板缝处理。

h. 隔断端部的石膏板周围与墙或柱应有留 3mm 的槽口。施工时，先在槽口处加注嵌缝膏，然后铺板，挤压嵌缝膏使其和邻近表层紧紧接触。

i. 石膏板隔断以丁字或十字形相接时，阴角处应用腻子嵌满，贴上接缝带；阳角处应做护角。

j. 安装防火墙石膏板时，石膏板不得固定在沿顶、沿地龙骨上，应另设横撑龙骨加以固定。

2）胶合板和纤维板安装，应符合下列规定：

a. 安装胶合板的基体表面，用油毡、油纸防潮时，应铺设平整，搭接严密，不得有皱折、裂缝和透孔等。

b. 用钉子固定胶合板时，钉距为 80～150mm，钉帽打扁并进入板面 0.5～1mm，钉眼用油性腻子抹平。

c. 胶合板面如涂刷清漆时，相邻板面的木纹和颜色应近似。

d. 用钉子固定纤维板时，钉距为 80～120mm，钉长为 20～30mm，钉帽宜进入板面 0.5mm，钉眼用油性腻子抹平，硬质纤维板应用水浸透，自然阴干后安装。

e. 墙面用胶合板、纤维板装饰，在阳角处做护角。

f. 胶合板、纤维板用木压条固定时，钉距不应大于 200mm，钉帽应打扁，并进入木压条 0.5～1mm，钉眼用油性腻子抹平。

（5）工程验收。

1）按有代表性的自然间抽查 10%，礼堂等大间按两轴线为 1 间，数量不少于 3 间。

2）检查隔断工程所用材料的品种、规格、式样以及隔断的构造、固定方法等是否符合设计要求。

3）隔断工程的质量，应符合相关规定。

6. 饰面工程

本装饰工程饰面主要采用大理石、墙砖、木基层饰面板造型、铝塑板、玻璃、涂料等。

（1）一般规定。

1）饰面工程的材料品种、规格、图案、固定方法和砂浆种类，应符合设计要求。

2）镶贴、安装饰面的基体，应具有足够的强度、稳定性和刚度，其表面质量应符合现行《砌体工程施工质量验收规范》（GB 50203—2002）、《混凝土结构工程施工质量验收规范》（GB 50204—2002）、《木结构工程施工质量验收规范》（GB 50206—2002）的有关规定。

3）饰面板应镶贴在粗糙的基层上；用胶黏剂粘的饰面薄板基层应平整；光滑的基体或基层体或基层表面，镶贴前应将残留的砂浆、尘土和油渍等应清除干净。

4）饰面板、饰面砖应镶贴平整接缝宽度应符合设计要求，并填嵌密实，以防渗水。

5）金属饰面板应安装牢固，且板的压茬尺寸及方向应符合设计要求。

6）镶贴室外突出檐口、腰线、窗口、雨篷等饰面，必须有流水坡度和滴水线（槽）。

7）装配式墙板上镶贴饰面砖，宜在预制阶段完成。在运输、堆放、安装时应注意保护，防止损坏面层。现场用水泥砂浆镶贴面砖时，应做到面层与基层黏结牢固无空鼓。

8）装配式挑檐、托座等的下部与墙或柱相接处，镶贴饰面板、饰面砖应留有适量的缝隙。

9）镶贴变形缝处的饰面板、饰面砖的留缝宽度，应符合设计要求。

10）夏期镶贴室外饰面板、饰面砖时应防止曝晒。

11）冬期施工，砂浆的使用温度不得低于 5℃。砂浆硬化前，应采取防冻措施。

12）饰面工程镶贴后，应采取保护措施。

（2）材料质量要求。

1）饰面板、饰面砖应表面平整、边缘整齐，棱角不得损坏，并应具有产品合格证。

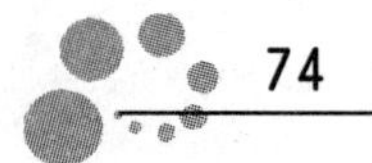

2）安装饰面板用的铁制锚固件、连接件，应镀锌或经防锈处理。镜面和光面的大理石、花岗石饰面板，应用铜或不锈钢制的连接件。

3）天然大理石、花岗石饰面板，表面不得有硬伤、风化等缺陷，不宜采用易褪色的材料包装。

4）天然大理石、光面花岗石饰面板镶贴后，如有轻微损坏处，经有关单位同意，可用胶黏剂或腻子修补。

5）预制人造石饰面板，应表面平整，几何尺寸准确，面层石粒均匀、洁净、颜色一致。

6）外墙面砖表面应当清洁，质地坚固，尺寸、色泽一致，不得有暗痕和裂纹，其性能指标均应符合现行国家标准的规定，吸水率不得大于10％。

7）金属装饰板表面平整、光滑，无裂缝和皱折，颜色一致，边角整齐，涂膜厚度均匀。龙骨的规格、尺寸以及保温材料的品种、堆积密度、导热性，均应符合设计要求。

8）陶瓷锦砖及玻璃锦砖应质地坚硬，边棱整齐，尺寸正确。

9）施工时所用胶结材料的品种、拌和比例应符合设计要求并具有产品合格证。

10）拌制砂应用不含有害物质的洁净水。

（3）饰面板安装。

1）墙面和柱面安装饰面板，应先找平，分块弹线，并按弹线尺寸及花纹图案预拼和编号。

2）锚固件饰面板用的钢筋网，应与锚固件连接牢固，锚固件应在结构时埋设。

3）固定饰面板的连接件，其直径或厚度大于饰面板的接缝宽度时，应凿槽埋置。预留孔洞，不得大于设计孔径2mm。

4）饰面板安装前，应按厂牌、品种、规格和颜色进行分类选配，并将其侧面和背面清扫干净，修边打眼，每块饰面板的上、下边打眼数量均不得少于2个，并用防锈金属丝穿入孔内，以做系固之用。

5）饰面板安装，应采取临时固定措施，以防注砂浆时板位移动。

6）饰面板面安装，接缝宽度应可调整，并应确保外表面的平整、垂直及板的上沿平顺。灌注砂浆时，应先在竖缝内填塞15～20mm深的麻丝或泡沫塑料条以防漏浆，待砂浆硬化后，将填缝材料清除。

7）灌注砂浆前，应浇水将饰面板背面和基体表面润湿，再分层灌注。

8）突出墙面勒脚的饰面板安装，应待上层的饰面工程完工后进行。

9）楼梯栏杆、栏板及墙裙的饰面板安装，应在楼梯踏步地（楼）面层完工后进行。

10）天然石饰面板的接缝，应符合相关规定。

11）人造石饰面板的接缝宽度、深度应符合设计要求，接缝宜用与饰面板相同颜色的水泥浆或水泥抹勾严实。

12）碎拼大理石饰面施工前，应进行试拼，宜先拼图案，后拼其他部位。拼缝应协调，不得有通缝，缝宽为5～20mm。

13）花岗石薄板或厚度为10～12mm的镜面大理石，宜采用挂钩或胶黏法施工。

14）饰面板完工后，表面应清洗干净。光面和镜面的饰面板经清洗晾干后，方可打蜡擦亮。

15）冬期饰面工程宜采用暖棚法施工。无条件搭设暖棚时，便可采用冷作法施工。但应根据室外气温，在灌注砂浆或豆石混凝土掺入无氯盐抗冻剂，其掺量应根据试验确定，严禁砂浆及混凝土在硬化前受冻。

16）冬期施工，在采取措施的情况下，每块饰面板的灌浆次数可改为2次，缩短灌注时间，及时裹挂保温层，保温养护7～9天。

（4）饰面砖镶贴。饰面砖应镶贴在湿润、干净的基层上，并应根据不同的基体，进行以下处理。

1）纸面石膏板基体：将板缝用嵌填腻子，嵌填密实，并在其上粘贴玻璃丝网格布（或穿孔纸带）使之形成整体。

2）砖墙基体：将基体用水湿透后，用1∶3水泥砂浆打底，木抹子搓平，隔天浇水养护。

3）混凝土基体：将混凝土表面凿毛后用水湿润，刷一道聚合物水泥浆，抹1∶3水泥砂浆打底，木抹子搓平，隔天浇水养护。

4）加气混凝土基体：用水湿润加气混凝土表面，修补缺棱掉角处。修补前，先刷一道聚合物水泥浆，然后1∶3∶9混合砂浆分层补平，隔天刷聚合物水泥浆并抹1∶1∶6混合砂浆打底，木抹子搓平，隔天浇水养护。

（5）工程验收。

1）室内按有代表性的自然间抽查10%，礼堂等大间按两轴线为1间，数量不少于3间。

2）饰面板（砖）的品种、规格、颜色和图案必须符合设计要求。

3）饰面板（砖）必须安装（镶贴）牢固，无歪斜、缺棱掉角和裂缝等缺陷。

4）饰面板（砖）表面应平整、洁净，色泽协调，无变色、泛碱、污痕和显著的光泽受损处。

5）饰面板（砖）接缝应填嵌密实、平直、宽窄均匀、颜色一致。阴阳角处的板（砖）搭接方向正确，非整砖的使用部位应适宜。

6）突出物周围的板（砖）边缘整齐；墙裙、贴脸等突出墙面的厚度一致。

7）流水坡向正确，滴水线（槽）顺直。

8）饰面工程质量允许偏差符合有关规定。

7. 地面工程

本工程地面主要采用大理石、花岗石、地砖、地毯等。

（1）大理石和花岗石面层。大理石和花岗石面层采用天然大理石板材和花岗石板材在结合层上铺设而成。结合层采用水泥砂浆时厚度宜为20～30mm，其体积配比宜为1∶4（水泥∶砂），应洒水干拌均匀；当采用水泥砂浆时厚度宜为10～15mm，并宜为干硬性水泥砂浆；大理石板材不适用于室外地面面层。

1）材料要求。

a. 大理石：其技术规格公差、平度偏差、角度偏差、磨光板材的光泽度、外观、色调与花纹、物理力学性能等应符合行业标准《天然大理石建筑板材》（GB/T 19766—2005）的规定，并应符合国家规范《建筑地面工程施工质量验收规范》（GB 50209—2002）板块质量要求的规定。

b. 花岗石：其技术规格公差、平度偏差、角度偏差、磨光板材的光泽度、棱角缺陷、裂纹、划痕、色调、色线和色斑等应符合行业标准《天然花岗石建筑板材》（GB/T 18601—2001）的规定，并应符合GB 50209—2002板块质量要求的规定。粗磨板材和磨光板材应存放库内，室外存放时必须遮盖。

c. 水泥：一般采用普通硅酸盐水泥，标号不得低于425号，受潮结块水泥禁止使用。

d. 砂：宜采用中砂或粗砂，颗料要均匀，不得含有杂物，粒径一般不大于5mm。

2）施工要点。

a. 大理石和花岗石面层的施工，一般应在顶棚、立墙抹灰后进行，先铺面层后安装踢脚板。

b. 大理石和花岗石板材在铺砌前，应做好切割和磨平的处理，按设计要求或实际尺寸在施工现场进行切割。

c. 大理石和花岗石板材在铺砌前，应先对色、拼花并编号。按设计要求（或设计图纸）的排列顺序，对铺贴板材的，以工程实际情况进行试拼，核对楼、地面平面尺寸是否符合要求，并对大理石和花岗石的自然花纹和色调进行挑选排列。试拼中将色板好的排放在显眼部位，花色和规格较差的铺砌在较隐蔽处，尽可能使楼、地面的整体图面与色调和谐统一，体现大理石花岗石饰面建筑的高级艺术效果。

d. 面层铺砌的弹线，应将相连房间的分格线连接起来，并弹出楼面、地面标高，以控制面层表面平整度。

e. 放线后，应选若干条干线作为基准，起标筋作用。一般由房间中部向两侧采取退步法铺砌。凡有柱子的大厅，宜先铺砌柱子与柱子中间的部分，然后向两边展开。

f. 板材在铺砌前应先浸水湿润，阴干或擦干后备用。结合层与板材应分段同时铺砌。铺砌时要先进行试铺，待合适后，将板材揭起，在结合层上均匀撒布一层干水泥面并淋水一遍，或采用水泥浆做黏结，同时在板材背面洒水，正式铺砌。

g. 铺砌时板材要四角同时下落，并用木槌或皮锤敲击平实。

h. 大理石和花岗石面层的表面应洁净、平整、坚实，板材间的缝隙宽度不应大于 1mm。

i. 面层铺砌后，其表面应加以保护，待结合层的水泥砂浆强度达到要求后，方可进行打蜡，达到光滑亮洁。

j. 大理石和花岗石板材如有破裂时，可采用环氧树脂或 502 胶黏结修补。

3）材料用量。每 100m^2 大理石、花岗石面层材料用量见表 3-6-5。

表 3-6-5　　每 100m^2 大理石、花岗石面层材料用量

材　　料	水泥砂浆结合层（15mm）	水泥砂浆结合层（15mm）	碎拼大理石面层
425 号水泥（kg）	1300	700	1230
中砂或粗砂（m^3）	2.4	3.5	3.9
石粒（kg）	102		840
大理石板材（m^2）		102	80
花岗石板材（m^2）			

（2）砖面层。砖面层是采用缸砖、陶瓷地砖、水泥花砖或陶瓷锦砖等块材在水泥砂浆或胶黏剂结合层上铺砌而成的。水泥砂浆结合层厚度为 10～15mm，胶黏剂结合层厚度为 2～3mm。

1）材料要求。

a. 缸砖、陶瓷地砖应符合现行国家建材标准和相应的产品的各项技术。

b. 水泥花砖应表面光滑、图案花纹正确、颜色一致、边角方正，材料强度等级不应低于 MU15。质量允许偏差（mm）：长度和宽度为±1，厚度为±1，平整度为±0.5。

c. 陶瓷锦砖的技术等级、外观质量要求应符合现行的国家标准《陶瓷马赛克》（JC/T 456—2005）的规定。

d. 水泥砂浆。铺设黏土砖、缸砖、陶瓷锦砖面层时，水泥砂浆体积比为 1：2，其稠度为 25～35mm；铺设水泥花砖面层时，水泥砂浆体积比为 1：3，其稠度为 30～35mm。

e. 胶黏剂应为防水、防菌产品。

2）施工要点。

a. 有防腐蚀要求的砖面层应采用耐酸瓷砖、浸渍沥青砖；缸砖的质量要求和铺设方法，应按现行的国家规范《建筑防腐蚀工程施工及验收规范》（GB 50212—2002）的规定。

b. 在水泥砂浆结合层上铺贴缸砖、陶瓷地砖、水泥花砖面层时，施工应按下列要求进行：①在铺贴前，对砖的规格尺寸、外观质量、色泽等要进行预选，并预先湿润后晾干待用；②铺贴时宜采用干硬性水泥砂浆，面砖应紧密、坚实，砂浆要饱满，严格控制面层的标高；③紧密铺贴时，面砖的缝隙宽度不宜大于 1mm，虚缝铺贴时一般为 5～10mm 或按设计要求；④大面积施工时，应采取分段顺序铺贴，按标准拉线镶贴，并随时做好各道工序的检查和复验工作；⑤面层铺贴 24 小时内，应根据各类砖面层的要求，分别进行擦缝、勾缝或压缝工作。

8. 涂料工程

（1）一般规定。

1）室内外各种水性涂料、乳液型涂料、溶剂型涂料（包括油性涂料）、清漆等涂料工程均应按有关规定严格执行。

2）涂料工程的等级和产品的品种应符合设计要求和现行有关产品国家标准的规定。

3）涂料工程基体或基层的含水率：混凝土和抹灰表面施涂溶剂型涂料时，含水率不得大于8%；施涂水性和乳液涂料时，含水率不得大于10%；木料制品含水率不得大于12%。

4）涂料干燥前，应防止雨淋、尘土玷污和热空气的侵袭。

5）涂料工程使用的腻子，应坚实牢固，不得粉化、起皮和裂纹。腻子干燥后，应打磨平整光滑，并清理干净。

6）外墙、浴室及厕所等需要使用涂料的部位和木地（楼）板表面需使用涂料时，应使用具有耐水性能的腻子。

7）必须对涂料的工作黏度或稠度加以控制，使涂料在涂刷时不流坠、不显刷纹，刷涂过程中不任意稀释。

8）双组分或多组分涂料在施涂前，应按产品说明规定的配合比，根据使用情况分批混合，并在规定的时间内用完。所有涂料在施涂前和施涂过程中，均应充分搅拌。

9）施涂溶剂型涂料时，后一遍涂料必须在前一遍施涂时干燥后进行；施涂水性和乳液涂料时，后一遍涂料必须在前一遍涂料表干后进行。每一遍施涂时应施涂均匀，各层必须结合牢固。

10）水性和乳液涂料施涂时的环境温度，应符合产品说明书的温度控制要求。冬期室内施涂涂料时，应在采暖条件下进行，室温应保持均衡。

11）建筑物中的细木制品、金属构件和制品，如为工厂制作组装的，其涂料宜在生产制作阶段施涂，最后一遍涂料宜在安装后施涂；如为现场制作组装的，组装前应先施涂一遍底子油（干性油、防锈涂料等），安装后再施涂涂料。

12）采用机械喷涂涂料时，应将不喷涂的部位遮盖，以防玷污。

13）施涂工具使用完毕后，应及时清洗或浸泡在相应的溶剂中。

（2）材料质量要求。

1）涂料工程所有的涂料和半成品（包括施涂现场配制的），均应有品名、种类、颜色、制作时间、贮存有效期、使用说明和产品合格证。

2）外墙涂料应使用具有抗污、防水、耐碱、耐光性能和抗污、防水性能的涂料。

3）涂料工程所用腻子的塑性和易涂性应满足施工要求，干燥后应坚固，并按基层、底涂料和面涂料的性能配套使用。

（3）木料表面施涂清漆的主要工序。

1）施工准备。

a. 准备好施工用的材料和工具。

b. 施工时环境温度应在10℃以上，施工场地空气要流通。

c. 根据图纸要求，先将一块300mm×300mm的装饰面板进行油漆，并将制好的样品交甲方及设计师签字认可。

2）操作工艺。

a. 基层处理。清除表面的尘土和油污，木质饰面板表面的油污用汽油或稀料擦洗干净，用砂纸磨平基层，清扫干净。

b. 对施工周围不该油刷的部位应事先保护起来，严禁油漆粘上后再做铲除处理。

c. 刷第一道清漆时，清漆不宜太稠，涂刷时要横平竖直顺着木纹刷，厚薄均匀，不流不坠，刷纹通顺，不漏刷。清漆干后用1号砂纸打磨，再用湿布擦净，以后每道漆间隙时间夏季为6小时，春秋季为12小时，冬季为1天。

d. 钉眼、拼缝处补腻子。用色粉（通常有铁黄、铁红等）加适量的水或白乳胶等含水性物质，将其调制成与饰面板的颜色相近，干湿度适宜，然后再进行钉眼、拼缝处的候补。待腻子干后，用砂子将钉眼处打平，再刷清漆。如果腻子有萎缩变色现象，应及时修补。待干后用砂纸打平，再刷清漆。

e. 饰面板修色。若饰面板有自身严重黑点和人为造成的污点等缺陷，均需进行修色。

f. 刷亚光漆。待上面工序做好后，用 280 号水砂纸或机械打磨工具打磨好饰面板基层，擦净后刷亚光漆（用羊毛刷或机器喷涂均可）。亚光漆有全亚和半亚两种，应根据设计和现场情况选用不同的材料，刷 1～2 遍即可。漆不得有流坠、漏刷、微小气泡等现象。

g. 油漆未干时，严禁使用太阳灯进行加热烘干，以免引起火灾。油漆期间，严禁吸烟、生火。

3）质量要求。

a. 木纹应棕眼刮平，木纹清晰。

b. 漆面应光滑无挡手感。

c. 颜色刷纹应颜色一致，无刷纹。

d. 五金、玻璃等应洁净。

4）成品保护。对成品应打蜡养护，不得在上面涂画，应派专人进行保护。

9. 玻璃工程

（1）一般规定。

1）本规定适用于平板、吸热、热反射、中空、夹层、夹丝、磨砂、钢化、压花、彩色玻璃和玻璃砖等的安装及验收。

2）采光天棚玻璃如设计无要求时，宜采用夹层玻璃、钢化玻璃、夹丝玻璃，以及由其组合而成的中空玻璃。

3）玻璃工程应在框、扇校正和五金件安装完毕后，框、扇最后一遍涂料前进行。

4）冬期施工，从寒冷处运到暖和处的玻璃和镶嵌用的合成橡胶等型材应待其缓暖后方可进行裁割和安装。

5）预装门窗玻璃宜在采暖房间内进行。

6）外墙铝合金、塑料框、扇玻璃不宜在冬期安装。

7）玻璃的运输和存放应符合下列规定：

a. 玻璃的运输和存放应符合《普通平板玻璃》（GB 4871—1995）的有关规定。

b. 玻璃不应搁置和倚靠在可能损伤玻璃边缘和玻璃面的物体上。

c. 应防止玻璃被风吹倒。

d. 当用人力搬运玻璃时，应避免玻璃在搬运过程中破损，搬运大面积玻璃时应注意风向，以确保安全。

8）玻璃宜集中裁割，边缘不得有缺口和斜曲。

9）玻璃安装时的朝向应符合设计要求。

10）当焊接、切割、喷砂等作业可能损伤玻璃时，应采取措施予以保护。严禁焊接等的火花溅到玻璃上。

11）玻璃安装后，应对玻璃与框、扇同时进行清洁工作。严禁用酸性洗涤剂或含研磨粉的去污粉清洗热反射玻璃的镀膜面层。

（2）材料质量要求。

1）玻璃和玻璃砖的品种、规格和颜色应符合设计要求，质量应符合相关产品标准。

2）油灰应用熟桐油等天然干性油拌制，用其他油料拌制的油灰，必须经试验合格后，方可使用。

3）油灰应具有塑性，嵌抹时不断裂、不出麻面，在常温下，应在 20 天内硬化。用于钢门窗玻璃的油漆，应具有防锈性。

4）夹丝玻璃的裁割边缘上宜刷涂防锈涂料。

5）镶嵌条、定位垫块和隔片、填充材料、密封膏等的品种、规格、断面尺寸、颜色、物理及化学性质应符合设计要求。

10. 裱糊工程

(1) 一般规定。

1) 本规定适用于聚氯乙烯(以下简称PVC)塑料壁纸、复合壁纸、墙布等的室内裱糊工程的施工及验收。

2) 裱糊工程基体或基层表面的质量应符合现行《大模板多层住宅结构设计与施工规程》(JGJ 20—1984)、GB 50206—2002和抹灰工程、隔断工程及吊顶工程的有关规定。裱糊的基层表面颜色宜一致,对于遮盖力低的壁纸、墙布、基层表面颜色应一致。

3) 裱糊工程基体或基层的含水率,混凝土和抹灰不得大于8%;木材制品不得大于12%。

4) 湿度较大的房间和经常潮湿的墙体表面,如需做裱糊时,应采用有防水性能的壁纸和胶黏剂等材料。

5) 裱糊前,应将突出基层表面的设备或附件卸下,钉帽应进入基层表面,并涂防锈涂料,钉眼用油性腻子填平。

6) 裱糊工程基层涂抹的腻子,应坚实牢固,不得粉化、起皮和裂缝。

7) 裱糊过程中和干燥前,应防止穿堂风劲吹和温度的突然变化。

8) 冬期施工应在采暖条件下进行。

(2) 材料质量要求。

1) 壁纸、墙布应整洁,图案清晰。PVC壁纸的质量应符合现行《聚氯乙烯壁纸》(QB/T 3805—1999)的规定。

2) 壁纸、墙布的图案、品种、色彩等应符合设计要求,并应附有产品合格证。

3) 胶黏剂应按壁纸和墙布的品种选配,并应具有防霉、耐久等性能,如有防火要求则胶黏剂应具有耐高温、不起层的性能。

4) 运输和贮存时,所有壁纸、墙布均不得日晒雨淋;压延壁纸和墙布应平放;发泡壁纸和复合壁纸则应竖放。

(3) 壁纸、墙布裱糊施工要点。

1) 裱糊前,应将基体或基层表面的污垢、尘土清除干净,泛碱部位宜使用9%的稀醋酸中和、清洗,不得有飞刺、麻点、砂粒和裂缝,阴阳角应顺直。

2) 附着牢固、表面平整的旧溶剂型涂料墙面,裱糊前应打毛处理。

3) 裱糊前,应用1∶1的107胶水溶液做底胶涂刷基层。

4) 裱糊前,应按壁纸、墙布的品种、图案、颜色、规格进行选配分类、拼花裁切,编号后平放待用,裱糊时按编号顺序粘贴。

5) 裱糊的主要工序见表3-6-6。

表3-6-6　　裱糊的主要工序

项次	工序名称	抹灰面混凝土				石膏板面				木料面			
		复合壁纸	PVC壁纸	墙布	带背胶壁纸	复合壁纸	PVC壁纸	墙布	带背胶壁纸	复合壁纸	PVC壁纸	墙布	带背胶壁纸
1	清扫基层、填补缝隙磨砂纸	+	+	+	+	+	+	+	+	+	+	+	+
2	接缝处糊条					+	+	+	+	+	+	+	+
3	找补腻子、磨砂纸					+	+	+	+	+	+	+	+
4	满刮腻子、磨平	+	+	+	+								
5	涂刷涂料一遍									+	+	+	+

续表

项次	工 序 名 称	抹灰面混凝土				石膏板面				木料面			
		复合壁纸	PVC壁纸	墙布	带背胶壁纸	复合壁纸	PVC壁纸	墙布	带背胶壁纸	复合壁纸	PVC壁纸	墙布	带背胶壁纸
6	涂刷底胶一遍	+	+	+	+	+	+	+	+				
7	墙面划准线	+	+	+	+	+	+	+	+	+	+	+	+
8	壁纸浸水润湿		+		+		+		+		+		+
9	壁纸涂刷胶粘剂	+				+				+			
10	基层涂刷胶	+	+	+		+	+	+		+	+	+	
11	纸上墙、裱糊	+	+	+	+	+	+	+	+	+	+	+	+
12	拼缝、搭接、对花	+	+	+	+	+	+	+	+	+	+	+	+
13	赶压胶黏剂、气泡	+	+	+	+	+	+	+	+	+	+	+	+
14	裁边		+				+				+		
15	擦净挤出的胶液	+	+	+	+	+	+	+	+	+	+	+	+
16	清理修整	+	+	+	+	+	+	+	+	+	+	+	+

注 1. 表中“十”号表示该工序应进行。

2. 不同材料的基层相接处应糊条。

3. 混凝土表面和抹灰表面必要时可增加满刮腻子遍数。

4. “裁边”工序，在使用宽为 920mm，1000mm，1100mm 等需重叠对花的 PVC 压延壁纸时进行。

（4）工程验收。

1）裱糊工程完工并干燥后，方可验收。按有代表性的自然间（礼堂等大间可按两轴线为 1 间）抽查 10%，数量不得少于 3 间。

2）验收时，应检查材料品种、颜色、图案是否符合设计要求。

3）裱糊工程的质量应符合相关规定要求。

a. 壁纸、墙布必须粘贴牢固，表面色泽一致，不得有气泡、空鼓、裂缝、翘边、皱折和斑污，斜视时无胶痕。

b. 表面平整，无波纹起伏。壁纸、墙布与挂镜线、贴脸板和踢脚板紧接，不得有缝隙。

c. 各幅拼接横平竖直，拼接处花纹、图案吻合，不离缝，不搭接，距离面 1.5m 处正视不显拼缝。

d. 阴阳转角垂直、棱角分明，阴角处搭接顺光，阳角处无接缝。

e. 壁纸、墙布边缘平直整齐，不得有纸毛、飞刺。

f. 不得有漏贴、补贴和其他胶层缺陷。

四、进度控制

本工程限定工期为 120 天竣工，对于如此规模、如此复杂、交叉作业如此频繁的工程来讲，工期是非常紧张的。为了确保工期，施工单位应留出一定的提前量，以预防出现不可预见的不利因素。为了使确保 120 天竣工的工期，必须对施工进行全面而细致的安排，使人力、机械设备、材料等都得到充分合理的使用。各部位的施工、各工序的搭接较为紧凑，所以进度控制的主要作用就是按照目标和组织系统，对系统各个部分的行为进行检查，以保证协调地完成总体目标。工程的施工进度计划及控制主要包括以下内容。

（1）施工进度计划提要。

1）根据本项目的具体情况，分为 3 个施工作业区：一区为地上 1～3 层，1 院落及外立面；二区为地下1层、地上4～10层及屋顶；三区为机电安装改造工程。

2）本工程施工特点是工期短，装修标准高，专业技术要求高，而且机电工程交叉作业。本工程进度控制的要点就在于装修、空调、给排水、电气等工种之间交叉施工的协调和与消防施工单位、综合布线单位之间交叉施工的协调，合理安排各工种、各单位之间的进度是保证工程顺利完成的关键。

3）工期安排：120日历天。

(2) 施工进度计划如图3-6-3所示。

(3) 施工进度控制。施工项目进度控制是在既定的工期内，编制出最优的施工进度计划；在执行进度计划的施工中，经常检查施工实际进度情况，并将其与计划进度相比较，若出现偏差，便分析产生的原因及对工期的影响程度，找出必要的调整措施，修改原计划，不断地如此循环，直至工程竣工验收。

(4) 施工项目进度控制方法。施工项目进度控制方法主要是规划、控制和协调。规划是指明确定施工项目的总进度控制目标和分进度控制目标，并编制其进度计划。控制是指明在施工项目实施的全过程中，进行施工实际进度与施工计划进度的比较，出现偏差时及时采取措施调整。协调是指明协调与施工进度有关的单位、部门和工作队组之间的进度关系。施工进度计划管理体制：总控制计划——月计划——周计划——日计划。

五、材料设备及劳动力计划

1. 装修材料的进场验收计划

(1) 装修材料进场的前提条件为所有装修材料均严格按照甲方和设计师确定的材料样板进行采购。

(2) 装修材料在进场时，必须符合国家相关规定。

(3) 除明确规定由材料生产厂家负责售后服务的材料外，材料发生质量问题时，由供应单位负责保修、保换、保退，并赔偿经济损失。如供应单位证明确属生产厂的质量责任，也由供应单位负责向生产厂家索赔。

(4) 所有材料均须按当地质检部门规定要求，送到当地材料检测部门进行材料复检。

2. 装修材料的质量保证

(1) 材料和设备的申请、订货、采购、送料等都要以计划为依据，以保证按质、按量、按时间供应所需的材料。

(2) 建立健全材料进场前的检查验收和取样送验制度。加强材料和设备的“四验”工作，即：验规格、验品种、验质量、验数量。凡属不合格的产品，不能运到现场。在验收中，发现数量不足、质量不符合要求、损坏等情况要查明原因，分清责任，及时处理。

(3) 做好现场和仓库的管理工作。材料和设备的贮存方法正确，并做到分类分批保管和堆放。合格证、化验单与材料相符，把好材料和设备质量管理关。现场的大宗材料和大型设备应按施工平面图和施工顺序，就近合理堆放。应加强材料的限额管理和发放。

(4) 质量标准和性能应符合设计要求，熟悉材料的保管和运输规定，材料和设备部门要配备专职或兼职的质量管理人员，确保供应管理工作的质量。

3. 材料进场保证措施

本工程施工工期短，为开工时材料的及时供应，针对工程实际情况，应采取如下措施：

(1) 充分利用中标后进场前的宝贵时间组织工程技术人员熟悉图纸，在按程序编制材料进场计划的同时，专门针对开工所需材料编制出一份材料清单，由专人负责落实。

(2) 对开工各阶段所需材料，与材料供应商制定严密的供货措施。对大宗材料应分批进场，对外加工材料应在最短时间内提供图样及技术要求，确保施工期间材料的及时供给。

(3) 在进场初期合理安排资金，确保开工所需材料的款项。

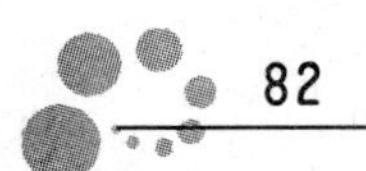

日期 工程项目	4月										5月										6月										7月									
	3	6	9	12	15	18	21	24	27	30	3	6	9	12	15	18	21	24	27	30	2	5	8	11	14	17	20	23	26	29	3	6	9	12	15	18	21	24	27	30
拆旧工程																																								
空调系统改造工程																																								
消防系统改造工程																																								
给排水系统改造																																								
强、弱电工程																																								
天花吊顶工程																																								
电器管线敷设																																								
给排水空调支管线工程																																								
墙地面防水工程																																								
墙柱面木基层制安																																								
墙柱面石材安装																																								
吊顶封板																																								
地面面层安装																																								
地面石材铺设																																								
天花墙面涂料																																								
油漆工程																																								
五金装饰品安装工程																																								
灯具、洁具安装工程																																								
地毯铺设工程																																								
清理自检																																								
验收																																								

施工单位	工程名称	编号	开工日期	完工日期	线条用意	
					施工期	——

图 3-6-3　××市三星级酒店装饰施工进度计划

4. 劳动力配置计划

(1) 本工程劳动力组成。本工程施工管理人员包括现场管理技术人员（项目经理、项目副经理、技术负责人、设计师、现场各专业工程师、仓管员等），工程施工人员包括施工员、质检员、安全员、材料员及木工班组、泥工班组、油漆班组、杂工班组、机电设备班组、天花工班组等。

(2) 施工的劳动力保证措施。

1) 进场初期，即应按照施工进度计划和劳动力计划的要求，落实各阶段开工的各个班组人员，分头作好班组人员的思想工作。

2) 项目部召开由公司领导参加的现场动员大会，鼓舞士气，明确目标，同时宣布评选先进生产者的办法和奖励措施，鼓励人人争当先进。

3) 严格执行按时上岗的奖罚制度。

(3) 人力资源计划。

1) 施工人员组成。施工人员共 380 人，按照分区和工种进行如下分配。

一区 105 人，其中木工 40 人，天花工 10 人，泥水工 20 人，油漆工 10 人，电焊工 10 人，杂工 15 人。

二区 200 人，其中木工 85 人，天花工 20 人，泥水工 30 人，油漆工 30 人，电焊工 5 人，杂工 30 人。

三区 75 人，其中空调工种 12 人，消防工种 18 人，强弱电工种 35 人，给排水工种 10 人。

2) 劳动力分布图。本工程劳动力分布图见图 3－6－4。

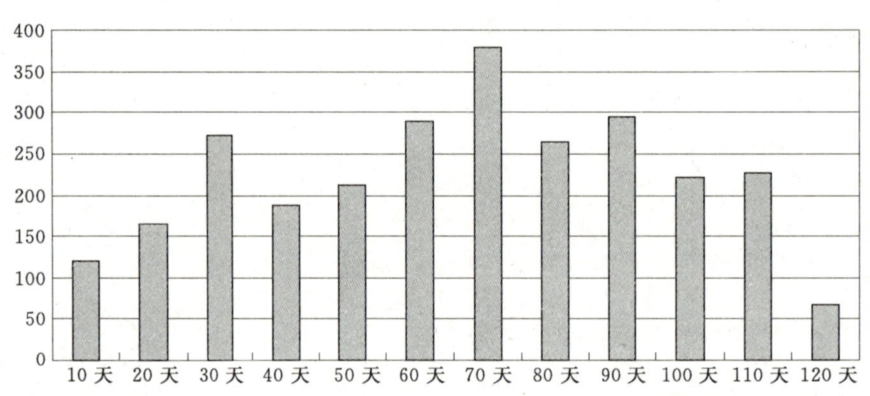

图 3－6－4　××市三星级酒店装饰施工劳动力分布图

六、质量体系及保证措施

1. 质量要求及质量控制内容

(1) 质量要求。

1) 严格按照基本建设程序办事。

2) 严格按照国家标准、规范进行施工和验收，绝不降低标准。

3) 严格按照国家规定对装饰产品进行检查，并对合格产品进行验收。

4) 及时分析、研究质量状况、存在问题和对策。

(2) 质量控制内容。

1) 以保证和提高质量为目标，运用系统的原理和方法，统一协调组织系统，严密各环节的质量管理职能，形成 ISO 9001 体系，依据本工程的特点，形成以项目经理总负责、质检安全组牵头、各工班队长直接负责的全面质量监督检查体系。

2) 进行施工质量教育。项目经理部对每批进场作业的施工人员进行质量教育，让每个施工人员明确质量标准是每道工序必须达到优良，使全员在头脑中牢牢树立“精品”的质量观。

3) 确立图纸“三交底”的施工准备。操作前技术主管向队长及班长做详细的图纸工艺要求、质量要求的交底，作业开始前工班长向班组成员做具体的操作方法、工具使用、质量要求的详细交底。在交底前不能盲目操作，操作者必须做到干什么、怎么干，要达到什么标准都很清楚方可操作，务求每位施工工人对其作业的工程项目了然于胸。

4）严格按照公司的质量管理制度要求进行管理，按照 ISO 9001 的具体操作程序，确保每一操作按照规定的施工程序及操作规范进行施工。

5）成立以工程技术负责人为领导核心的工程质量管理机构，按生产者负责的原则，确立“自检、互检、交接检”制度，在施工者自己操作——工序交接——成品完成全过程中，由质检人员跟班作业，严格执行，发现问题及时解决，实行全过程质量监控。

6）每天召开质量管理例会，检查前一天的工程质量情况，交代下一工作日要特别注意的质量管理事项和质量活动，必要时邀请监理工程师参加。

7）每道工序在完工后都必须有质检人员的认可意见，否则不准进入下一道工序。

8）把握质量控制成品保护的关键一环。

2.质量检查

（1）质量检查制度。

1）加强质量意识教育。

2）进行 ISO 9001 质量保证体系知识的普及宣传教育。

3）技术和管理人员要熟悉施工验收规范、质量评定标准，原材料、构配件的技术要求及质量标准，以及质量管理的方法。

4）建立和健全专职质量机构，明确职责分工。

5）质量检验人员能正确掌握检验和计量测试方法，熟悉使用相关的仪器、仪表和设备。

6）本工程成立质检小组，全面负责本工程自施工开始至工程竣工全部质量检查工作。

7）质检人员对发现的质量问题经组长汇报后必须采取有效措施给予整改。

8）质检人员必须在每天工作时间内到现场巡视并做好检查记录归档管理。

9）施工过程中因质量问题造成损失，经质检小组大会讨论后必须对有关人员进行处罚。

10）施工过程中存在质量问题而质检人员未发现的，应按相关规定进行处罚。

（2）岗位职责。

1）工程总监：主持工地质量教育大会、质量计划实施、各工种隐蔽工程验收、工程竣工验收，定时检查工地质量及处理质量事故。

2）各工种技术负责人：工程质量负责人，负责现场质量管理例会，组织隐蔽工程及分项、分部工程验收及处理质量事故。

3）质检员：专职质量管理人员，负责制订质量计划，主持隐蔽工程及分项、分部工程验收，组织各项质量活动，实施质量计划。

4）施工员：协助质检员进行各项工程验收，主持工程预检及分项分部工程项目检查。

5）施工队长：协助质量管理人员进行工程验收，主持工程施工工艺技术交底，监督各施工班组按国家施工规范和北京市工程质量有关规定作业，领导主持班组操作人员进行“三检”（自检、互检、交接检）。

6）施工班组长：组织班组工人“互检”及“交接检”。

7）施工工人：参加所施工项目的“自检”“交接检”。

（3）质量检查内容。

1）预检，由施工员主持，在工人大批入场前进行主要检查内容。

a. 建筑物楼层标高、楼梯尺寸的复测。

b. 建筑物柱、梁、中心线的检查。

c. 水、电、空调、消防出口留洞位置、标高、走向等的检查。

d. 地面平整度及坡度的检查。

e. 墙（柱）面垂直和平整度检查。

f. 其他。

2）隐蔽工程检查，由质检员主持，组织施工员、施工班组长、甲方、总包方、监理单位代表共同进行。主要检查项目有：

a. 吊顶上是否有固定件、层架钢结构（焊接情况，平整度）、龙骨。

b. 地面的基层、垫层、卫生间防水。

c. 墙（柱）面金属固定层架结构、固定件。

d. 木门套夹板墙内部木龙骨、夹板的防火涂料。

（4）分项工程检查由施工员组织质检员，各分项工程项目技术负责人、施工队长，施工班组长共同进行检查，并作检查记录。

（5）操作工人“三检”（自检、互检、交接检）。

（6）工程竣工检查由工程总监主持。施工单位组织并邀请甲方代表、总承包方代表、监理公司代表、设计单位代表，必要时邀请地方质量监督站工作人员共同参加。

3. 质量控制制度

（1）施工准备阶段的质量检查控制应严格贯彻执行国家关于《建设工程质量管理条例》和《工程建设标准强制性条文》的有关规定。

（2）对于原材料、成品和设备供应的质量保证的检查控制，应配备专人加强对建筑装饰材料、成品和水、电、空调等设备的规格、性能和技术参数的质量进行监控。

（3）施工阶段的质量检查控制。

1）施工阶段是工程质量管理的主要环节，坚持“以预防为主，防患于未然”的原则。主要采取的具体措施为：

a. 坚持“按图施工”的原则，严格执行技术交底的制度；坚持工程施工纪录制制度，记好施工日志。

b. 落实隐蔽工程的预检制度，以及分部、分项质量评定的工作。

c. 落实各施工班组的自检、互检和交接检的三检制度。

d. 采取放线、定位、标高测量准确无误的保证措施。

e. 保证新工艺、新材料的施工质量。

f. 执行有关试件制作和测试的报告制度。

g. 坚决贯彻各级技术责任制，做到施工有标准、工作有检查、技术质量专人管。

h. 加强装修与设备专业施工队伍的配合协作制度。

i. 认真做好竣工检查、验收工作。

2）施工质量的检查控制除了必须采取上述各种管理措施外，在技术上还应严格执行《建筑装饰装修工程施工质量验收规范》（GB 50210—2001）和其他有关的施工规范。

七、安全文明施工保证措施

1. 文明施工及现场场容管理

（1）工地主要入口处应设立简朴方正的大门，门旁设立明显的标牌，标明工程名称、概况、施工单位和工程负责人以及施工平面图。

（2）施工现场入口处还应设置“安全纪律”牌。

（3）建立文明施工责任制划分区域，明确管理负责人，做到现场清洁整齐。

（4）施工现场场地平整，道路坚实畅通，有排水措施，基础、地下管道施工完后要及时回填平整，清除积土。

（5）施工现场的临时水电要有专人管理。

(6) 施工现场的临时设施要严格按施工组织设计确定的施工平面图布置搭设。

(7) 工人操作占地及其周围必须清洁整齐，做到“活完脚一清”，“工完场地净”，丢洒在楼梯、楼板上的砂浆、涂料、木活碎屑等垃圾要及时清除。

(8) 砂浆、混凝土在搅拌、运输、使用过程中，要做到不洒、不漏、不剩，使用地点盛放的砂浆、混凝土必须有容器或垫板，如有洒、漏要及时清理。

(9) 要有严格的成品保护措施，严禁损坏污染成品、堵塞管道；严禁在建筑物内随地大小便。

(10) 建筑物内清除的垃圾渣土，要通过临时搭设的竖井或利用电梯井、井架吊笼或其他措施稳妥下卸，严禁从门窗口向外掷抛。

(11) 根据工程性质和所在地区的不同情况，采取适当的围挡措施以保持施工场地外观的整洁。

(12) 施工现场不准乱堆垃圾及余物，应在适当地点设立临地堆放点，并定期外运清运渣土垃圾，流体物品要采取遮盖防漏措施。

(13) 现场内材料、设备均按指定位置堆放整齐、美观、安全并防盗窃遗失。

(14) 危险场所必须按规定设备安全标志牌。

(15) 现场暂设工程必须符合安全、防火要求。

2. 安全管理办法

(1) 施工安全要求。

1) 项目负责人进场前对工人讲解安全操作方法，未受过安全技术教育的工人不许参加施工工作。

2) 工地宿舍、办公室、工作棚、食堂等临时建筑，必须先经设计，并且经工程技术负责人审核和上级领导批准后，才能施工；竣工后由工程技术负责人会同安全员检查验收后，才能使用。

3) 对于从事高空作业的职工，应进行身体检查。不允许患有高血压、心脏病、癫痫病的人和其他不适于高空作业的人，从事高空作业。

4) 对于高空作业工人，应供给工具袋。

5) 施工现场中的脚手板、斜道板、跳板和交通运输道，要随时清扫。

6) 在天然光线不足的工作地点或者在夜间进行工作时，应设置足够的照明设备。

(2) 施工安全保证措施。

1) 成立工地项目经理为组长的安全小组，设专职安全主任一名，各班组设兼职安全员，严格管理。

2) 严格执行安全三级教育和技术交底制度（进场时、上岗前、专业工种），未经教育和交底工作的人员不准上岗作业。

3) 特殊工种（电工、焊工、机械工）必须持证上岗。

4) 夜间作业必须有足够的安全照明，照明灯采用36V低压防爆工作灯。

5) 切实落实施工安全规范。专职安全员跟班作业，发现违章作业行为及时纠正。凡未通过安全检查员认可的配电箱、高空作业平台脚手架及其他作业行为，一律先停止作业，纠正后再按安全规程进行操作。

6) 成立电工组，专司施工用电和办公设施、仓库用电管理，并对电力运输设备及安全方面可能的危险因素进行定期检查，发现隐患，及时清理。对违章用电者，除责令其改正外，根据违规情节轻重，进行必要的惩处。

7) 现场施工人员必须戴安全帽，上班时必须穿胶鞋，严禁穿拖鞋上班。

8) 按规范要求，安置消防器械，消防设施醒目方便；材料堆放处、仓库安放足量的灭火器，易燃品另设铁皮仓库堆放。

9) 在楼梯口、通道等容易造成人员安全事故的场所，按规范要求加设防护措施，保证施工人员的绝对安全。

八、施工现场成品保护措施

针对施工现场工期紧、交叉施工单位多、多处作业面需经各施工单位反复穿插才能完成的特点，对施工现场的成品应采取以下保护措施：

(1) 施工作业前应熟悉图纸，制订多工种交叉施工作业计划，既要保证工程进度，又要保证交叉施工不产生相互干扰，防止出现因盲目赶工期而造成的互相损坏、反复污染等现象。

(2) 与机电设备安装单位制定交叉施工时间表，利用每周各施工单位例会时间对比进度，随时调整。

(3) 提高成品保护意识，以责任书的形式明确各工种对上道工序质量的保护责任及本工序工程的防护，提高产品保护的责任心。

(4) 上道工序与下道工序应办理必要的交接手续，明确各方的责任。

(5) 施工中对地漏、出水口等部位应有临时堵口，木地板作业应注意施工污水的污染破坏，禁止在已完工的地面上揉制油灰、油膏，调制油漆，防止地面污染受损。大堂的地面、墙面和门厅均为西米黄，地面完成后要加以覆盖，防止色浆、油灰、油漆的污染，同时设置防护措施，防止磨、砸造成的缺陷。

(6) 不锈钢制品、铝合金制品的易摩擦部位，应用塑料薄膜包扎；严禁将门窗、扶手等作为脚手板支点或固定使用，防止其被砸碰损坏和位移变形。

(7) 油漆、涂料施工前，首先清理好周围的环境，防止因尘土飞扬而影响油漆质量。每次油漆完成后，都应将滴在地面上、窗台上、墙面上及五金上的油漆清擦干净。

(8) 卫生器具安装前，应全面检查其规格、型号、质量是否符合设计要求，出水口方向是否端正，有无外伤裂纹，并清理干净，保证器具安全合格。安装过程中要有保护措施，器具安装后紧松适宜。安装后要加以防护，防止后道工序掉下建筑材料、杂物砸损器具，防止浆水、油漆掉下污损器具，确保器具不受损坏。器具安装后要有专人负责管理，严格控制后道工序施工人员的行为，明确规定不准砸碰器具，坚决杜绝在器具内调制污物、油膏等野蛮施工的作法。

(9) 高级木制板材、石膏板、家具等在运输中要加以覆盖和保护，进入现场后入库保存。

(10) 各种门框、高级木门等安装后用三合板保护，任何地面不得用于直接搅拌或存放灰浆。

(11) 窗台和楼梯踏步可用纤维进行保护，保护用的材料应周转使用，成形地面应用锯末进行保护。

(12) 木门框油漆之前应包铁护口保护，卫生间的器具应用木罩保护，玻璃及小五金安装完成后应派人看管，并负责开关。

(13) 所有半成品存放地均应有防水措施。金属吊顶板、轻钢龙骨必须分规格用木方垫好，防止雨水浸蚀后变色。

(14) 面砖、缸砖地面用棉毯和胶合板保护，木地板用纤维板保护，任何地面都不得用于直接拌和、存放灰浆，施工完毕随即封闭房间。

(15) 加班期间，组织专人负责施工现场的安全工作和成品、半成品的保护工作，并随时检查。

(16) 在工程收尾阶段，应有专人分层、分片区看管，以防产品损坏。

第七节 学 习 情 境

某酒店装饰采用轻钢龙骨吊顶，吊顶工程施工的具体安排如下。

一、轻钢龙骨吊顶施工准备

1. 材料准备

根据设计要求准备好轻钢龙骨主件：沿顶和沿地龙骨、加强龙骨、竖向龙骨、横撑龙骨；备齐配件：支撑卡、卡托、角托、连接件、固定件、护墙件和压条等；准备好紧固件：射钉、膨胀螺栓、镀

锌自攻螺钉、木螺钉等；准备好纸面石膏板及嵌缝材料。隔声填充材料玻璃棉或岩棉等按设计要求选用。

2. 工具准备

主要工具有：拉铆枪、电动自攻钻、快装钳、无齿锯（或电动剪）、板锯、手电钻及山花钻头、安全多用刀、滑梳、胶料铲、腻子刀、铁抹子。

二、轻钢龙骨吊顶施工方案

1. 材料、购配件要求

(1) 轻钢骨架分U形骨架和T形骨架两种，并按荷载分上人和不上人两种。

(2) 轻钢骨架主件为：大、中、小龙骨；配件有吊挂件、连接件、挂插件。

(3) 零配件有：吊杆、花篮螺丝、射钉、自攻螺钉。

(4) 按设计说明可选用各种罩面板、铝压缝条或塑料压缝条，其材料品种、规格、质量应符合设计要求。

(5) 黏结剂：应按主材的性能选用，使用前作黏结试验。

2. 主要机具

主要机具包括：电锯、无齿锯、射钉枪、手锯、手刨子、钳子、螺丝刀、扳子、方尺、钢尺、钢水平尺等。

3. 作业条件

(1) 结构施工时，应在现浇混凝土楼板或预制混凝土楼板缝，按设计要求间距，预埋ϕ6～10mm钢筋混吊杆，设计无要求时按大龙骨的排列位置预埋钢筋吊杆，一般间距为900～1200mm。

(2) 当吊顶房间的墙柱为砖砌体时，应在顶棚的标高位置沿墙和柱的四周，砌筑时预埋防腐木砖，沿墙间距900～1200mm，柱每边应埋设木砖两块以上。

(3) 安装完顶棚内的各种管线及通风道，确定好灯位、通风口及各种露明孔口位置。

(4) 各种材料全部配套备齐。

(5) 顶棚罩面板安装前应做完墙、地湿作业工程项目。

(6) 搭好顶棚施工操作平台架子。

(7) 轻钢骨架顶棚在大面积施工前，应做样板间；对顶棚的起拱度、灯槽、通风口的构造处理，分块及固定方法等应经试装并经鉴定认可后方可大面积施工。

三、操作工艺

1. 工艺流程

施工准备——弹线——安装主龙骨吊杆——安装主龙骨——安装中龙骨——固定边龙骨——安装横撑龙骨——刷防锈漆——安装罩面板——安装压条——裱糊壁纸——清理验收。

2. 弹线

根据楼层标高线，用尺竖向量至顶棚设计标高；沿墙、柱四周弹顶棚标高，并沿顶棚的标高水平线，在墙上划好分档位置线。

3. 安装大龙骨吊杆

在弹好顶棚标高水平线及龙骨位置线后，确定吊杆下端头的标高，按大龙骨位置及吊挂间距，将吊杆无螺栓丝扣的一端与楼板预埋钢筋连接固定。

4. 安装大龙骨

(1) 配装好吊杆螺母。

(2) 在大龙骨上预先安装好吊挂件。

(3) 安装大龙骨：将组装吊挂件的大龙骨，按分档线位置使吊挂件穿入相应的吊杆螺母，拧好螺母。

(4) 大龙骨相接：装好连接件，拉线调整标高起拱和平直。

(5) 安装洞口附加大龙骨，按照图集相应节点构造设置连接卡。

(6) 固定边龙骨，采用射钉固定，设计无要求时射钉间距为 1000mm。

5. 安装中龙骨

(1) 按已弹好的中龙骨分档线，卡放中龙骨吊挂件。

(2) 吊挂中龙骨：按设计规定的中龙骨间距，将中龙骨通过吊挂件，吊挂在大龙骨上，设计无要求时，一般间距为 500～600mm。

(3) 当中龙骨需多根延续接长时，用中龙骨连接件，在吊挂中龙骨的同时相连，调直固定。

6. 安装小龙骨

(1) 按已弹好的小龙骨线分档线，卡装小龙骨吊挂件。

(2) 吊挂小龙骨：按设计规定的小龙骨间距，将小龙骨通过吊挂件，吊挂在中龙骨上；设计无要求时，一般间距在 500～600mm。

(3) 当小龙骨需多根延续接长时，用小龙骨连接件，在吊挂小龙骨的同时，将相对端头相连接，并先调直后固定。

(4) 当采用 T 形龙骨组成轻钢骨架时，小龙骨应在安装罩面板时，每装一块罩面板先后各装一根卡档小龙骨。

7. 安装罩面板

在已装好并经验收的轻钢骨架下面，按罩面板的规格、拉缝间隙进行分块弹线，从顶棚中间顺中龙骨方向开始先装一行罩面板作为基准，然后向两侧分行安装。固定罩面板的自攻螺钉间距为 200～300mm。

8. 刷防锈漆

轻钢骨架罩面板顶棚，焊接处未做防锈处理的表面（如预埋、吊挂件、连接件、钉固附件等），在交工前应刷防锈漆。此工序应在封罩面板前进行。

四、成品保护

(1) 轻钢骨架及罩面板安装应注意保护顶棚内各种管线。轻钢骨架的吊杆，龙骨不准固定在通风管道及其他设备件上。

(2) 轻钢骨架、罩面板及其他吊顶材料在入场存放、使用过程中应严格管理，保证不变形、不受潮、不生锈。

(3) 施工顶棚部位已安装的门窗，已施工完毕的地面、墙面、窗台等应注意保护，防止污损。

(4) 已装轻钢骨架不得上人踩踏，其他工种吊挂件，不得吊于轻钢骨架上。

(5) 为了保护成品，罩面板安装必须在棚内管道、试水、保温等一切工序全部验收后进行。

五、应注意的质量问题

(1) 吊顶不平：原因在于大龙骨安装时吊杆调平不认真，造成各吊杆点的标高不一致。施工时应检查各吊点的牢固程度，并接通线检查标高与平整度是否符合设计和施工规范要求。

(2) 轻钢骨架局部节点构造不合理：在留洞、灯具口、通风口等处，应按图相应节点构造设置龙骨及连接件，使构造符合图册及设计要求。

(3) 轻钢骨架吊固不牢：顶棚的轻钢骨架应吊在主体结构上，并应拧紧吊杆螺母以控制固定设计标高；顶棚内的管线、设备件不得吊固在轻钢骨架上。

(4) 罩面板分块间隙缝不直：施工时注意板块规格，拉线找正，安装固定时保证平正对直。

(5) 压缝条、压边条不严密平直：施工时应拉线对正后固定、压粘。

六、应注意的安全注意事项

(1) 施工机具要设专人使用、保管，电锯设备必须有防护罩，非电工（未持操作证者）严禁接电源。

(2) 射钉枪应上好专用防护罩，操作人员向上射钉时，必须戴好防护镜，弹药妥善保管，防止丢失。

思考题

1. 简述编制单位建筑装饰工程施工组织设计的依据和程序。
2. 单位建筑装饰施工组织设计的主要内容是什么？
3. 选择建筑装饰施工方案时应满足哪些要求？
4. 在确定装饰工程施工顺序时，应考虑哪些因素？
5. 选择施工方法应注意哪些问题？
6. 单位装饰工程施工准备工作计划主要包括哪些内容？
7. 单位装饰工程施工平面图设计的内容包括哪些方面？

下篇　建筑装饰工程施工管理

第四章　建筑装饰工程招标与投标

第一节　建筑装饰工程招标与投标概述

一、建筑装饰工程招标与投标的基本概念

目前，招标与投标在国内外广泛应用，不仅政府主管部门、企事业单位用它来采购原材料、器材和机械设备，而且各种工程项目也采用这种形式进行物资采购和工程承包，这是商品经济发展的必然结果。

1. 建筑装饰工程的招标

建筑装饰工程招标，是指招标人（又称“发包商”、“发包方”或“甲方”）根据拟建装饰工程项目的规模、内容、条件和要求，拟成招标文件，通过招标公告或邀请几家承包商来参加该工程的投标竞争，利用投标单位之间的竞争，从中择优选定能保证工程质量、工期及报价合理的承包商的活动。

2. 建筑装饰工程的投标

建筑装饰工程投标，是指投标人（又称“承包商”、“承包方”或“乙方”）获得招标信息后，根据招标文件所提出的各项条件和要求，并结合本企业的有关具体情况（如承包能力、工程质量、技术能力）编制出工程造价、施工方案等，致函招标人，请求承包该项工程，并通过投标竞争而获得承包工程资格的活动。

二、建筑装饰工程招标与投标的作用

建筑装饰工程招标与投标，是市场经济的必然产物，是建筑装饰工程市场竞争的必然结果，是提高施工企业管理水平和工程质量的重要措施。建筑装饰工程实行招、投标制，对于提高装饰施工企业的经营管理和施工技术水平，保证建筑装饰业的健康发展，保护双方的利益，具有强有力的推动作用。其作用表现在以下几个方面。

（1）可以提高企业的经营管理水平。实行建筑装饰工程招、投标制，使业主和施工企业进入建筑装饰市场进行公平交易、平等竞争、依法择优，从而迫使施工企业提高经营管理水平和技术水平，以优素质、高质量、低成本、短工期的良好信誉参加市场竞争。

（2）可以提高企业的施工技术水平，保证工程质量。施工技术水平的高低体现了建筑装饰施工企业的竞争实力，是保证和提高工程质量的重要措施。建筑装饰施工企业参与工程招、投标竞争，要在激烈的竞争中获胜，必须努力提高企业的施工技术水平，立足培养高素质的技术人才，采用先进的施工工艺和施工机械，只有这样才能在强手如林的竞争中占领市场。

（3）可以加快施工速度、缩短工期。我国自20世纪80年代实行工程招、投标制。众多工程实践证明，实行招、投标制后，工程合同工期不仅低于计划经济时期，而且还低于现行的定额工期，工程能早日交付使用，提前发挥工程的作用和经济效益。在工程招、投标中，工期长短已成为衡量施工企业是否具有竞争实力的一个重要指标。

（4）可以降低工程造价、节约建设资金。实行工程招、投标制后，企业之间的竞争十分激烈。为了占领建筑市场，承揽工程任务，很多施工企业在投标时，往往是采取报价低于标底的策略，在保证有利可图的前提下，让部分利益于甲方。这样，自然就会降低工程造价，节约建设资金。

(5) 简化了结算手续，减少了甲、乙双方之间的扯皮现象。实行招、投标的工程，必然要签订工程承包合同。在承包合同中，不仅明确了双方各自的利益和职责，而且对工程的质量、工期、造价等进行了法律性规定。这样，在施工过程中，不仅可以避免双方相互推诿的扯皮现象，而且也避免了双方之间的矛盾，能使工程顺利进行。

三、建筑装饰工程招标与投标的基本程序

1. 建筑装饰工程招标的基本程序

(1) 组建招标工作机构。招标工作机构通常由业主（建设单位）负责或授权的代表和建筑师、室内设计师、造价师、水电工程师、设备工程师、装饰工程师等专业技术人员组成。招标工作机构的组成形式主要有三种：一是由建设方的基建主管部门抽调或聘请各专业人员负责招、投标的全部工作；二是由政府主管部门设立的招、投标办公机构，统一办理招、投标工作；三是由有资格的建筑咨询机构受业主的委托，负责招、投标的技术性和事务性工作，但决策权还在建设方。

(2) 提出招标申请并进行登记。由业主向招、投标管理机构提出工程招标申请，申请的主要内容包括工程项目名称、建设地点、招标方式、要求投标单位的资质等级、承包方式、施工前期准备情况等。经招、投标管理机构审查批准后，进行招标登记，领取工程招标申请书。

(3) 准备招标文件、编制标底。招标文件是投标单位编制投标报价的主要依据，由建设单位自行编制或委托相应机构代办，为贯彻公平竞争的原则，在编制招标文件时，还应制定相应的评标办法。当招标文件中的商务条款一经确定后，即可进入标底的编制阶段，标底编制完毕后，应将必要的资料报送招标管理机构审定。

(4) 发布招标公告。建设单位（业主）根据招标方式的不同，发布招标公告或招标邀请函。

(5) 进行投标资格审查。招标机构对投标单位进行投标资格审查是一项非常重要的工作。按照国家现行规定，只有招标资格审查合格后，才具有参加该项工程投标的资格。对建筑装饰企业的资格审查，应重点审查企业过去承包的类似工程的质量、企业的管理水平、队伍的整体素质、技术装备情况、社会信誉和资金情况等。

(6) 组织工程投标。组织装饰工程投标，实际上是对通过资格审查的施工企业具体了解，最后从中择优的过程，主要包括以下具体工作。

1) 向通过资格审查的投标单位发售招标文件、设计文件、有关要求和有关技术资料等。

2) 组织投标单位的代表勘察施工现场，解答文件中的有关疑点。

3) 按限定的期限、限定的地点接受投标单位报送的投标书。

4) 按规定的期限开标、定标，向中标单位发出中标通知书。

5) 按规定的程序和国家有关规定，招标单位与中标单位签订建筑装饰工程承包合同。

2. 建筑装饰工程投标的基本程序

建筑装饰工程投标的基本程序，即指在工程投标过程中各项活动的步骤与相关内容，它反映了工程投标中各工作环节的内在联系和逻辑关系。

建筑装饰工程投标的具体步骤如下。

(1) 根据获得的建筑装饰工程招标的信息，编制建筑装饰工程的投标书，并按照招标文件中的规定，按期参加投标。

(2) 接受招标单位及有关单位对施工企业的资格审查，参加投标的施工企业应符合招标文件所提出的相应资质。

(3) 施工企业在通过资格审查后，应及时向招标单位领取或购买招标文件、施工图纸及有关资料等。

(4) 组织有关技术人员仔细阅读和分析招标文件，研究制定工程承包方案，并根据本工程和企业的实际计算投标价。

(5) 按时参加施工现场勘察，询问招标文件或施工图纸中的疑问，修改、落实施工方案和标价。

(6) 按照招标文件所提出的具体要求，编制装饰工程投标书，并在规定的时间内报送招标单位。

(7) 按时参加开标会，实事求是地阐述承包工程的优势。如果中标，在规定的时间内与招标单位签订工程承发包合同。

第二节 建筑装饰工程的招标

一、建筑装饰工程招标的类型及范围

1. 建筑装饰工程招标的类型

建筑装饰工程招标的类型，与建筑工程招标的类型有所不同，主要包括装饰工程设计招标、装饰工程施工招标和装饰工程设计—施工招标。

(1) 装饰工程设计招标。装饰工程设计招标，一般是对大中型高档建筑的公共部分，如大堂、多功能厅、高级办公室、娱乐空间等精装部分进行装饰设计招标。这种招标方式一般要求先绘制平面图、主要立面图、剖面图和彩色效果图，以及设计估算报价书等方案设计文件，待方案设计中标后，再进行施工图的绘制。

(2) 装饰工程施工招标。装饰工程施工招标，是对建筑装饰部分进行的施工招标，如室内的公共空间工程、建筑外部玻璃幕墙工程、外墙石材饰面工程、外墙复合铝板工程等。施工招标的工程内容，又可以分为包工包料、包工不包料和建设方供主材、承包方供辅料等几种形式。

(3) 装饰工程设计—施工招标。这种招标模式也称为“设计—施工一体化模式”，建筑装饰企业在明确项目使用功能和竣工期限的前提下，完成工程项目的设计、施工等环节。这种方式使设计、施工密切配合，有利于施工项目的管理。

2. 装饰工程施工招标的范围

装饰工程施工招标的范围很广，既包括室内装饰工程，如顶棚、地面、墙面、灯饰、家具等，又包括建筑室外工程及周边环境艺术工程，如园林绿化、景点造型、门前广场、雕塑喷泉等，还包括水、电、暖、通风等工种的支路管线工程。

二、建筑装饰工程招标的基本方式

建筑装饰工程招标的基本方式，与土建工程基本相同，主要分为公开招标、邀请招标、议标，但《中华人民共和国招标投标法》未将议标作为法定的招标方式，即法律所规定的强制招标项目不允许采用议标方式，但法律并不排除议标方式。

1. 公开招标

公开招标是一种无限竞争性招标。这种方式是由招标单位通过报刊、电台、电视等公共传播媒介，发布装饰工程招标公告，使所有符合招标条件的承包企业都有同等机会参与投标竞争，使业主在众多的投标单位中有充分的选择余地，有利于选择到综合素质优秀的承包企业。

采用这种招标方式的优点是承包机会均等，打破独家垄断，形成全面竞争，从而促使承包企业努力提高工程质量，缩短施工工期，降低工程成本；招标单位可以在众多的投标单位中选择技术优良、报价合理、工期较短、信誉较好的承包企业。这种招标方式的不足之处是投标单位较多，审查工作量大，招标费用较高。

2. 邀请招标

邀请招标是一种有限竞争招标，也称为选择性招标或指定性招标。招标单位不公开发布招标公告，而是根据工程特点和装饰要求，招标单位依据自己掌握的信息和资料，向所熟悉的、具有相应承包工程资质等级的装饰企业发出邀请函，请有关施工企业参加投标竞争。

采用这种招标方式的优点是被邀请参加投标竞争的承包企业数量少，招标的工作量可大大减少，并可节省招标费用。同时，由于对这些承包企业的技术水平、施工业绩、经济信誉等比较了解，能确

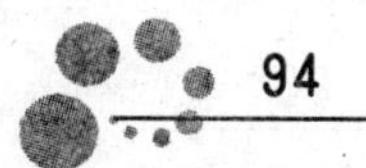

保装饰工程的施工质量和施工进度。这种招标方式的不足之处是限制了参与竞争的范围，招标单位的选择余地较小，很有可能会失去技术和报价上有竞争力的投标者。

采用这种招标方式应特别注意，招标单位应邀请3个以上有工程承包能力的施工企业参加工程投标。

3. 议标

议标也称协商议标、谈判招标。这种招标方式不需要通过公开招标或有限招标，而由招标单位直接邀请某一承包企业进行协商，当协商不成时，再邀请第二家、第三家进行协商，直至达成协议为止。

这种招标方式虽然能节约大量工作量，能较快确定装饰承包企业，尽快开展准备和施工工作，但有损于工程招标公开、公正和公平的原则。因此，这种招标方式仅适用于不宜公开招标的国家重要机关、专业性强、特殊要求多和保密性强的装饰工程，并应报县级以上建设行政主管部门批准，经批准后方可进行。

三、建筑装饰工程招标的基本条件

根据《工程建设施工招标投标管理办法》的规定，建设单位（业主）、建设项目和工程施工招标的基本条件如下。

1. 建设单位招标的基本条件

（1）建设单位必须是法人，或依法成立的其他组织。

（2）有与招标工程相适应的经济、技术、管理人员。

（3）有组织编制招标文件的能力。

（4）有审查投标单位资质的能力。

（5）有组织开标、评标、定标的能力。

如果不具备以上（2）～（5）项条件的建设单位，须委托具有相应资质的咨询、监理等单位代理招标。

2. 建筑装饰工程项目招标的基本条件

（1）工程概（预）算已经批准。

（2）建设项目已正式列入国家、部门或地方的年度固定资产投资计划。

（3）建设用地的征用工作已经完成。

（4）有能够满足施工需要的施工图纸及技术资料。

（5）建设资金和主要建筑材料、设备的来源已落实。

（6）已经建设项目所在地规划部门批准，施工现场的“三通一平”已经完成或一并列入施工招标范围。

四、建筑装饰工程招标前的准备工作

建筑装饰工程在招标前，主要应当做好编制招标文件、编制工程标底、发布招标公告、进行资格审查等准备工作。

（一）编制招标文件

招标单位在装饰工程招标前，必须首先编制好招标文件。招标文件是招标单位介绍拟装饰工程概况和说明工程质量要求、标准的书面文件，是工程招标的核心，是提供给投标单位编制标书的具体依据，同时也是建设单位（业主）与中标单位签订工程承包合同的基本依据。

招标文件一般由招标单位负责编制，要求内容详尽、项目齐全、叙述简明。招标文件主要包括以下内容。

1. 工程说明

工程说明的内容很多，主要应包括：工程项目名称、地址、招标项目、工程范围、建筑装饰面积和技术要求、工期要求、质量标准、施工现场条件、工程招标方式、投标企业应具备的资质等级、其他应说明的问题。

2. 图纸及有关技术资料

(1) 招标文件中的装饰工程设计图纸，应达到一定的设计深度和细度。一般应包括彩色效果图、设计说明、工程做法表、特殊技术要求、门窗表、平面图、立面图、剖面图、构造结点大样、综合吊顶平面图、水电、通风、消防等各专业图纸。

(2) 有关技术资料应明确招标工程适用的施工验收规范或验收标准，有关施工方法与具体要求，对建筑装饰材料、成品、半成品的质量检验方法和保管使用说明等。

3. 工程量清单

工程量清单是投标单位计算标价和招标方评标的依据。它通常以一个单位工程为对象，按分部分项工程列出工程数量。在工程中常用的格式，如表 4-2-1 所示。

表 4-2-1　　某单位工程量表

编　号	单项工程名	简要说明	单　位	工程数量	单价（元）	总价（元）
1	2	3	4	5	6	7

表 4-2-1 中第 1～5 栏由招标单位填列，第 6～7 栏由投标单位填列，表中关于工程项目的划分和计量方法，应执行有关统一的规定，以便使招标与投标单位在工程项目划分和工程量计算方面口径统一。

4. 其他有关内容

(1) 由银行出具的拟建装饰工程的资金证明和工程款的支付方式。

(2) 主要建筑装饰材料来源和供应方式，加工订货情况和材料设备差价的处理方法。

(3) 建筑装饰工程中的特殊工程，采用新材料、新工艺、新技术的施工要求，工程的检验标准。

(4) 投标书的编制具体要求及工程评标、定标的原则。

(5) 投标、开标、评标、定标等各项活动的日程安排。

(6)《建筑装饰工程施工合同》(甲种本 GF-96-0205 或乙种本 GF-96-0206) 及调整要求。

(7) 其他需要说明的事项。

(二) 编制工程标底

工程标底又称工程“招标价”，由招标单位自行编制或委托经建设行政主管部门认定具有编制标底能力的相应机构编制，并经招标主管单位审定。按照工程招标的有关规定，工程施工招标必须编制标底。

1. 标底的作用

标底是招标单位确定工程总造价的依据，是进行招标、评标和定标的主要依据之一。标底代表建筑装饰工程的计划价格，其投资额应控制在工程的计划投资范围内，以免工程造价突破投资。同时，主管部门也可根据工程标底对建筑装饰工程产品的价格进行有效的监督。

标底是衡量投标单位对工程报价高低的标准。凡经审定的标底，反映出一定时期装饰工程造价的社会平均水平。而投标单位在报价时，根据自己的优势所提出的价格，则是企业的个别水平，一般应略低于社会平均水平，即报价应等于或低于标底。这样的标底就可以用来审核各投标单位工程报价的高低，并以此判断报价的合理程度。

标底是保证工程质量的基础。凡经审定的标底，应能充分体现当地建筑装饰市场的水平，即是在确保工程质量、施工工期前提下的合理价格。这样，既能避免招标单位片面压价，又可防止投标单位盲目投低价。因此，编制准确的标底是装饰工程质量可靠的经济保证。

2. 标底编制应遵循的原则

(1) 标底价格应由成本、利润、税金等组成，一般控制在批准总概算及投资包干的限额内。

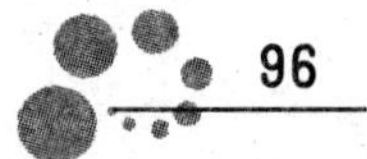

(2) 标底价格不仅应考虑人工、材料、机械台班等价格变动因素，而且还要考虑施工不可预见费、包干费和措施费等，工程质量要求优良的，还应增加相应费用。

(3) 一个工程只能编制一个标底。

3. 标底编制的主要依据

(1) 设计图纸及有关资料。

(2) 招标文件。

(3) 国家和省、市现行的装饰定额、参考定额和费用定额及政策性调整文件。

(4) 地区材料、设备预算价格、价差。

(5) 工程现场施工条件及运输条件。

(三) 发布招标公告

当采用公开招标方式进行招标时，应根据工程规模和性质在当地或全国性报纸或电视上发布招标公告，其内容如下。

(1) 招标单位和招标工程名称。

(2) 招标工程内容简介。

(3) 工程承包方式。

(4) 投标单位资格要求。

(5) 领取招标文件的时间、地点和应缴费用。

采用邀请招标方式进行招标时，应由招标单位向预先选定的装饰企业发邀请招标函，也可以先发布公告，公开邀请建筑装饰企业报名参加预审，从中选定若干邀请对象，然后发函邀请其参加投标。

(四) 进行资格审查

投标方资格审查的目的，在于了解投标方的技术和财务实力及管理经验，以限制不符合条件要求的承包商盲目参加投标。在发售招标文件之前由招标方负责资格审查，合格者才准许购买招标文件。

1. 资格审查的内容

投标方资格审查的主要内容如下。

(1) 建筑装饰企业营业执照和建筑装饰资质证书。

(2) 近3年主要施工经历及业绩。

(3) 技术力量简况。

(4) 施工机械装配状况。

(5) 装饰企业的资金和财务情况。

(6) 现有主要施工任务，包括在建和尚未开工工程项目。

2. 资格审查的程序

资格审查的程序，通常由投标方按照招标方的要求在规定的时间内向招标单位购买投标企业简况调查表，按照规定填写好调查表后，交回招标单位，同时交验有关证件。招标方审查后，分别将审查结果通知申请投标单位。

五、招标过程中的组织

工程招标是否顺利成功，关键在于在招标过程中组织工作的好坏。根据众多工程的招标经验，在招标过程中的组织工作，主要包括以下几个方面。

1. 发（售）招标文件及设计图纸

招标单位向通过投标资质审查合格的企业正式发出招标邀请，并在规定的时间、地点发（售）招标文件，并办理签收手续，投标单位向招标单位缴纳保证金。

2. 组织投标单位现场勘察并答疑

招标单位发出招标文件后，需要组织投标者进行现场勘察，并回答招标文件中的疑点，使投标者了解装饰工程的现场条件及环境特点，以便编制投标书及投标注意事项。

对投标方提出的疑问，应以书面记录方式，印发给各投标方，作为招标文件的补充。投标方对招标文件中的疑问，一般应预先以书面提出，也可在交底会上临时口头提出。招标方对投标方所提疑问一律在答疑会上公开解答。在开标之前，招标方不应与任何投标方的代表单独接触和个别解答任何问题。

3. 接受投标单位的投标文件

在工程招标文件中，要明确投标者投送投标文件的地点、期限和方式。投标人送达投标文件时，招标单位应检验投标文件的密封是否符合要求，合格者发给回执，不合格者坚决拒收。

六、开标、评标与定标

1. 工程开标

工程开标由招标单位邀请上级主管部门、招标管理机构、中国银行、公证处和标底编审等单位参加，并成立工程评标小组，按招标文件规定的时间、地点公开进行。

工程开标的一般程序如下。

(1) 由招标工作人员介绍各方到会人员，宣布会议主持人及招标单位法人代表证件或法人代表委托书。

(2) 会议主持人开始主持会议，检验投标企业法人或其指定代理人的身份证件、委托书。

(3) 会议主持人宣布评标、定标办法和评标小组成员名单。

(4) 会议主持人当众检验启封投标书。其中有如下情况之一者，视为无效标书。

1) 投标书未进行密封。

2) 未加盖单位公章或法人印章。

3) 投标书未按规定的格式填写，内容不全或字迹模糊不清。

4) 投标书逾期送达。

5) 投标单位未参加会议。

凡属于上述情况之一者，必须经评标小组半数以上成员确认，并在公证人的监督下当众宣布。

(5) 投标企业法人代表或其指定的代理人当众声明，对招标文件是否确认。

(6) 按照工程投标书送达时间或以抽签方式，确定投标企业的唱标顺序。

(7) 各投标企业代表按确定的顺序唱标。装饰工程唱标可以唱总标价，也可以按不同的装饰工程部位，分块进行唱标，分别进行评标。

(8) 当众启封并公布工程的标底。

(9) 招标单位应指定专人进行监唱，做好开标记录，并由各投标企业法人代表或指定的代理人在记录上签字。

开标时，投标文件出现下列情况之一的，应作为无效投标文件（废标），不得进入评标。

1) 投标文件未按规定予以密封的。

2) 未经法定代表人签署或未加盖投标单位公章或未加盖法定代表人印鉴，由委托代理人签字或盖章的，但未随投标文件一起提交有效的“授权委托书”原件的。

3) 投标文件的关键内容字迹模糊、无法辨认的。

4) 投标人未按照招标文件的要求提交投标保证金或者投标保函的。

5) 组成联合体投标的，投标文件未附联合体各方共同投标协议的。

2. 工程评标

工程评标是在工程开标后，由招标单位组织评标工作小组对各投标人的投标书进行审查、评比和分析的过程，这是整个招标与投标过程中的重要环节。

工程评标工作小组成员应由建设单位或代理招标单位、标底编制单位、设计单位、资金提供单位等组成。评标工作小组成员要与工程规模和技术复杂程度相适应，一般5～9人为宜，大型项目可增至11人左右，其中建设单位的人数一般不得超过总人数的1/3。

评标工作小组组长由招标工作小组组长担任，成员中必须有装饰工程师、造价师，大中型项目应有高级工程师、高级造价师参加。

评标人评标时应采用科学方法，以公正平等、经济合理、技术先进为原则，并按规定的评标条件来进行评标。

（1）评标条件。成员中必须有装饰工程师、造价师，以经济合理、技术先进为原则，并按规定的评标条件评标，绝不是简单地比较投标单位的投标报价，而应从多方面进行综合分析比较，其主要条件如下。

1）投标报价合理。对国内招投标的装饰工程项目而言，所谓标价合理并不是标价越低越好，而是指标价与标底接近，而标价不超过预先规定的允许幅度。它不同于国际招标的标价可以自由浮动，这是以保证投标企业的正当经济利益为前提的。因此，不是标价越低越好。

2）施工工期适当，满足招标文件中提出的工期要求。

3）方案先进可行。要求一般装饰工程有施工方案，大中型项目应有施工组织设计，达到先进合理、切实可行，并有严格的质量保证体系和措施，能够在技术上保证装饰工程质量达到规范规定的质量标准。

4）社会信誉良好。企业的信誉主要来源于信守合同，并且遵守法律、工程质量和服务质量良好、承担过较多的类似工程、质量可靠。

（2）评标办法。目前常用的评标办法主要有条件对比法和打分评标法两种。

1）条件对比法。条件对比法也称综合分析评比法，通过对投标单位的能力、业绩、信誉、投标价格、工期质量、施工方案等条件进行定性和定量的分析和比较，最后确定中标单位。这种方法，由于缺少对各标书的准确量化比较，评标的科学性差，主观随意性强，透明度不高，很难做到公正合理。因此，仅适用于装饰量较小或规模不大的改建项目招投标。

2）打分评标法。打分评标法也称综合评估法，通过对各投标书的报价、工期、施工方案及主要材料用量、工程质量业绩、企业信誉等方面进行综合评议。按照评标办法中的有关规定和评分标准，评标小组的成员对各企业进行打分，最后以综合得分最高者为中标单位。

3. 工程定标

工程定标，又称为工程决标，是招标单位根据评标工作小组评议的结果，择优确定中标单位的过程。

中标单位确定后，应由招标单位填写中标通知书，经上级主管部门审核签发后，书面通知中标单位，同时抄送未中标单位。未中标的投标单位应在接到通知一周内，退回招标文件及有关资料，招标单位同时退还投标保证金。

4. 签订合同

中标单位接到中标通知书后，应在一定期限内（一般不超过一个月）与招标单位就签订承发包合同进行磋商，双方在合同条款商定一致，达成共识后，即签订合同。至此中标单位转变为承包单位，并对其所承包的工程负有经济和法律责任。

第三节　建筑装饰工程的投标

一、建筑装饰工程投标的基本条件

参加工程投标的施工企业（承包商）都有可能成为工程的建设者，但不同的工程对施工投标者有不同的要求，根据《工程建设施工招标投标管理办法》的规定，一般具备下列条件时，才可以进行投标。

（1）必须具有管理机构批准的营业执照，执照上应注明业务范围。

（2）必须具有法人资格。

(3) 符合招标单位提出的条件和要求，中标后能及时进行施工。

(4) 投标文件已编写齐全。

具备投标条件的装饰企业，可根据工程招标信息和企业的资质条件，向招标单位提出申请，提交投标申请书，该申请书必须按照招标单位发售的投标申请文件要求填写。

提交投标申请书后，必须接受招标单位的资格审查，资格审查合格者即可领取招标文件。

二、投标的准备工作

1. 研究招标文件

招标文件是拟建工程项目概况的浓缩，也是编制标书的基本依据。承包商在领取招标文件后，应认真熟悉和掌握招标文件的内容，认真研究工程条件、工程施工范围、工程量、工期、质量要求、付款办法及合同其他主要条款等，弄清承包责任和报价范围，千万注意不要出现遗漏。如果发现招标文件中存在模糊概念和把握不准之处，应认真做好记录，以便在招标单位组织的答疑会上提出，以得到澄清。研究招标文件的重点主要包括以下几个方面。

(1) 仔细阅读工程的综合说明，以获得对工程全貌的准确了解。

(2) 熟悉设计图纸及有关特殊要求，详细了解各部位工艺做法和对材料品种、规格要求，对整个建筑装饰设计及其各部位详细的尺寸，以及各专业图纸之间的关系都要吃透，发现不清楚或相互矛盾之处，要提请招标方解释或订正。

(3) 研究合同主要条款，明确中标方应承担的义务、责任及应享有的权利。重点是承包方式、竣工时间及奖罚规定，材料供应及价款结算办法，工程变更、停工、窝工损失处理办法等。因这些因素关系到施工方案的安排、资金的周转、成本费用，最终都会反映在标价上，所以必须认真研究，以利于减少承包风险。

全面研究工程招标文件，对工程本身和招标的要求了解掌握之后，投标单位就可以制定投标计划，有秩序地开展工作，以争取中标。

2. 参加招标答疑会

参加投标竞争，清楚、正确地了解招标文件的所有问题是保证投标准确性的首要条件。投标单位对招标文件中存在的模糊概念和把握不准之处，以及对设计图纸中的有关疑问都应在招标答疑会上提出，以求得清楚准确的答案，为投标工作创造有利的条件。

3. 勘察施工现场

装饰工程施工是在土建施工和水、暖、电、通风、喷淋、音像、电视、消防监控等各专业系统施工后的基础上进行的，因而需要对土建施工的质量情况及各专业设备系统工程配合施工情况进行全面的勘测、调查、了解、掌握。各专业施工进度直接关系到装饰施工进场条件和装饰施工进度计划的制订，同时对场地的道路、施工用水、用电、通风设施、冬季施工供暖情况及垂直运输、材料堆场、临时设施等情况也要相应了解清楚。

4. 调查投标环境

投标环境是指招标工程的自然、经济和社会条件。这些条件是工程施工的制约或有利因素，它必然影响工程成本，是投标单位报价时必须考虑的，所以要在报价前了解清楚。通常要调查以下几项内容。

(1) 自然条件。自然条件主要是指当地常年最高和最低气温，风雨的频率、强度等影响施工的因素。这些资料可请招标方提供，或从当地气象部门取得。

(2) 装饰材料供应。装饰材料供应主要包括高档石材、木板材、轻钢龙骨、石膏板材、电器、装饰辅料、卫生洁具、五金件的配套供应能力和价格，当地租赁建筑机械、脚手架的价格及供给可能性等。

(3) 交通运输条件。了解工程所在地及工程周边的交通运输条件和有关事项。

(4) 其他相关情况。水、暖、电、通风、空调等各专业分包商的分包能力及分包条件，水、暖、

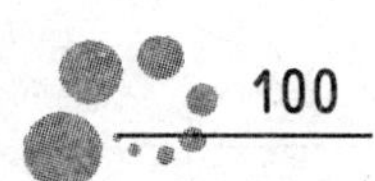

电、通风各专业材料设备的供应能力及价格。

三、投标文件的编制与报送

1. 投标文件的编制

编制投标文件，首先要正确把握投标报价技巧与策略，并以此策略统揽投标文件其他内容的编制，以求达到中标的目的。

编制投标文件一般从校核工程量以及编制施工方案入手，然后估算出成本，算出标价，提出保证工程质量、进度和施工安全的主要技术措施，确定计划开工、竣工日期及总进度，最后编写投标文件的综合说明，以及对招标文件中合同条款的确认意见。

（1）计算或校核工程量。校核工程量工作，是一项严肃认真、细致繁杂的工作，关系到工程报价和企业的经济利益。在一般情况下，投标单位应根据施工图并结合施工方案的有关内容，列出分项工程项目，与招标文件中给定的工程量清单进行复核。当发现招标文件中所列工程量与校核结果不符时，需分清情况，区别对待。如果要求用固定总价方式承包时，应找招标单位核对工程量并要求认可；如果要求用固定单价方式承包时，可采取不平衡报价策略，以确保和提高承包商自己的经济利益。

（2）编制工程施工方案。一般工程编制施工方案、大中型工程编制施工组织设计，是投标报价的一个前提条件，也是招标单位在评标时考虑的关键因素之一。编制施工方案，要求投标单位的技术负责人亲自主持。

保证工程质量、施工进度和施工安全的主要技术组织措施的确定，计划开工、竣工日期及工程总进度的确定，都与施工方案密切相关，所以，在编制施工方案的同时，上述内容一般应一起考虑，并用招标文件要求的表达方式或尽量用简单明了的表格方式表达。

（3）估算工程成本。由于标底的价格是由成本、利润、税金等项目组成的，对国内招、投标的建设工程项目来讲，要求标价必须接近于工程标底，所以，标价的构成也应该与标底价格构成相同。

投标单位在进行估算工程成本之前，应收集有关资料和计算依据，根据招标文件、当地的概（预）算定额、取费标准等有关规定，并结合本企业自身的管理水平、技术水平、采取的措施和施工方法等条件，在充分调查研究、切实掌握自己企业成本的基础上，最后汇总出估算成本。这种估算成本的方法，称为施工图预算编制法。它估算出来的成本比较准确，是目前投标单位最常用的方法，但工作量较大，花费时间较长。

实际上编制投标文件的时间往往是非常短暂的，因此，投标组织者必须首先科学安排时间，选用适当方法，进行成本的估算工作。当时间比较紧迫时，可按经验估算出一个综合的工程量，然后套用综合预算定额来估算成本，或者按平方米造价指标估算工程成本。

估算成本确定后，再通过工程项目投标决策，最后形成投标工程的报价（标价）。

（4）编写综合说明。编写投标文件的综合说明，应包括对投标的综合说明和对招标文件中主要条款的确认意见。投标文件的综合说明，主要是说明投标企业的优势（如对类似工程施工的丰富经验、机械装备水平的先进程度、企业的技术力量和管理水平、企业的资金雄厚、企业的业绩和信誉等），编制投标文件的依据以及投标文件包括的主要内容等。为表明施工企业的态度，有时也将对招标文件中合同主要条款的确认意见一并写入。当对合同主要条款的确认意见内容比较多时，应单独作为投标文件的一项内容编写。

2. 投标文件的报送

投标文件编制完毕，应将正本与副本（两份）装入密封袋中，袋口加密封条，并加盖企业公章和法人代表印鉴的骑缝章，在规定的期限内送达投标方指定地点。投标文件应派专人送达。招标方接到投标书，经检查确认投标书袋填写合格、密封无误后，应登记签收，并装入专用投标箱内。

投标企业在标书发出后，如发现有遗漏或错误，允许进行补充修正，但必须在投标截止日期前以正式的函件送达招标方，过时无效。凡符合上述条件的补充修订文件，应视为标书附件，作为评标、决标的依据之一。

四、投标决策与策略

（一）投标决策的概念及主要内容

1. 投标决策的基本概念

凡是参加工程投标的单位，都希望自己能够中标，以取得工程承包权。施工企业要想在投标竞争中取胜，获得承包权并争取尽可能多的盈利，除了提高施工企业素质，增强企业实力和提高企业信誉外，还须认真研究投标决策，以指导其投标全过程的工作。因此，投标决策的成败关系到企业的生存与发展。

投标决策又称投标策略，它是施工企业在对各种投标竞争的情报、资料收集、整理和分析的基础上，为了实现企业所追求的合理利润所采取的击败对手的手段选择。施工企业要获得较高的利润，在相当程度上取决于企业的技术水平和管理水平，这是投标竞争的基础。竞争能力具体表现为工期、质量、信誉和价格的竞争，但是并非竞争能力强的企业每次投标都能如愿以偿，而相当程度上还取决于企业的投标决策。

2. 投标决策的主要内容

投标决策包括两个主要方面：一是对投标工程项目的选择；二是对工程项目的投标决策。前者是从整个施工企业角度出发，基于对企业内部条件和竞争环境的分析，为实现企业经营目标而考虑的，后者是就某一项具体工程投标而言，一般称它为工程项目投标决策。工程项目投标决策，又包括工程项目成本估算决策及投标报价决策两大内容。

（二）投标工程项目的选择

投标工程项目的选择，主要包括建筑装饰市场信息收集、投标前的信息分析和投标目标的选择三个方面。

1. 建筑装饰市场信息收集

随着社会主义市场经济的建立，施工企业要想在开放的建筑装饰市场中承揽到施工任务，必须认真在建筑装饰市场中收集有关信息。没有全面、及时、准确的建筑装饰市场的信息，就很难进行投标项目的正确选择，甚至会在投标竞争中失败。

建筑装饰市场信息收集的主要途径包括以下几方面。

（1）计划部门的经济信息中心。

（2）建筑装饰行政主管部门。

（3）工程咨询公司。

（4）装饰工程设计单位。

（5）建设单位的招标公告。

（6）金融信贷部门。

（7）外资投资流向。

（8）报纸、杂志、电视、电台等媒体的消息。

（9）施工企业业务人员、其他员工提供的信息。

（10）社会调查等。

2. 投标前的信息分析

基于以上渠道所收集到的工程招标信息，企业在决定是否参加投标时，主要取决于以下三个方面。

（1）对施工企业的自身业务能力水平和当前经营状况的分析，主要是分析本企业的施工能力、机械设备、技术水平、管理水平、施工经验等条件，能否满足招标文件的要求；对于该投标工程是否有人员、设备、经验方面的特长，分析本企业当前在建筑装饰工程施工中的任务饱和度、经济状况、社会信誉和企业参加竞争的优势等。

（2）投标工程项目的特点和发包单位基本情况的分析，主要是分析投标工程项目所在地的技术经

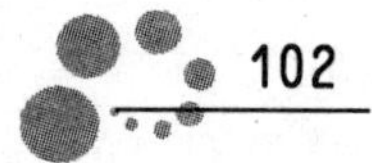

济条件、投标工程本身施工技术和组织管理的难易程度，施工在技术和经济方面有无重大风险，是否能带来新的投标机会和续建工程项目；分析发包单位的资金状况、社会信誉高低、发展后劲强弱以及本企业与发包单位的原有关系等。

（3）综合分析、制定投标目标，结合本企业的年度经营目标，对于重大的投标工程项目，必须结合企业的经营战略，进一步分析并制定出本企业的投标目标。

3. 投标目标的选择

投标目标的选择，应根据本企业的实际、建筑装饰市场的状况、竞争对手的实力等，综合分析，区别对待。

（1）投标的目标仅仅使企业有施工任务，能生存下去或取得最低利润。这种投标目标往往是在该施工企业经营不景气，有生产能力，但在建筑装饰工程施工任务不足的情况下产生的。

（2）投标的目标在于开拓新的业务，打开新的局面，争取获得长期利润。这种投标目标往往是在该施工企业为了扩大经营范围、扩大影响，选择有把握的工程项目，建立和提高企业信誉的情况下产生的。

（3）投标的目标在于薄利多销，便于承揽更多工程，扩大长期利润。这种投标目标往往是在该施工企业在业务能力水平与其他施工企业相比，没有太大的优势，建筑装饰市场竞争激烈的情况下产生的。

（4）投标的目标在于取得较大的近期利润。这种投标目标往往是在该施工企业当前的经营状况良好，社会信誉较高，建筑装饰工程施工任务饱和，主要是为了提高企业的经济效益的情况下产生的。

通过上述各方面的综合分析，如果能得出利大于弊的判断，就应该果断决定报名参加投标；反之，则应放弃投标。

（三）工程项目投标的策略

投标决策有两个主要组成部分，即工程项目施工成本估算决策和工程项目投标报价策略。

1. 工程项目施工成本估算决策

随着社会主义市场经济体制的逐步完善，建筑装饰市场必将更加开放、有序，工程投标报价将更加具有弹性和竞争活力。投标报价将以企业成本为依据。因此，竞争将从工程项目的成本估算开始。

（1）风险费的估算。风险费是指工程施工中难以事先预见到的费用，当风险费在实际施工中发生时，则构成工程成本的组成部分；但如果在施工中没有发生，这部分风险费就转化为企业的利润。因此，在实际工程施工中应尽量减少或避免风险费的支出，力争转化为企业的利润。

由于风险费是事先无法确定的费用，如果估计太大，就会降低中标的概率，如果估计太小，一旦风险发生就会减少企业利润，甚至出现亏损。因此，确定风险费的多少是一个复杂的决策，是工程项目估算决策的重要内容。

从大量的工程实践中统计获得的数据来看，风险费一般占工程成本的10%～30%。其大小主要取决于工程量估算的准确程度，单价估计的精确程度，工程施工过程中的自然环境不可预测因素，市场材料、人工、机械价格的波动因素。

（2）工程成本估算。工程成本估算决策，主要做好工程直接费和间接费的估算决策。

1）对于直接费的估算，主要是在对工程量计算结果有直接影响的施工方案（或施工组织设计）的基础上，对单价高低的估算。

2）对于间接费的估算，主要是要提高管理工作效率，精简管理机构的人员，这是降低工程成本的重要途径。

在进行工程成本估算时，要注意工程质量和工程进度必须满足招标文件的要求。盲目提高工程质量档次，或以降低工程质量来求得成本降低，都是不可取的。大幅缩短合理工期，会加大成本；延长工期，同样也会加大成本。

2. 工程项目投标报价策略

工程项目投标报价策略是投标报价的技巧，是指投标工作中针对具体情况而采取的对策和方法。投标报价的技巧主要有以下几种。

(1) 免担风险、增大报价。这是一种常用的投标方法，即除了按已知的正常条件编制标价以外，对工程中变化较大的或没有把握的作业，采用扩大单价，增加“不可预见费”的方法来减少风险。这种投标的缺点是总价较高，往往不易中标。

(2) 活口报价。这种作标方法是将投标看成是与发包方协商的开始，首先对施工图纸和说明书进行分析，把工作中的一些难题，如花钱最多、难度最大的部分的标价降至“最低”，使竞争对手无法与己竞争，以此来吸引业主，取得与业主商谈的机会。但在标书中加以注解，并在技术谈判中，根据工程的实际情况，使工程承包成交时达到合理的标价。

(3) 多方案报价。这种投标方法是在标书上报两个单价：一是按原说明书条款报一个价；二是加以注解，使报价具有机动性。当业主看到这种报价时，考虑到按原说明书则投资较大，作一定修改后则投资减少，业主会考虑对原说明书进行某些修改。这种方法适用于说明书中的条款不够明确或不合理，承包企业为此要承担很大风险的情况。

(4) 薄利保本报价。这种方法主要适用装饰企业任务不足时，可以低利承包部分工程，尤其是企业初到新的地区，为了打入这个地区的装饰市场、建立声誉，也往往采用这种策略。

(5) 亏损报价。着眼于长远发展，以争取将来的优势，目的在于用低报价的吸引力打入一个新的市场和新的专业领域，或为长期经营着想，要掌握新的技术等，低报价的损失成为企业的“工程招揽费”。

(6) 不平衡报价。不平衡报价法是指一个工程项目总报价基本确定后，调整内部各个项目的报价，某些项目的报价调低，某些项目的报价调高，但并不提高总价，以期加快资金周转或在结算时得到更理想的经济效益。

第四节 学习情境

背景材料：某化工集团办公楼装饰工程进行施工招标。在施工招标前，化工集团拟订了招标过程中可能涉及的各种文件。在这些有关文件中，对其中的一种作为承包商据以编制的招标文件提出了下列主要内容。

(1) 装饰工程的综合说明。

(2) 设计图纸和技术说明。

(3) 工程量清单。

(4) 装饰工程的施工方案。

(5) 主要设备及材料供应方式。

(6) 保证工程质量、进度、安全的主要技术组织措施。

(7) 特殊工程的施工要求。

(8) 施工项目管理机构。

(9) 合同条件。

该工程采取公开招标方式，并在招标公告中要求投标者应具有一级建筑装饰资质等级。参加投标的施工单位与施工联合体共6家。在开标会上，与会人员除参加投标的施工单位与施工联合体的有关人员外，还有市招标办公室、评标小组成员以及建设单位代表。开标前，评标小组成员提出对各投标单位的资质进行审查。在开标中，对参与投标的A建筑公司的资质提出了质疑，虽然该公司材料齐全，并盖有公章和项目负责人的签字，但法律顾问认定该公司不符合投标资格要求，撤销了该标书。另一投标的B建筑施工联合体是由3家建筑公司联合组成的施工联合体。其中，甲建筑公司为一级施工企业，乙、丙建筑公司为三级施工企业。该施工联合体也被认定为不符合投标资格要求，撤销了其标书。

问题：

1. 在招标准备阶段应编制和准备好招标过程中可能涉及的各种文件，你认为这些文件主要包括哪些方面的内容？

2. 上述施工招标文件内容中哪些不正常？为什么？除所提施工招标文件中的正确内容外，还缺少哪些内容？

3. 开标会上能否列入“审查投标单位资质”这一程序？为什么？

4. 为什么A建筑公司被认定不符合投标资格？

5. 为什么B建筑施工联合体也被认定不符合投标资格？

【评析】

问题1：招标过程中可能涉及的有关文件包括：①招标公告/广告；②资格预审文件；③招标文件；④合同协议书；⑤资格预审和评标方法；⑥编制标底的有关文件。

问题2：文中第（4）、（6）、（8）条内容不正确。因为第（4）条施工方案和第（6）条保证工程质量、进度、安全的主要技术组织措施，以及第（8）条施工项目管理机构均属于投标单位编制投标文件中的内容，而不是招标文件内容。

除文中第（1）、（2）、（3）、（5）、（7）、（9）条外，在招标文件中尚应有投标须知、技术规范和规程、标准以及投标书（标函）格式及其附件、各种保函或保证书格式等。

问题3：投标单位的资格审查应放在发放招标文件之前进行，即所谓的资格预审，故在开标会议上一般不再进行此项议程。

问题4：A建筑公司因为资质不符合招标公告中要求投标者应具有一级建筑装饰资质的要求。

问题5：B建筑施工联合体的资质按照规定应以最低资质三级施工企业为准，同样也不符合招标公告中要求投标者应具有一级建筑装饰资质的要求。

思考题

1. 简述建筑装饰工程招标与投标的概念。
2. 建筑装饰工程招标与投标的作用是什么？
3. 建筑装饰工程招标与投标的基本程序有哪些？
4. 建筑装饰工程招标的类型和方式有哪些？
5. 建筑装饰工程在招标前应进行哪些准备工作？
6. 建筑装饰工程招标与投标分别应具备哪些基本条件？
7. 建筑装饰工程在投标前应进行哪些准备工作？
8. 对投标企业进行资格审查的目的是什么？审查的具体内容有哪些？
9. 装饰工程项目的投标决策主要有哪些？

第五章　建筑装饰工程合同管理

第一节　建筑装饰工程合同概述

一、建筑装饰工程合同的基本概念

（一）建筑工程合同的概念

合同又称为契约。广义合同，泛指发生一定权利、义务的协议；狭义合同，是指当事人双方或多方关于建立、变更、终止民事权利和义务而签订的协议。

我国为了适应社会主义市场经济的要求，1999年颁布的《中华人民共和国合同法》（以下简称《合同法》），对合同原则、各类合同的订立和履行、合同的变更和解除、违反经济合同的责任、合同的纠纷调解和仲裁、国家对经济合同的管理等问题都作了明确的规定。

《合同法》第269条定义了建筑工程合同的概念："建筑工程合同是承包人进行工程建设，发包人支付价款的合同。"建筑装饰工程合同是发包方与承包方为完成建筑装饰工程任务所签订的具有法律效力的经济合同。它旨在明确双方的责任权利及经济利益的关系。

（二）合同的法律特征和效力

1. 合同的法律特征

合同是当事人双方的法律行为，它具有以下法律特征。

（1）签订合同者必须是法人或者自然人。

（2）合同是合法的法律行为。

（3）合同是双方或多方的法律行为。

（4）合同各方的地位平等。

2. 合同的法律效力

合同具有以下法律效力。

（1）合同成立之后，合同的双方（或多方）当事人必须无条件地、全面履行合同中约定的各项义务。

（2）依法订立的合同，除非经双方当事人协商同意，或出现了法律变更原因，可以将合同变更或解除外，任何一方都不得擅自变更或解除合同。

（3）合同当事人一方不履行或未能全部履行义务时，则构成违约行为，要依法承担民事责任；另一方当事人有权请求法院强制其履行义务，并有权就不履行或迟延履行合同而造成的损失请求赔偿。

二、建筑装饰工程合同的作用

（1）它明确了双方的责、权、利，使合同双方的计划能得到有机的统一，使计划的落实和实现有所制约和保证，确保建筑装饰工程按承包合同中预定的目标顺利实施。

（2）它为有关管理部门和签订合同的双方提供了监督和检查的依据，能根据合同随时掌握工程施工的动态，全面监督检查其工作的落实情况，及时发现问题和解决问题。

（3）它明确了工程的工期、质量标准和造价，这样有利于提高施工企业的经营管理水平和技术水平。

（4）实行建筑装饰工程承包合同制，有利于充分调动发包商和承包商等各方面的积极性，共同在工程承包合同的相互制约下，有效地共同保证建筑装饰工程项目的完成。

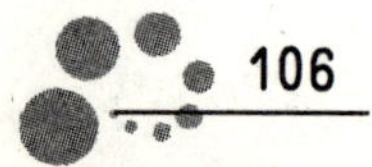

三、建筑装饰工程合同的种类

建筑装饰工程合同是经济合同中的一种，是以工程项目为建筑目的，根据国家规定的基本建设程序和批准的计划与建设标准，确定相互权利、义务关系的协议。根据取费的方式不同，建筑装饰工程承包合同，可分为固定总价合同、单价合同和成本加酬金合同。

1. 固定总价合同

固定总价合同，是指发包方与承包方按固定不变的工程投标报价进行工程结算，不因工程量、设备、材料价格、工资等变动而调整合同价格的合同。这种方式的特点是：以设计图纸和工程说明为依据，明确承包内容并计算总价，总价一次包死。在履行合同的过程中，除非发包单位要求变更原来的承包内容，否则承发包双方一般不得要求变更原来的总包价。

这种承包方式，对承包商来说，有可能获得较高的利润，但也要承担一定的风险。这种承包方式的优点是建筑装饰工程造价一次包死，简单省事，不在资金上扯皮；但是承包商要承担工程量与单价变化的双重风险，这种方式多用于规模较小、风险不大、技术不太复杂、工期不太长的有把握的工程。

2. 单价合同

单价合同，是指按照实际完成的工程量和承包商的投标单价进行结算的合同，也就是量可变、单价不变的合同。单价合同又分为按分部分项工程承包单价和按最终产品承包单价两种，它们分别适用于不同的情况。

(1) 按分部分项工程承包单价。它由建设单位列出分部分项工程名称、计量单位和估计工程量，由承包商填报单价，双方协商后签订单价合同，将来按实际完成的工程量和商定的单价进行工程结算。这种承包方式，主要适用于没有详细的施工图、工程量难以确定，而又必须开工的紧急工程。

(2) 按最终产品承包单价。这是按建筑装饰工程每完成单位最终产品（如每平方米门窗、每平方米内墙装修等）的单价承包工程的一种方式。这种方式通常用于采用标准设计的工程。这是最常见的合同种类，适用范围广，如 FIDIC 土木工程施工合同，我国的建设工程施工合同也主要是这一类合同。

3. 成本加酬金合同

成本加酬金合同，是一种按工程实际发生的成本，另加一定额度的酬金（利润）的合同。酬金的额度，一般按工程的规模和施工难易程度确定；酬金的多少，随工程成本的变化而变动。采用这种承包方式时，往往在合同中规定一些快速、优质、低成本的附加条件，以督促承包商很好地执行。这种成本加酬金的合同，可能酬金较少，但承包商不承担风险，比较安全，但其先决条件是发包方与承包方之间有高度的信任和交往，酬金由双方协商确定。

这种合同通常应用于如下情况：工程特别复杂，工程技术、结构方案不能预先确定，如一些带有研究、开发性质的工程；时间特别紧急，要求尽快开工的工程，如抢救、抢险工程。

第二节　建筑装饰工程承包合同内容

一、建筑装饰工程承包合同的主要条款

在建筑装饰工程承包合同的法律关系中，合同的主体是业主和承包商，合同的客体是建筑装饰工程项目，合同的内容是经过双方共同协商确定的权利和义务。根据《中华人民共和国经济合同法》、《建筑安装工程承包合同条例》、《建筑工程施工合同管理办法》、《建筑市场管理规定》和《建设工程施工合同》等法规，建筑装饰工程承包合同应具备以下主要条款。

(1) 标的。在建筑装饰工程承包合同中，主要应当明确工程项目、工程范围、工程量、施工工期和质量要求等。

(2) 数量和质量。合同数量要明确计量单位，如 m、m^2、m^3、kg、t 等；在质量上，要明确工

程的质量等级、所采用的验收标准和验收方法等。

(3) 价款或酬金。价款或酬金是建筑装饰工程承包合同的主要条款之一。在工程承包合同中，要明确货币的名称、支付方式、单价、总价、付款日期、付款比例、结清期限等，特别在国际工程承包合同中更应当注意这些内容。

(4) 履约的期限、地点和方式。合同履行包括工程开始至工程竣工的全过程（有时延长到使用期)、履约地点及结算方式等。

(5) 违约责任。当合同当事人违反承包合同或不按承包合同规定的期限完成时，将承担违约责任，受到违约罚款。违约罚款有违约金和赔偿金等。

1) 违约金。违约金是合同规定的对违约行为的一种经济制裁方法。违约金的数额，一般由合同当事人在法律规定的范围内双方协商确定，如事后发生争议，可由仲裁机构或法律机关依法裁决或判决。

2) 赔偿金。赔偿金是由违约方按照施工合同根据给对方造成的经济损失而进行的赔偿。赔偿金的数量要根据直接损失计算，也可根据直接损失加上由此引起的其他损失一并计算。如双方发生争执，可由仲裁机构或法律机关依法裁决或判决。

二、建筑装饰工程承包合同的主要内容

建筑装饰工程承包合同应当宗旨明确，内容具体完整，文字简练，叙述清楚，含义明确。在合同条款中不应出现含糊不清或各方未完全统一意见的条文，以方便合同的执行和检查。

建筑装饰工程承包合同的内容，主要有以下 15 个方面。

(1) 简要说明。简要说明，是对整个工程承包合同的概括、总说明，文字不要太多，内容不宜与后边有过多的重复。

(2) 签订工程承包合同的依据。签订工程承包合同的依据，主要包括：国家现行的方针和政策，上级主管部门批准的该工程的有关文件，经批准的建设计划、施工许可证等。

(3) 工程的名称和地点。在工程承包合同中要明确工程的名称、规模、等级及施工地点，为编制施工方案、调整材料价差和计算相应的费用提供依据。

(4) 工程造价。工程造价是工程承包合同中最重要的一个数据，合同中应明确写出工程项目的总造价，不仅要有小写数据，而且要有大写数据。

(5) 工程范围和内容。在合同中应按施工图列出工程项目一览表，表中分别注明其工程量、计划投资、开竣工日期、工期及分期交付使用要求等。

(6) 施工准备工作分工。施工准备工作不只是施工单位的事情，有很多需要建设单位去完成。因此，应当明确建设单位与施工单位在施工准备工作方面的职责范围、工作项目、完成时间等。

(7) 承包方式。建筑装饰工程的承包方式常见的有包工包料和包工不包料，在合同中应当十分明确，并对施工期间出现的政策性调整处理方法也要写进合同。

(8) 技术资料供应。技术资料是施工的依据和标准，应当明确建设单位（或设计单位）向施工单位供应技术资料的内容、份数、时间及其他有关事项。

(9) 物资供应。采用包工包料承包方式的工程，物资供应的责任主要在施工单位。采用包工不包料承包方式的工程，物资供应的责任主要在建设单位。应当明确物资供应的分工、内容、时间、质量要求、供应方式及管理等。

(10) 工程质量和交工验收。在承包合同中应当明确工程质量的要求、施工规范、检查验收的标准和依据，发生工程质量事故的处理原则和方法，保修条件及保修期限等。

(11) 工程拨款和结算方式。在承包合同中，应明确工程预付款、工程进度款拨付的具体数额和办法，应明确设计变更、材料调价、现场签证等处理方法，延期付款计息方法和工程结算方法等。

(12) 奖罚条款。为提高工程质量、加快施工进度、降低工程成本，在合同双方自愿的前提下，商定奖罚条款，如工期提前或拖后的奖罚、质量达到某一等级的奖励、降低成本的奖励等，并明确奖

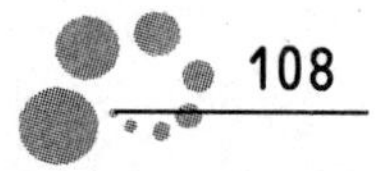

罚的项目、数额（奖罚率）、支付方式、结算时间等。

（13）仲裁。仲裁是合同双方发生矛盾不能达成一致意见时，依法解决矛盾的法律措施。在承包合同中，应当明确可由某国某地方仲裁机构或法律机关进行仲裁或判决。

（14）合同份数和生效方式。在签订工程承包合同时，应当根据实际需要和法律要求，确定合同正本和副本的份数．并明确合同的生效日期。

（15）其他条款。除以上 14 个方面外，其他需要在合同中明确的权利、义务和责任等条款。

国家已制定出规范的建筑装饰工程承包合同文本。

第三节　建筑装饰工程合同的谈判与签订

一、建筑装饰工程的合同谈判

建筑装饰工程的合同谈判，是合同签订双方对是否签订合同，以及对合同具体内容达成一致的协商过程。通过谈判，能够充分了解对方及项目的情况，为高层决策提供信息和依据。

1. 合同谈判的准备工作

建筑装饰工程合同谈判的准备工作，主要包括以下几个方面。

（1）建立谈判的组织机构。成立谈判组织机构，合理选调具有丰富的专业知识、技术素质高、便于组织协调的人员参加。对主要谈判的人选，一般要求具有以下四个方面的基本素质。

1）具有较强的业务能力和应变能力。

2）具有较宽的知识面和丰富的工程经验与谈判经验。

3）具有较强的分析判断能力且决策果断。

4）年富力强、思维敏捷、精力充沛。

谈判组以 3～5 人为宜，可根据谈判不同阶段的要求，进行阶段性的更换，以确保谈判小组的知识结构与能力素质的针对性和互补性，以取得谈判的最佳效果。

（2）谈判的资料准备。谈判前要准备好自己一方谈判使用的各种参考资料、准备提交给对方的文件资料以及计划向对方索取的文件资料清单。资料准备可以起到双重作用，其一是双方在某具体问题上争执不休时，提供论据、背景资料；其二是防止谈判小组成员在谈判中出现口径不一的情况，以免造成被动。

（3）谈判前的具体分析。在获得基础材料、背景材料的基础上，即可做一定分析。

1）对己方的分析。

发包方：和众多的工程承包单位接触，实地考察承包方以前完成的各类工程的质量和工期；考察承包方在工程施工中是总包方还是分包方；亲自到过去与承包方合作的建设单位进行了解。

承包方：调查研究拟承包项目的规模如何；是否适合自身的资质条件；发包方的资金实力如何；发包方的准备工作是否到位，如发包方的法人营业执照、立项批复、资金是否落实等。

2）对对方的分析。了解对手的谈判小组由哪些人员组成及组成成员的基本情况。对对方实力的分析，指的是对对方资信、技术、物力、财力等状况的分析。注意审查发包方是否为工程项目的合法主体。调查发包方的资信情况，是否具备足够的履约能力。

（4）拟订谈判方案。在上述分析的基础上，可总结出该项目的操作风险、双方的共同利益、双方的利益冲突，以及双方在哪些问题上已取得一致，哪些问题还存在着分歧甚至原则性的分歧等。从而拟订谈判的初步方案，决定谈判的重点，在运用谈判策略和技巧的基础上，获得谈判的胜利。

2. 工程合同谈判的策略和技巧

谈判是集合了策略与技巧的艺术。常见的谈判策略和技巧主要包括以下几个方面。

（1）掌握谈判议程，合理分配各议题的时间。

（2）高起点战略。高起点指的是发包方报价要低，承包方报价要高。

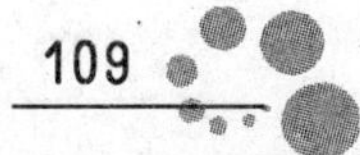

(3) 营造高调谈判氛围，创造信任感。

(4) 拖延和休会，私下接触，打破僵局。

(5) 避虚就实，声东击西，先苦后甜策略。

(6) 合理分配谈判角色。

(7) 充分利用专家的作用。

在限定的谈判空间和时间中，合理、有效地利用以上各种谈判策略和技巧，将有助于获得谈判的优势。

3. 工程合同谈判的具体内容

合同谈判包括以下几个方面的内容。

(1) 工作内容。工作内容主要是指承包商所承担的工作范围，包括施工、材料和设备的供应，工程量的确定，质量要求及其他的责任义务等。这些内容在合同签订时要做到范围清楚、职责分明，以防止出现报价漏项，避免在施工过程中出现矛盾。

(2) 工程价格。价格是装饰施工合同的主要内容之一，是双方讨论的焦点，它包括单价、总价、工资、加班费和其他各项费用，付款方式和付款的附带条件等。

(3) 项目工期。工期是施工合同中的关键条件之一，是影响价格的一项重要因素，同时它是违约罚款的唯一依据。工期确定是否合理，直接影响着承包商和业主的经济效益、工程是否能早日投入使用，因此工期确定一定要讲究科学性、可操作性。

(4) 工程变更。工程变更是工程施工过程中经常发生的事情，但工程变更应有一个合适的限度，如果超过这个限度，承包商有权修改工程单价。对于单项工程的大幅度变更，应在工程正式施工前提出，并争取规定限期。超过限期大幅度增加的单项工程，由业主承担材料、工程价格上涨而引起的额外费用；大幅度减少单项工程，业主应当承担已订货而造成的损失。

(5) 工程验收。工程验收主要包括中间工程验收、隐蔽工程验收、竣工验收和对材料设备的验收。在审查验收条款时，应注意验收范围、验收时间和验收工程质量标准等问题是否在合同中明确表明。

(6) 违约责任。为了确认在履行合同中的违约责任，做到职责明确、处罚得当，在审查违约责任条款时，应注意明确不履行合同的行为及对方违约责任。

4. 谈判中的注意事项

在进行工程合同谈判中，为避免发生谈判失误，应注意以下事项。

(1) 谈判应突出重点、抓住实质。

(2) 参加谈判的所有人员，在谈判中要注意口径一致。

(3) 谈判要讲究策略，主要负责人不宜急于表态，应先让助手作为主谈，以便使主要负责人找出问题关键，寻求对策，最终决策。

(4) 在谈判过程中应当友好相处，态度诚恳，不能冲动，最终以达到谈判目标为原则。

(5) 谈判时必须有记录。

二、建筑装饰工程的合同签订

合同签订是指承包方、发包方双方当事人在谈判中经过相互协商，最后就各方的权利、义务和责任达成一致意见的过程，签约是双方意志统一的表现。

1. 合同签订的基本原则

为了保护建筑装饰工程项目合同当事人的合法权益，维护社会正常的经济秩序，保证工程项目的顺利进行，合同双方当事人在签订合同和合同条款确认时，应遵循以下几个原则。

(1) 订立经济合同必须遵守国家的法律，必须符合国家政策和计划的要求。

(2) 平等互利、协调一致的原则。

(3) 等价有偿原则。

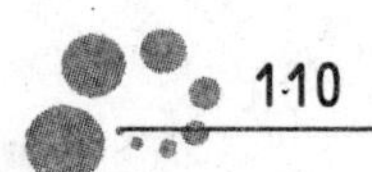

（4）签订书面合同原则。

2. 合同签订的基本条件

在签订建筑装饰工程施工合同时，应具备以下基本条件。

（1）建筑装饰工程的设计图纸、工程概预算已通过审查，并经有关部门批准。

（2）签订建筑装饰工程施工合同的当事人双方，均具有法人资格和有履行合同的能力。

（3）施工现场条件已基本具备，如新建建筑的主体已完工，改造工程的土建部分已完成，结构构件强度能满足装饰施工的要求，装饰施工队伍可随时进入施工现场等。

3. 合同签订的注意事项

签订工程承包合同是一件履行法律义务、明确职责、确定任务的事情。因此，在签订建筑装饰承包合同时应注意以下事项。

（1）必须遵守国家的现行法律、法规。

（2）必须确认合同的真实性和合法性。

（3）明确合同依据的规范标准。

（4）合同条款必须确切具体。

4. 合同签订后的审查

为了加强建筑装饰工程合同的宏观管理与监督，由建筑装饰工程合同管理的专门机构负责本地区建筑装饰工程合同的审查、签证及监督管理工作。合同审查的范围主要包括以下几方面。

（1）签订的合同是否有违反法律、法规和合同签订原则的条款。

（2）签订合同的双方是否具备相应的资质和履行合同的能力。

（3）签订的合同条款是否完备，内容是否准确，有无矛盾之处。

（4）工程的工期、质量和合同价款等主要内容，是否符合《建设工程施工合同管理办法》中的有关规定。

第四节　建筑装饰工程合同的履行

合同履行的过程，即完成整个合同中双方规定任务的过程，也是一个工程项目从准备、施工、竣工、试运行直到维修期结束的全过程。合同履行必须遵循全面履行与实际履行的原则，认真执行合同中的每一条款。在工程项目的实施阶段，合同中的双方当事人以及监理工程师，要严格履行各方的职责、权利和义务。

一、合同履行中承包商的准备工作

当建筑装饰工程承包合同签订后，承包商应当根据工程的实际情况，努力做好开工前的准备工作，争取早日开工。准备工作的内容主要包括以下方面。

（1）人员与组织的准备。人员与组织的准备是合同履行准备工作中的核心内容，也是能否全面履行合同和实际履行合同的决定因素。其主要内容有：项目经理的确定，项目经理部人员选择，施工作业队伍的选择。

（2）施工前的准备工作。在建筑装饰工程正式开工前，施工企业的准备工作主要包括以下几方面。

1）与建设单位（业主）协商，按照施工合同中所规定的开工日期，使施工作业队伍提前进入施工现场，以便开展工作。

2）与设计单位、建设单位取得联系，尽快领取经过会审的施工图纸及其他有关技术文件，进一步熟悉施工图，以便确定施工方法、施工顺序。

3）根据建筑装饰工程的规模和特点，以及施工作业队伍的实际情况，修建施工现场的生活及生产营地。

4）根据施工合同中的具体条款规定，组织有关人员编制施工进度计划、材料设备购置进场计划、施工人员调配计划、分期付款计划及工程分批交付使用计划等。

5）如果工程规模较大、工期要求较紧、施工工艺复杂，需要其他相关施工企业承担施工任务的，应由总承包商与分包单位签订好有关分包合同。

6）如果在工程承包合同中有保险和保修规定条款者，应在正式开工前办理好有关保险和保修的签订手续。

7）在工程施工过程中，必然需要大量的人力、物力和财力，所以施工企业应筹措足够的流动资金，这是确保工程施工顺利进行的保证。

8）工程施工合同中的所有条款，都是在施工中必须遵循的规定和行为的依据。违背合同中的条款规定，很可能违反合同而造成损失。因此，有关人员应当组织全部施工人员很好地学习合同文件，以便正确履行合同。

二、各方在履行施工合同中的职责

1. 业主的职责

在建筑装饰工程施工合同履行中，业主及其所指定的业主代表，负责协调监理工程师和承包商之间的关系，并根据工程施工中的实际情况，对重要问题作出决策。业主在合同实施中的具体职责如下。

（1）指定业主代表，委托监理工程师，并以书面形式通知承包商。

（2）在建筑装饰工程正式开工前，办理工程开工所需要的各种手续。

（3）根据装饰工程的规模、特点、工期、质量要求等，负责批准承包商发包部分工程的申请。

（4）为保证工程的顺利和按期完成，负责及时提供装饰工程施工图纸，或批准承包商负责装饰工程施工图纸的设计。

（5）根据建筑装饰工程承包合同的条款规定，在承包商有关手续和开工准备工作齐备后，及时向承包商拨付预支工程款项。

（6）根据在工程施工中所出现的问题，按照实际需要及时签发工程变更命令，并确定这些变更的单价与总价，以便工程竣工结算。

（7）及时答复承包商在工程施工过程中所产生的疑问，并进行技术存档，以便进行工程竣工验收所用。

（8）根据建筑装饰工程施工的进展情况，及时组织有关部门和人员进行局部验收及竣工验收。

（9）及时批准监理工程师上报的有关报告，主持解决工程合同变更和纠纷处理。

2. 监理工程师的职责

监理工程师是独立于业主与承包商之外的第三方，受业主的委托并根据业主的授权范围，代表业主对工程进行监督管理，主要负责工程的进度控制、质量控制和投资控制以及协调工作，其具体职责如下。

（1）协助业主评审投标文件，提出决策建议，并协助业主与中标者签订承包合同。

（2）按照合同的要求，全面负责对工程的监督、管理和检查，协助现场各承包商的关系。

（3）审查承包商的施工组织设计、施工方案和施工进度计划并监督实施，督促承包商按期或提前完成工程，进行进度控制。

（4）负责有关装饰图纸的解释、变更和说明，发出图纸变更命令，并解决现场施工所出现的设计问题。

（5）监督承包商认真执行合同中的技术规范、施工要求和图纸设计规定，以确保装饰质量能满足合同要求。及时检查装饰工程质量，特别是隐蔽工程，及时签发现场验收合格证书。

（6）严格检查材料、半成品、设备的质量和数量。

（7）进行投资控制。负责审核承包商提交的每月完成的工程量及相应的月结算财务报表，处理价

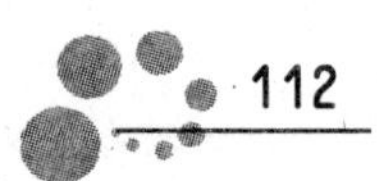

格调整中的有关问题并签署合同支付款数额，及时报业主审核支付。

(8) 做好施工日记和质量检查记录，以备检查时用。根据积累的工程资料，整理工程档案。

(9) 在装饰工程快结束时，核实最终工程量，以便完成对工程的最终支付；参加工程验收或受业主委托负责组织竣工验收。

(10) 协助调解业主和承包商之间的各种矛盾，当承包商或业主违约时，按合同条款的规定，处理各类问题。

(11) 定期向业主提供工程情况汇报，并根据工地发生的实际情况及时向业主呈报工程变更报告，以便业主签发变更命令。

监理工程师受业主委托，履行施工合同中规定的职责，行使合同中规定或隐含的权力，但监理工程师不是签订合同的一方，无权变更合同，也无权解除合同规定的承包商的义务。

3. 承包商的职责和义务

(1) 承包商的职责。在合同履行中承包商的职责主要包括以下几项。

1) 制定工程实施计划，呈报监理工程师批准。

2) 按照合同要求采购工程所需的材料、设备，按照有关规定提供检测报告或合格证书，并接受监理工程师的检查。

3) 进行施工放样及测量，呈报监理工程师批准。

4) 制定各种有效的质量保证措施并认真执行，根据监理工程师的指示，改进质量保证措施或进行缺陷修补。

5) 制定安全施工、文明施工等措施并认真执行。

6) 采取有效措施，确保工程进度。

7) 按照合同规定完成有关的工程设计，并呈报监理工程师批准。

8) 按照监理工程师指示，对施工的有关工序，填写详细施工报表，并及时要求监理工程师审核确认。

9) 做好施工机械的维护、保养和检修，以保证施工顺利进行。

10) 及时进行场地清理、资料整理等工作，完成竣工验收。

(2) 承包商的义务。除了上述的基本要求外，承包商还必须履行如下强制性义务。

1) 执行监理工程师的指令。

2) 接受工程变更要求。

3) 严格执行合同中有关期限的规定（主要指开竣工时间、合同工期等）。

4) 承包商必须信守承包合同的承包价格义务。

第五节　建筑装饰工程施工索赔

一、索赔的基本概念

索赔是指在合同实施过程中，合同当事人一方因为对方不履行或者未能正确履行合同义务，以及因其他非自身责任的因素而遭受损失时，依据法律、合同规定及惯例，向对方提出要求赔偿的权利。

索赔是一种正当的权利要求，也是承包商保护自己的一种有效手段，只要发生了超出原合同规定的意外事件而使承包商遭受损失，且该事件的发生也不能归咎于承包商，则无论是时间上还是经济上，只要承包商认为不能从原合同的规定中获得该损失的补偿，均可向业主提出索赔。从广义上讲，索赔还包括业主对承包商的索赔，通常称为反索赔。

二、发生施工索赔的因素

施工单位在履行承包合同的过程中，经常会发生一些额外的费用支出，如发包方修改设计、额外增加工程项目、要求加快施工进度、提高工程质量标准等，以及设计图纸和招标文件中出现了与实际不符的错误等，这类支出不属于合同规定的承包人应承担的义务，即可根据合同中有关条款的规定，通过一定的程序，要求建设单位给予适当的补偿。这种行为称为施工索赔。

在工程实施过程中，产生索赔的原因有以下几个方面。

(1) 由于业主没能正确地履行合同义务，应当给予的补偿。例如，未及时交付施工现场、提供施工图纸，未及时交付由业主负责的材料和设备，下达了错误的指令或错误的图纸，招标文件超出合同中的有关规定，不正确地干预承包商的施工过程等。

(2) 由于业主因行使合同规定的权力，而增加了承包商的费用和延长了施工工期，按合同规定应给予的补偿。例如，增加工程量、增加合同内的附加工程或要求承包商完成合同中未注明的工作；要求承包商做合同中未规定的检查项目，而检查的结果表明承包商的工程（或材料）完全符合合同的要求等。

(3) 由于某一承包商完不成合同中规定的责任，而造成的连锁反应损失，也应当给予补偿。例如，由于设计单位未及时交付施工图纸，造成了土建、安装、装饰工程的中断或推迟，土建、安装和装饰工程的承包商可以向业主提出赔偿。

(4) 工程承包合同存在缺陷。合同缺陷常常表现为合同文件的规定不严谨甚至矛盾；合同中的遗漏或错误，包括合同条款中的缺陷、技术规范中的缺陷以及设计图纸的缺陷等。在此情况下，工程师有权做出解答。但如果承包商按此解释执行而造成成本增加或者工期延误，则承包商可以据此提出索赔。

(5) 监理工程师的指令原因。监理工程师的指令通常表现为监理工程师为了保证合同目标顺利实施，或者为了降低因意外事件对工程所造成的影响，而指令承包商加速施工、进行某项工作、更换某些装饰材料、采取某种措施或者暂停施工等。

(6) 工程承包合同发生变更。工程承包合同发生变更，常常表现为设计变更、施工方法变更、增减工程量及合同规定的其他变更。对于因业主或者工程师方面的原因产生变更而使承包商遭受损失的，承包商可以提出索赔要求，以弥补自己所不应承担的损失。

(7) 法律法规发生变更。法律法规变更通常是直接影响到工程造价的某些法律法规的变更，如税收变化、利率变化以及其他收费标准的提高等。如果因国家法律法规变化而导致承包商施工费用增加，则业主应向承包商补偿该增加的支出。

(8) 第三方的影响。通常表现为因与工程有关的其他第三方问题而引起的对本工程的不利影响。如银行付款延误、因运输原因而造成装饰材料未能按时抵达施工现场等。

(9) 由于施工环境的巨大变化，也会发生施工索赔。例如，战争、动乱、市场物价上涨、地震、洪涝灾害、反常的气候条件、异常的其他情况等。出现这些情况时，按照合同规定应该延长工期，调整相应的合同价格。

索赔可能是由上述某一种原因引起的，也可能是由综合影响因素造成的。在干扰事件出现后，工程师应当对承包商提出的索赔加以认真分析，分清各自应承担的责任，以保证索赔更加合理公正。

三、索赔的依据和证据

索赔要有依据和证据，每一项施工索赔事项的提出都必须做到有理、有据、合法，也就是说索赔事项是工程承包合同中规定的，要求索赔是完全正当的。提出索赔事项必须依据国家及有关主管部门的法律、法规、条例及双方签订的工程承包合同，同时也必须有完备的资料作为凭据。

1. 施工索赔的依据

当承包商在施工过程中遇到上述原因所产生的干扰事件而遭受损失后，承包商就可以根据责任的原因，寻找索赔的依据，向业主提出索赔。索赔的依据是进行索赔的理由，工程施工索赔的依据，主要包括装饰工程施工承包合同中的有关条款以及《中华人民共和国建筑法》、《中华人民共和国合同法》、建筑装饰法规中的具体规定。承包商在索赔报告中必须明确指出索赔要求是按照合同的哪一条款提出的，或者是依据何种法律的哪一条规定提出的。寻找索赔的理由，主要是通过合同分析和法律

法规分析进行。

2. 施工索赔的依据

建筑装饰工程施工索赔的依据，一是合同，二是资料，三是法规。每一项施工索赔事项的提出，都必须做到有理、有据、合法。也就是说，索赔事项是工程承包合同中规定的，提出施工索赔是有理的，提出施工索赔事项，必须有完备的资料作为凭据，如果施工索赔发生争议，要依据法律、条例、规程规范、标准等进行处理。

施工索赔的依据，主要包括以下十个方面。

(1) 招标文件、工程施工合同文本及其附件。

(2) 经审核认可的工程图纸、技术规范和实施性计划。

(3) 合同双方的会议纪要和来往信件。

(4) 与建设单位代表的定期谈话资料。

(5) 施工备忘录。

(6) 工程照片或录像。

(7) 工程进度记录。

(8) 检查与验收报告。

(9) 工资单据和付款单据。

(10) 其他有关资料。

3. 施工索赔的程序

施工索赔的目的不外乎延长工期或赔偿损失，不论是出于哪一种目的，都应提出比较确切的数额。施工索赔数额的确定，应当遵循以下两个原则：一是要实事求是，发生了什么索赔事项，就提出什么索赔；实际损失多少，就要求赔偿多少；二是要计算准确，这就需要熟练地运用计算方法和计价范围。

建筑装饰工程在施工过程中，如果发生了施工索赔事项，一般可按下列步骤进行索赔。

(1) 索赔意向通知。施工索赔事项发生后，应首先向建设单位代表（监理工程师）通话或直接面谈，即先打招呼，使建设单位先有思想准备。

(2) 提出索赔意向通知。索赔事件发生后的有效期内（28天内），承包商要向监理工程师递交索赔意向通知，声明将向此事件提出索赔。其内容主要包括索赔事件发生的时间、实际情况及影响程度，同时提出索赔依据的合同条款等。

(3) 递交索赔报告。索赔事件发生后，承包商应立即搜集证据，寻找合同依据，进行责任分析，计算出索赔的数额，经审核无误后，即可编制索赔报告。发出索赔意向通知后28天内，或监理工程师可能同意的其他合理时间内，承包人应向监理工程师递交正式的索赔报告。

(4) 索赔事件处理。监理工程师在接到承包商送交的索赔报告和有关资料后，应于28天内给予答复，或要求承包人进一步补充索赔理由和证据；监理工程师在收到承包人送交的索赔报告和有关资料后28天内未予答复或未对承包人做进一步要求，视为该项索赔已经认可。监理工程师接受施工索赔报告后，根据提供的索赔事项和依据，进行认真审核，了解和分析合同实施情况，考察其索赔依据和证据是否完整可靠，索赔额计算是否准确。经审核无误并经监理工程师签名后，即可签发付款证明，由业主支付赔偿款项，施工索赔即告结束。

在审核施工索赔文件中，如果建设单位代表对索赔文件内容有疑义，施工承包单位应作出口头或书面解释，必要时应补充凭证资料，直到建设单位代表承认索赔有理。如果建设单位代表拒不接受施工索赔，则应对施工单位进行说服交涉，直到达成协议。说服交涉后仍不能达到协议的，则可按合同规定提请仲裁机构调解仲裁或向人民法院提起诉讼。

四、索赔报告的编写

索赔报告是承包商向业主提出索赔要求的书面文件，由承包商编写。

1. 索赔报告的基本要求

(1) 索赔事件应真实。

(2) 责任划分应清楚。

(3) 有合同文件支持。

(4) 编写质量要高。

2. 索赔报告的格式和内容

工程施工索赔报告是进行工程索赔的关键性书面文件，在一般情况下主要包括致业主的信件、索赔报告正文和索赔事件附件三个部分。

(1) 致业主的信件。在信中简要介绍索赔要求、干扰事件的经过以及索赔的理由等。

(2) 索赔报告正文。索赔报告正文的内容一般按照常规进行编写，承包商可以设计统一格式的索赔报告，使得索赔处理比较正规、方便。对于工程单项索赔，通常要写入的内容包括索赔事件的题目、事件陈述、合同依据、事件影响、结论、成本增加、工期拖延、各种证据材料等。对于综合索赔，索赔报告编写比较灵活，其内容主要包括以下几个方面。

1) 索赔事件题目。这是对索赔事件的高度概括，即简要说明针对什么提出索赔，题目要简单、明确、概括。

2) 索赔事件简介。它主要叙述干扰事件的起因、事件经过、事件过程中双方活动及行为，应特别注意强调对方不符合约定的行为，或没有履行合同义务的情况；要清楚地写明事件发生的时间、地点、在场人员和事件结果等。

3) 申请索赔理由。总结上述事件，同时引用合同条款或合同变更及补充协议条款，以证明对方的行为违反合同，或者指出对方的要求超出合同规定，造成干扰事件的发生，有责任对由此造成的损失进行补偿。

4) 索赔事件影响。简要说明干扰事件对承包商在施工过程中的不利影响，重点围绕由于出现上述干扰事件而造成的成本增加及工期延误。成本增加及工期延误必须与上述干扰事件之间有直接的因果关系。

5) 索赔事件结论。由于上述干扰事件对工程产生的不良影响，从而造成承包商的工期延长和费用增加。通过详细的索赔计算，列出工期延长的时间和费用增加的数额，以及给其他方面带来的影响，提出具体索赔的要求。

(3) 索赔事件附件。索赔事件的附件，也是索赔报告的重要组成部分，有时索赔是否成功，关键在于索赔附件。所谓索赔事件附件，是索赔报告中所列举事实、理由、经过、影响的证明文件，计算索赔的依据、方法的证明文件。

第六节　学 习 情 境

【案例一】

背景材料：某建设单位（甲方）通过招标方式与某装饰公司（乙方）签订了某商场装修施工合同。施工开始后，建设单位要求提前竣工，并与装饰公司签订了书面协议，写明了装饰公司为保证施工质量采取的措施和建设单位应支付的赶工费用。在施工过程中由于乙方采购使用不合格材料发生质量事故，导致直接经济损失5万元。事故发生后，建设单位以装饰公司不具备履行能力，又不可能保证提前竣工为由，提出终止合同。但装饰公司认为质量事故是因建设单位要求赶工引起的，不同意终止合同。建设单位按合同约定提请仲裁机构裁定终止合同，装饰公司不服，决定向具有管辖权的人民法院起诉。

问题：

1. 合同争议的解决方式有哪几种？

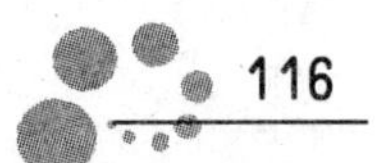

2. 仲裁的原则是什么？

3. 具有管辖权的人民法院是否可以受理装饰公司的起诉请求？为什么？

【评析】

问题1：合同争议的解决方法有和解、调解、仲裁、诉讼。

问题2：仲裁的原则为①自愿原则；②公平合理原则；③仲裁依法独立进行；④一裁终局原则。

问题3：人民法院不予受理。根据《合同法》的规定，仲裁机构作出裁决后立即生效。合同双方当事人就同一纠纷再申请仲裁或向人民法院起诉，仲裁委员会或人民法院不予受理。

【案例二】

背景材料：某高等院校与建苑装饰工程公司签订了高等公寓的装饰工程合同，合同工期6个月。建苑装饰公司进入施工现场后，临建设施已搭设，材料、机具设备尚未进行。在工程正式开工之前，施工单位按合同约定对原建筑物的结构进行检查时发现，该建筑物结构需进行加固。为此，除另约定其工程费外，施工单位提出以下索赔要求：

(1) 预计结构加固施工时间为1个月，故要求将原合同工期延长为7个月。

(2) 由于上述的工期延长，建设单位应给施工单位补偿额外增加的现场费（包括临时设施费和现场管理费），其索赔额按下式计算：

$$现场费=\frac{原现场费\times延长的时间}{合同工期}$$

(3) 由于工期延长，建设单位应按银行贷款利率计算补偿施工单位流动资金积压损失。

在该工程的施工过程中，由于设计变更，又使工期延长了两个月，并且延长的两个月正值冬季施工，比原施工计划增加了施工的难度。为此，在竣工结算时施工单位向建设单位提出补偿冬季施工增加费的索赔要求（注：在施工图预算中的其他直接费中已包括了冬、雨季施工增加费）。

问题：

1. 上述索赔要求是否合理？

2. 何种情况下，发包人会向承包人提出索赔？索赔的时限如何？

【评析】

问题1：索赔要求第(1)项结构加固施工时间延长1个月是非承包方原因造成的，属于工程延期，故承包方有权要求索赔，其要求合理。

第(2)项中，现场管理费一般与工期长短有关，故费用索赔要求合理；但临时设施费一般与工期长短无关，施工单位不宜要求索赔。

第(3)项的费用索赔不合理。因为材料、机具设备尚未进场，工程尚未动工，不存在资金积压问题，故施工单位不应提出索赔。

索赔冬季施工增加费不合理。因为：①在施工图预算中的其他直接费中已包括了冬、雨季施工增加费；②应在事件发生后28天内向监理方发出索赔意向通知，竣工结算时承包方已无权再提出索赔要求。

问题2：承包方未能按合同约定履行自己的各项义务或发生错误，给发包人造成经济损失，发包人可在索赔事件发生后28天内向承包方提出索赔。

【案例三】

背景材料：某施工单位承担了某综合办公楼的施工任务，并与建设单位签订了该项目建设工程施工合同，合同价4600万元人民币，合同工期10个月。工程未进行投保。

在工程施工过程中，遭受了暴风雨不可抗拒的袭击，造成了相应的损失。施工单位及时地向建设单位提出索赔要求，并附索赔有关材料和证据。索赔报告中的基本要求如下：

(1) 遭暴风雨袭击系非施工单位造成的损失，故应由建设单位承担赔偿责任。

(2) 给已建部分工程造成破坏，损失28万元，应由建设单位承担赔偿责任。

(3) 因灾害使施工单位 6 人受伤，处理伤病医疗费用和补偿金总计 3 万元，建设单位应给予补偿。

(4) 施工单位进场后使用的机械、设备受到损坏，造成损失 4 万元。由于现场停工造成机械台班费损失 2 万元，工人窝工费 3.8 万元，建设单位应承担修复和停工的经济责任。

(5) 因灾害造成现场停工 6 天，要求合同工期顺延 6 天。

(6) 由于工程被破坏，清理现场需费用 2.5 万元，应由建设单位支付。

问题：

1. 以上索赔是否合理？

2. 不可抗力发生风险承担的原则是什么？

【评析】

问题 1：索赔要求第 (1) 项中，经济损失由双方分别承担，工作顺延。

第 (2) 项中，工程修复、重建 28 万元工程款由建设单位支付。

第 (3) 项中，3 万元索赔不成立，由施工单位承担。

第 (4) 项中，4 万元、2 万元、3.8 万元索赔不成立，由施工单位承担。

第 (5) 项中，现场停工 6 天，顺延合同工期 6 天。

第 (6) 项中，清理现场 2.5 万元索赔成立，由建设单位承担。

问题 2：不可抗力风险承担责任的原则如下。

(1) 工程本身的损害由业主承担。

(2) 人员伤亡由其所在单位负责，并承担相应费用。

(3) 施工单位的机械设备损坏及停工损失，由施工单位承担。

(4) 工程所需的清理、修复费用，由建设单位承担。

(5) 延误的工期相应顺延。

思考题

1. 装饰工程合同按其计价方式不同可分哪几种？

2. 简述在合同管理中承包商应如何进行合同管理。

3. 试述装饰工程承包合同协议书的主要内容。

4. 装饰工程合同谈判前，应做好哪些准备工作？

5. 装饰工程施工合同谈判的内容主要包括哪些方面？

6. 装饰工程合同签订的基本原则是什么？合同签订时应注意哪些事项？

7. 简述在合同履行中业主与承包商的职责。

8. 什么是工程索赔？发生工程索赔的主要因素有哪些？

9. 工程索赔的依据和证据各是什么？

10. 简述工程索赔报告的基本要求和基本内容。

第六章　建筑装饰工程施工进度管理

第一节　建筑装饰工程施工进度管理概述

一、建筑装饰工程施工进度管理的含义及程序

1. 建筑装饰工程施工进度管理的含义

装饰施工项目进度管理是指在装饰工程施工过程中，编制出合理的施工进度计划，并监督其实施，在执行该计划的过程中进行有效的动态控制，最终按既定的进度目标完成工程施工任务的过程。

2. 建筑装饰工程施工进度管理的程序

(1) 根据工程合同确定的开、竣工日期和总工期，确定施工进度目标，明确计划开工、竣工日期和计划总工期，确定项目分期分批的开、竣工日期。

(2) 根据前述目标编制施工进度计划，具体安排各施工过程的起止时间和彼此间的工艺关系、搭接关系，并编制与进度计划相配套的劳动力、材料、机械等计划和其他保证性计划。

(3) 实施施工进度计划，在实施中进行施工进度的监测。

(4) 在对实际施工进度计划进行监测和确定调整方案后，应编制进度控制报告。

(5) 按照调整后的新的施工进度计划进行施工，并继续进行监测，重复上述过程直至工程竣工。

(6) 全部施工任务完成后，施工单位应进行施工进度总结，总结施工进度控制经验，找出进度控制中存在的问题并提出改进意见。

上述 (1)、(2) 两个过程已在本书前面的章节中介绍过，(3)、(4)、(5)、(6) 属于进度控制的内容，本章将重点就进度控制的内容进行介绍。

二、建筑装饰工程施工进度控制

1. 建筑装饰工程施工进度控制的含义

装饰施工项目进度控制是指在计划执行过程中，以既定工期为目标，按照项目施工进度计划及其实施要求，监督检查项目实际实施情况，并将其与计划目标进行比较，若出现偏差，应分析产生偏差的原因和对计划目标的影响程度，以制定出必要的调整措施，修改原计划的综合管理过程。

2. 影响施工进度的主要因素

由于建筑装饰工程的施工具有规模大、工艺复杂、工期长、相关单位多等特点，决定了其施工进度会受到多种因素的影响。为了有效地控制施工进度，必须充分认识和估计这些因素的影响，以便事先制定预防措施，事后实施补救措施，实现对进度计划的主动控制。影响施工进度的主要因素有以下几种。

(1) 外部因素。

1) 相关单位的影响。施工单位的相关单位包括建设单位、设计单位、材料供应单位等，它们对施工进度的影响包括进度款不到位、设计图纸不及时或错误、材料供应延期等。

2) 资源供应不足，指劳动力、材料、机械等资源不能按时、保质保量的提供。

3) 施工条件的变化，指施工中实际条件与设计不符、恶劣的气候条件等。

(2) 项目经理部内部因素。

1) 技术性失误，如施工方案、施工方法选择不当，施工中发生质量、安全事故等。

2) 施工组织失误，包括各专业、各施工过程之间交接、配合上发生的矛盾，劳动力、机具调配不合理，施工现场管理懈怠等。

(3) 不可预见的因素，指施工中出现意外的事件，如战争、自然灾害、通货膨胀等。

3. 工程项目施工进度控制的方法

(1) 实施动态循环控制。所谓动态控制就是按照计划、实施、检查、调整这四个不断循环的过程来进行控制的。工程项目一开始，也就进入了进度控制的动态过程。当实际进度按照计划进度时，两者相吻合；当实际进度与计划进度不一致时，应对出现的偏差进行分析，采取相应的措施，调整原来的计划。当按照调整后的新计划实施过程中，又会在新的干扰因素作用下产生新的偏差，有必要进行新的检查和调整。这样每循环一次，就离既定的进度目标又近了一步。这种动态循环的控制方法，是实施进度控制的最基本的方法。

(2) 实施系统控制。施工进度控制本身就是一个系统，它包括施工进度计划系统、进度实施系统和进度控制系统。其中施工进度计划系统是实行进度控制的首要条件，进度实施系统是进度控制的落实，进度控制系统能保证进度计划按期实施。具体来说，需建立如下系统。

1) 计划系统。为了对施工项目实际进度进行控制，首先必须编制施工项目的各种进度计划，从而构成施工项目进度计划系统。施工项目进度计划系统主要由施工项目总进度计划、单位工程施工进度计划、分部分项工程施工进度计划、季度和月（旬）作业计划等组成。编制时，从总体计划到局部计划，逐层对计划的控制目标进行分解；执行时，从月（旬）作业计划开始实施，逐级按目标控制，最终达到对施工项目的整体计划控制。

2) 计划实施的组织系统。对进度计划的实施是由参与施工过程的各专业队伍去完成一项项任务，是由项目经理和各职能部门（如材料采购部）遵照进度计划严格管理、落实各自的任务来实现的。所以，施工组织的各级负责人（项目经理、各部门负责人、施工工长、班组长）及所属的全体成员组成了施工项目实施的完整组织系统。

3) 进度控制的组织系统。为了保证进度实施按计划执行，必须建立进度的检查控制系统。从项目经理一直到作业班组都应设有专门职能部门或人员负责检查汇报，统计整理实际进度资料。不同层次人员负有不同的进度控制职责，分工协作，形成一个纵横连接的进度控制的组织系统。

(3) 实施信息反馈控制。信息反馈是施工项目进度控制的主要环节，施工项目进度控制的过程就是信息反馈的过程。首先，施工的实际进度通过信息反馈给基层的施工进度控制人员，在各自分工的职责范围内，经过加工，再将信息逐级向上反馈，经整理统计做出如何调整进度计划的决策。没有信息反馈，则无法进行进度控制。

4. 工程项目进度控制的措施

施工单位可以根据施工阶段的特点从组织、技术、经济和合同四个方面采取措施，控制施工进度，以实现进度控制目标。

(1) 组织措施。施工单位进度控制可以从以下方面采取组织措施。

1) 建立施工方进度控制目标体系，明确建设工程现场施工组织机构中进度控制人员及其职责分工与协作关系，明确进度控制工作流程。

2) 建立施工进度监测和报告制度。由项目进度管理人员定期检查施工进度，形成施工进度报告，及时发现实际进度状况。

3) 建立进度计划编制、审核、调整制度和计划实施中的检查分析制度，及时发现和解决进度问题。

4) 建立进度协调会议制度，包括协调会议举行的时间、地点，协调会议的参加人员等。

5) 建立工程变更和工期索赔管理制度等。

(2) 技术措施。进度控制有赖于技术的支持。在进度控制方面的技术措施包括：用工程网络计划技术编制合理的进度计划，严谨地分析和考虑工作之间的逻辑关系，通过工程网络的计算找出关键工作和关键线路，在项目进度控制时合理地利用非关键工作的时差，切实保证关键工作和关键线路的时间，用现代网络计划技术实现项目进度控制。同时，还包括利用进度计划的优化技术实现进度的优化

管理。在项目的实施过程中，充分利用进度的比较分析技术及时发现进度偏差，从而及时采取措施实施纠偏。

工程项目的实现要靠施工技术来实现。因此，技术措施还包括选择先进的施工工艺和施工技术，采用高效率的施工机械，采用流水施工技术组织施工活动等。

此外，信息技术（包括相应的软件、局域网、互联网，以及数据处理设备等）在进度控制中的应用，也是进度控制的一种重要技术措施。

最后，技术措施还应包括采用风险管理技术，及时分析项目的进度风险，采取有效的风险化解技术，实现进度风险的有效控制。

（3）经济措施。施工进度控制的经济措施涉及工程资金需求计划和加快施工进度的经济激励措施等，如拖期罚款、提前工期奖励等。

（4）合同措施。施工进度控制的合同措施主要是指以合同条款为依据所进行的进度控制措施，如施工总包单位通过与分包单位签订严密的分包合同，在合同中明确总包与分包之间在进度控制方面的责、权、利，严格依据分包合同控制分包进度。合同措施还包括施工总包单位依据合同条款就非自身责任而引起的进度拖延进行工期索赔等。

第二节　施工进度的监测

施工进度的监测贯穿于计划实施的始终，它是实施进度控制的基础工作，也是计划调整的重要依据。监测就是在进度计划实施过程中，在建立数据采集系统的前提下，相关人员收集实际施工进度资料，进行整理和统计分析，进行实际进度和计划进度之间的比较，看是否出现进度偏差的过程。施工进度监测的系统过程如图 6-2-1 所示。

一、监测过程与要求

1. 跟踪检查实际施工进度

跟踪检查的主要工作是定期收集工程实际进度的有关数据。跟踪检查的时间、方式、内容和收集数据的质量，将直接影响进度控制工作的质量和效果，不完整或不正确的进度数据将导致判断不准确或决策失误。

检查的时间与施工项目的类型、规模、施工条件和对进度执行的要求程度有关，通常分为日常检查和定期检查。日常检查是每日进行检查，采用施工记录或施工日志的方法记载下来。定期检查一般与计划安排的周期和召开现场会议的周期相一致，可以每月、每半月、每旬或每周检查一次。当施工中遇到天气、资源供应等不利因素的严重影响时，检查的时间间隔可临时缩短。

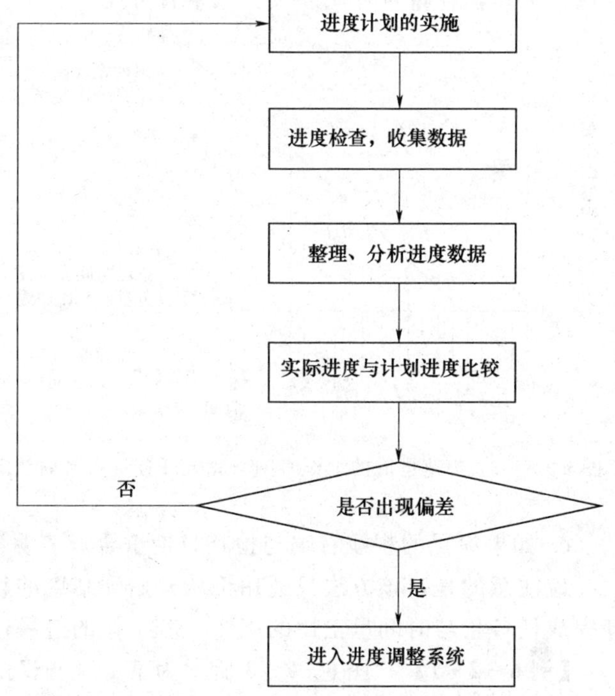

图 6-2-1　施工进度监测系统过程

施工进度计划的检查通常包括以下内容。

（1）检查工程量的完成情况。

（2）检查工作时间的执行情况。

（3）检查资源使用及与进度保证的情况。

（4）前一期进度计划检查提出的问题的整改情况。

2. 整理、统计检查数据

对于收集到的施工实际进度数据，要进行必要的整理，并按计划控制的工作项目内容进行统计；

要以相同的量纲和形象进度，形成与计划进度具有可比性的数据。一般可以按实物工程量、工作量和劳动消耗量以及累计百分比，整理和统计实际检查的数据，以便与相应的计划完成量进行对比分析。

3. 实际进度与计划进度的对比分析

将收集到的实际进度资料整理、统计成与计划进度具有可比性的数据后，用实际进度与计划进度的比较方法进行比较分析。常用的比较方法有横道图比较法、直角坐标图比较法和网络图比较法等。

通过实际进度与计划进度的对比分析，看实际进度是否出现偏差，若出现偏差，则进入进度调整系统。

二、监测施工实际进度的方法

监测施工实际进度的主要方法是比较法，将经过整理的实际进度数据与计划进度数据进行比较，从中发现是否出现进度偏差。比较法主要有以下几种。

1. 横道图比较法

横道图因其编制简单、形象直观的特点被广泛应用于施工进度计划中，对横道图编制的进度计划进行监测，就采用横道图比较法。

横道图比较法是指将项目实施过程中检查实际进度时收集到的信息，经整理后直接用横道线并列标于原计划的横道线处，能将实际进度与计划进度进行直观比较的方法。

工程项目中每项工作的进展不一定是匀速的，根据工程项目中各项工作的进展是否是匀速，可分别采用匀速进展横道图比较法和非匀速进展横道图两种方法来进行实际进度与计划进度的比较。

(1) 匀速进展横道图比较法。匀速进展指在工程项目中，每项工作在单位时间内完成的任务量都是相等的，即工作的进展速度是均匀的，此时每项工作累计完成的任务量与时间呈线性关系，如图6-2-2所示。这里所说的任务量可以用实物工程量、劳动消耗量和工作量三种物理量表示。为了比较方便，一般用它们实际完成量的累计百分比与计划完成量的累计百分比进行比较，如实物工程量百分比、劳动消耗量百分比以及工作量百分比等。

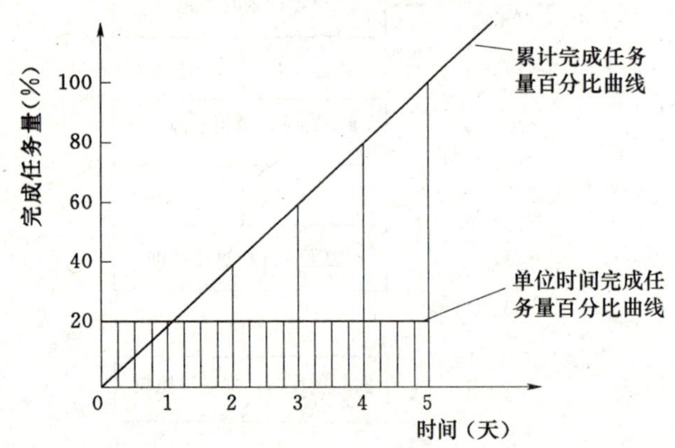

图6-2-2　匀速进展的工作时间与完成任务量关系曲线

采用匀速进展横道图比较法时，其步骤如下。

1) 编制横道图进度计划。

2) 在进度计划上标出检查日期。

3) 将检查收集的实际进度数据，按比例用涂黑的粗线标于计划进度线的下方。

4) 比较分析实际进度与计划进度的偏差状况，有如下3种情况：

a. 如果涂黑的粗线右端落在检查日期左侧，表明实际进度拖后；

b. 如果涂黑的粗线右端落在检查日期右侧，表明实际进度超前；

c. 如果涂黑的粗线右端与检查日期重合，表明实际进度与计划进度一致。

应注意的是，该方法只适用于从开始到结束的整个过程中，其进展速度均为固定不变的情况，累计完成任务量与时间呈正比的工作。若工作的进展速度是变化的，则不能采用此种方法。

【例6-2-1】　图6-2-3所示为某工程施工的实际进度与计划进度的跟踪比较，进度表中细实线表示计划进度，粗实线表示实际进度，试进行实际进度与计划进度的比较分析。

解：从图6-2-3可以看出，在第15天末进行施工进度检查时，安装塑钢窗、内墙抹灰两项工作均已经按期完成；安装吊顶龙骨工作按计划应完成任务的5/6，即83%，而实际施工进度只完成了任务的4/6，即67%，意味着已经拖后了16%；安装吊顶面板工作按计划应完成任务的1/4，即25%，而实际施工进度已完成了任务的2/4，即50%，意味着已超前25%；其他施工过程均未开始。

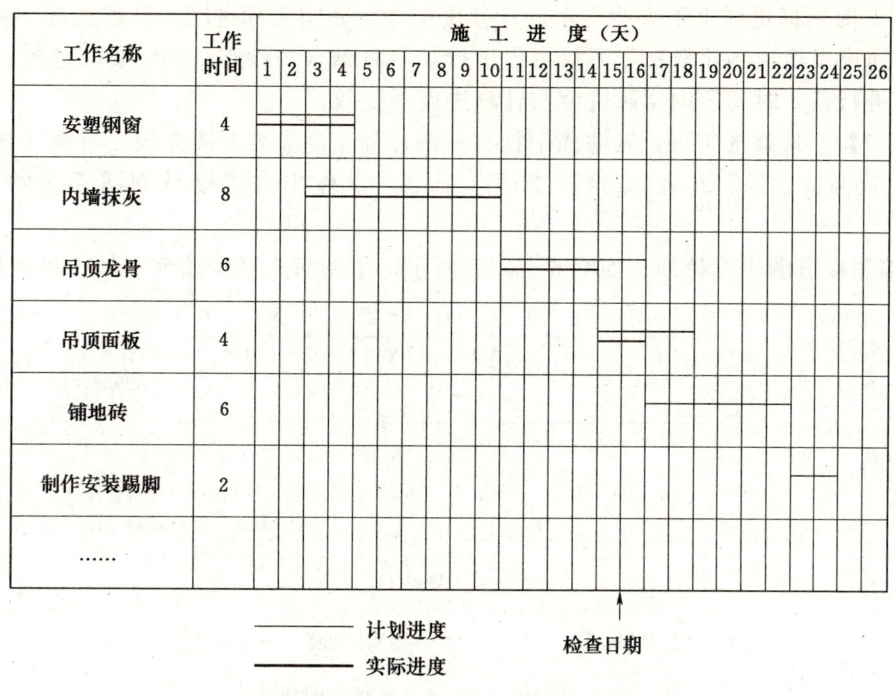

图 6-2-3 匀速进展横道图比较

通过上述比较，清楚地显示了实际施工进度与计划进度之间的偏差，为进度调整提供了明确的基础信息。这是施工项目进度控制中经常使用的一种最简单的比较方法。但它仅适用于项目中的各项工作都是匀速进行的情况，即每项工作单位时间内完成的任务量是相等的情况。

(2) 非匀速进展横道图比较法。当工作在不同单位时间里的进展速度不相等时，累计完成的任务量与时间的关系就不是呈直线变化的，如图 6-2-4 所示。若仍采用匀速进展横道图比较法，不能反映实际进度与计划进度的对比情况；此时，应采用非匀速进展横道图比较法进行工作实际进度与计划进度的比较。

非匀速进展横道图比较法与匀速进展横道图比较法不同，它在标出工作实际进度线的同时，在表上还标出其对应时刻完成任务的累计百分比。将该百分比与其同时刻计划完成任务的百分比比较，即可判断工作实际进度与计划进度间的关系。

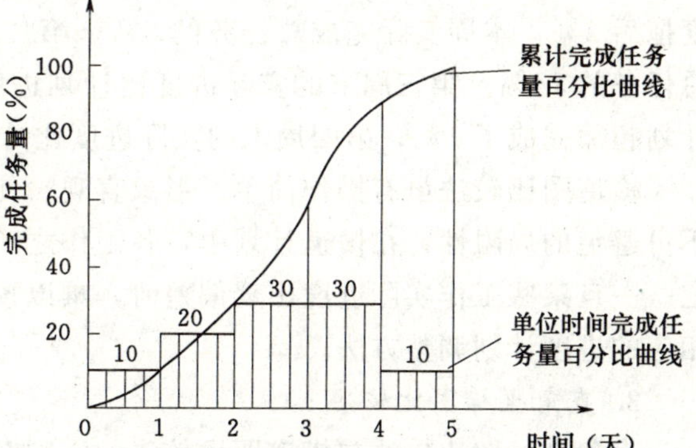

图 6-2-4 非匀速进展的工作时间与完成任务量关系曲线

采用非匀速进展横道图比较法时，其步骤如下。

1) 编制横道图进度计划。

2) 在横道线上方标出各工作主要时间的计划完成任务累计百分比。

3) 在横道线下方标出所跟踪检查的工作在相应日期实际完成任务累计百分比。

4) 用涂黑粗线标出工作的实际进度，应从开工之日标起，同时反映出该工作在实施过程中的连续与间断情况。

5) 通过比较同一时刻实际完成任务量累计百分比和计划完成任务量累计百分比，判断工作实际进度与计划进度的偏差状况，有如下 3 种情况。

a. 如果同一时刻横道线上方的计划累计完成百分比大于横道线下方的实际累计完成百分比，表明实际进度拖后，拖后的任务量为二者之差；

b. 如果同一时刻横道线上方的计划累计完成百分比小于横道线下方的实际累计完成百分比，表明实际进度超前，超前的任务量为二者之差；

c. 如果同一时刻横道线上下方两个累计百分比相等，表明实际进度与计划进度一致。

采用非匀速进展横道图比较法，不仅可以进行某一时刻（如检查日期）实际进度与计划进度的比较，而且还能进行某一时间段内实际进度与计划进度的比较。

【例 6-2-2】 某装饰工程，其墙面干挂石材按计划工期需要 6 周完成，每周计划完成的任务量百分比分别为 10%、15%、20%、25%、20%、10%，试作出其进度计划图并在施工中进行比较跟踪。

解： 1）编制横道图进度计划，如图 6-2-5 所示，本图只表示了墙面干挂石材的计划横道线。

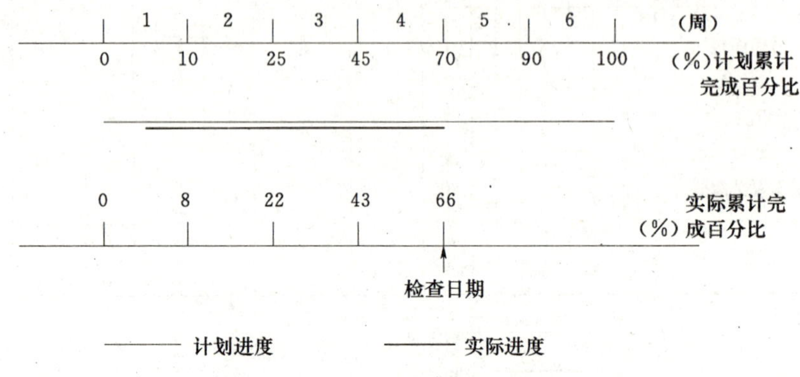

图 6-2-5 非匀速进展横道图比较

2）在计划横道线上方标出墙面干挂石材每周计划累计完成任务量的百分比，分别为 10%、25%、45%、70%、90%、100%。

3）在计划横道线下方标出第一周至检查日期（第四周）每周实际累计完成任务量的百分比，分别为 8%、22%、43%、66%。

4）用涂黑粗线标出实际进度线，从图中看出，该工作实际开始时间比计划开始时间晚了半周，在开始后是连续工作的。

5）比较实际进度与计划进度的偏差，从图 6-2-5 中可以看出：第一周末的实际进度比计划进度拖后 2%，本周实际完成总任务的 8%；第二周末的实际进度比计划进度拖后 3%，本周实际完成总任务的 14%；第三周末的实际进度比计划进度拖后 2%，本周实际完成总任务的 21%，实际比原计划超额完成了 1%；第四周末的实际进度比计划进度拖后 4%，本周实际完成总任务的 23%。

横道图比较法虽有操作简单、形象直观、使用方便的优点，但由于其以横道计划为基础，所以有不可避免的局限性。在横道计划中，各工作之间的逻辑关系表达不明确，关键工作和关键线路不能确定。一旦某些工作实际进度出现偏差时，难以预测该偏差对后续工作和总工期的影响，也就难以确定相应的进度计划调整方法。

2. 直角坐标图比较法

直角坐标图比较法与横道图比较法的区别在于，直角坐标图比较法中实际进度与计划进度的比较不是在横道进度计划图上进行，而是在专门绘制的比较曲线图上进行。它是在以横坐标表示进度时间，纵坐标表示累计完成任务量的直角坐标中，先绘制出某一施工过程按计划时间累计完成任务量的 S 形或香蕉形曲线，再将各检查时刻实际完成的任务量与该曲线进行比较。

（1）S 曲线比较法。S 曲线比较法是以横坐标表示时间，纵坐标表示累计完成任务量，绘制一条按计划时间累计完成任务量的 S 曲线，然后将工程项目实施过程中各检查时间实际累计完成任务量的 S 曲线也绘制在同一坐标系中，进行实际进度与计划进度比较的一种方法。

从整个工程项目实际进展全过程看，单位时间投入的资源量一般是开始和结束时少，中间阶段较多。单位时间完成的任务量随时间进展的变化规律如图 6-2-6（a）所示；而累计完成的任务量随时间进展的变化规律常呈 S 形变化，如图 6-2-6（b）所示。

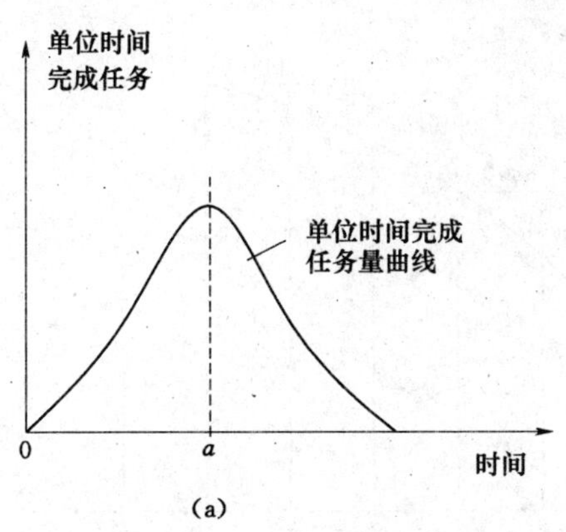

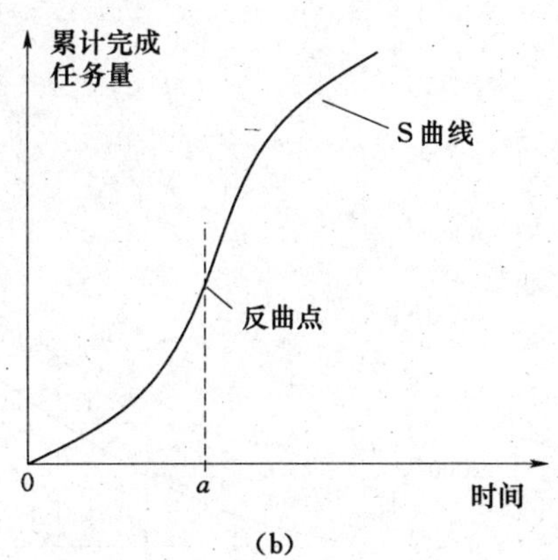

图 6-2-6　时间与完成任务量关系曲线

(a) 时间与单位时间完成任务量的关系曲线；(b) 时间与累计完成任务量的关系曲线

1）S曲线的绘制。图 6-2-6 所示的计划进度曲线只是定性分析，在实际工程中很少有施工进展速度完全呈连续性变化的情况，单位时间完成的任务量往往呈离散性变化，但当单位时间较小时，仍然可近似绘出S形曲线。

【例 6-2-3】　某楼地面铺设工程的总工程量为 12000m²，要求 11 天完成，其工程进展安排如表 6-2-1 所示，试绘制该楼地面铺设工程的S曲线。

表 6-2-1　楼地面铺设工程进展安排表

时间（天）	1	2	3	4	5	6	7	8	9	10	11	合计
每日完成量（m²）	200	600	1000	1400	1800	2000	1800	1400	1000	600	200	12000

解：首先，根据工程进展安排表绘制出每日完成任务量图，如图 6-2-7 所示。

其次，计算不同时间累计完成任务量，依次计算每天计划累计完成的楼地面铺设量，结果列于表 6-2-2 中。

表 6-2-2　计划完成楼地面铺设工程量汇总表

时间（天）	1	2	3	4	5	6	7	8	9	10	11
每日完成量（m²）	200	600	1000	1400	1800	2000	1800	1400	1000	600	200
累计完成量（m²）	200	800	1800	3200	5000	7000	8800	10200	11200	11800	12000

2）根据每天计划累计完成的楼地面铺设量绘制S曲线，见图 6-2-8。

3）S曲线的比较。S曲线的比较同横道图比较法一样，是在图上进行工程项目实际进度与计划进度的直观比较。首先根据计划进度绘制S曲线，然后在计划实施过程中，将检查收集到的实际累计完成任务量也绘制在原计划S曲线图上，即可得到实际进度S曲线，如图 6-2-9 所示。比较实际进度S曲线和计划进度S曲线，可以获得如下信息：

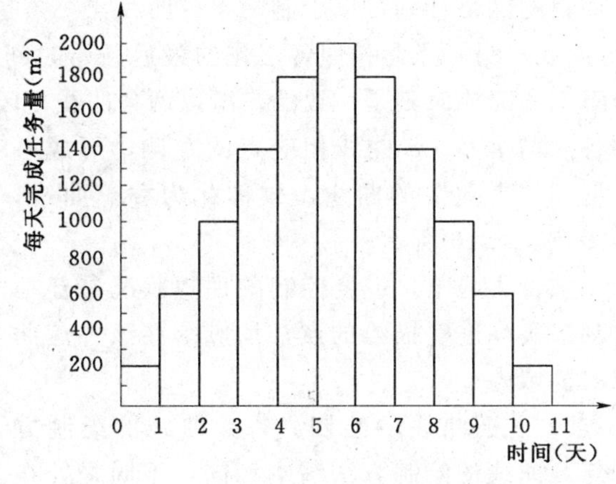

图 6-2-7　每日完成任务量图

a. 工程项目实际进展状况。如果工程实际进度S曲线上点 a 落在计划S曲线左侧，表明此时实际进度比计划进度超前；如果工程实际进度S曲线上点 b 落在计划S曲线右侧，表明此时实际进度比计划进度拖后；如果工程实际进度S曲线与计划进度S曲线

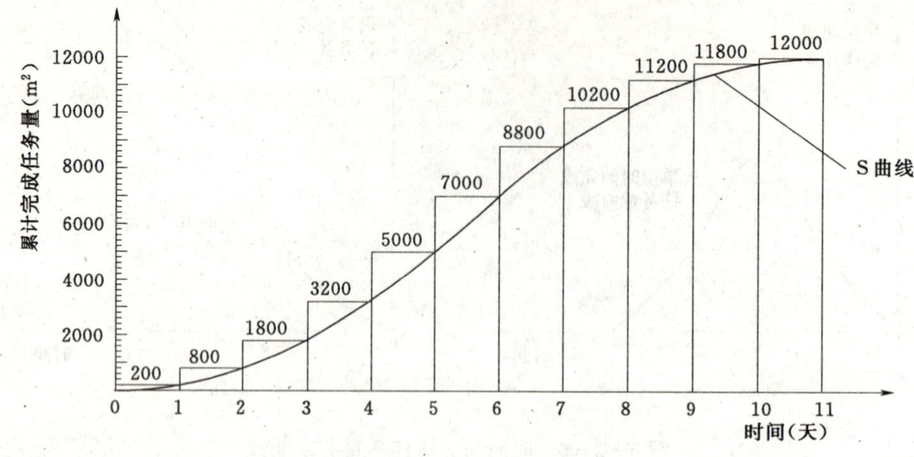

图 6-2-8　S曲线图

交于一点 c，表明此时实际进度与计划进度一致。

b. 工程项目实际进度超前或拖后的时间。在S曲线比较图中，某时间点两曲线在横坐标上相差的数值即为实际进度比计划进度超前或拖后的时间。如 ΔT_a 表示 T_a 时刻实际进度超前的时间，ΔT_b 表示 T_b 时刻实际进度拖后的时间。

c. 工程项目实际超额或拖欠的任务量。在S曲线比较图中，某时间点两曲线在纵坐标上相差的数值即为实际进度比计划进度超前或拖欠的任务量。如 ΔQ_a 表示 T_a 时刻超额完成的任务量，ΔQ_b 表示 T_b 时刻拖欠的任务量。

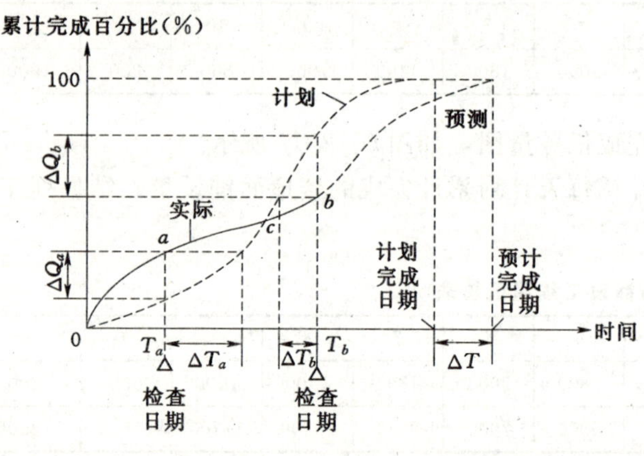

图 6-2-9　S曲线比较图

d. 后期工程进度的预测。如果后期工程按原计划速度进行，则可做出后期工程预测S曲线，如图 6-2-9 中虚线所示，从而可据此确定工期拖延预测值 ΔT。

(2) 香蕉曲线比较法。

1) 香蕉曲线的形成。香蕉曲线是由两条S曲线组合而成的封闭曲线。由S曲线比较法可知，任一工程项目或一项工作，其计划时间与累计完成的任务量的关系都可以用一条S曲线表示。对于一个工程项目的网络计划，总是分为最早开始时间和最迟开始时间，所以一个施工项目的网络计划可以绘制两条S曲线：一条是按照各工作的最早开始时间安排进度而绘制的，称为ES曲线；另一条是按照各工作的最迟开始时间安排进度而绘制的，称为LS曲线。两条S曲线的开始时刻和完成时刻是一致的，所以两条曲线是闭合的。除开始时刻和完成时刻，其余时刻ES曲线上的各点均落在LS曲线相应点的左侧，形成一个形如“香蕉”的曲线，故称此为香蕉曲线，如图 6-2-10 所示。

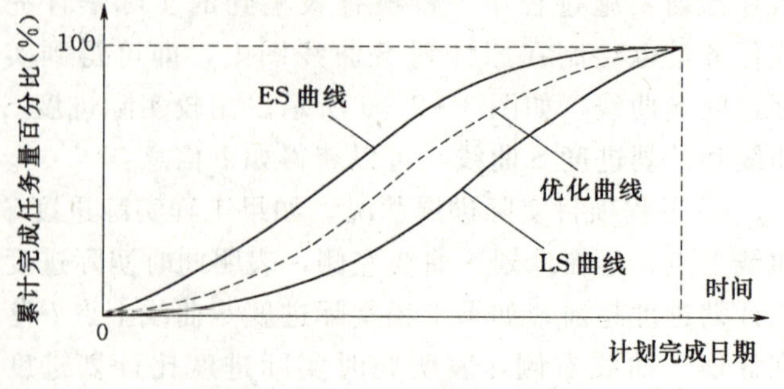

图 6-2-10　香蕉曲线比较图

项目实施中，进度控制的理想状况是任一时刻按实际进度描绘的点，均应落在该香蕉曲线的区域内。

2) 香蕉曲线的绘制。香蕉曲线的绘制方法与S曲线的绘制方法基本相同，不同之处在于香蕉曲线是由两条S曲线组合而成。其绘制

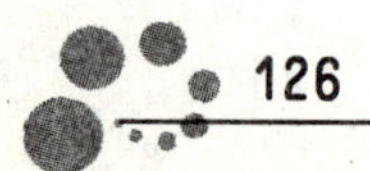

步骤如下：

a. 以工程项目的网络计划为基础，计算各工作的最早开始时间和最迟开始时间。

b. 分别根据各项工作按最早开始时间和最迟开始时间安排的进度计划，确定各项工作在各单位时间计划完成的任务量。

c. 对工程项目中所有工作在各单位时间计划完成的任务量累加求和，得到工程项目总任务量。

d. 分别根据各项工作按最早开始时间和最迟开始时间安排的进度计划，确定工程项目在各单位时间计划完成的任务量，即将各项工作在某一单位时间内计划完成的任务量求和。

e. 分别根据各项工作按最早开始时间和最迟开始时间安排的进度计划，确定不同时间累计完成的任务量或任务量百分比。

f. 分别根据各项工作按最早开始时间和最迟开始时间安排的进度计划所确定的累计完成任务量或任务量百分比绘制各点，并连接各点得到ES曲线和LS曲线，ES曲线和LS曲线即组成香蕉曲线。

在工程项目实施过程中，根据检查得到的实际累计完成任务量，按同样的方法在原计划香蕉曲线图上绘出实际进度曲线，便可进行实际进度与计划进度的比较。

3）香蕉曲线的作用。

a. 合理安排工程项目进度计划。如果工程项目中的各项工作都按其最早开始时间安排进度，将导致工程成本增加；如果工程项目中的各项工作都按其最迟开始时间安排进度，则一旦受到影响因素干扰，将导致工期拖延，使工程进度目标的实现存在很大风险。所以，科学合理的进度计划优化曲线应位于香蕉曲线所包络的区域之内，如图6－2－10所示的优化曲线。

b. 进行施工实际进度与计划进度的比较。在工程项目实施过程中，根据检查得到的实际累计完成任务量，在原计划香蕉曲线图上绘出实际进度S曲线，便可进行实际进度与计划进度的比较。如果工程实际进展点落在香蕉曲线左侧，表明此刻实际进度比各项工作按其最早开始时间安排的计划进度超前；如果工程实际进展点落在香蕉曲线右侧，表明此刻实际进度比各项工作按其最迟开始时间安排的计划进度拖后。

c. 预测后期工程进展趋势。利用香蕉曲线可以对后期工程的进展趋势进行预测。如图6－2－11所示，该工程项目在检查日实际进度超前，检查日之后的后期工程进度发展趋势如图中虚线所示，预计该工程项目将提前完成。

3. 网络图比较法

(1) 前锋线比较法。所谓前锋线，是指在原时标网络计划上，从上方的计划检查时刻的时标点出发，自上而下依次连接各项工作的实际进度点，最后至下方的计划检查时刻的时间坐标点为止，形成一条折线或直线段。前锋线比较法是根据前锋线与工作箭线交点的位置与检查时刻点的位置关系，来判定工程实际进度与计划进度偏差的方法，它主要适用于时标网络计划。

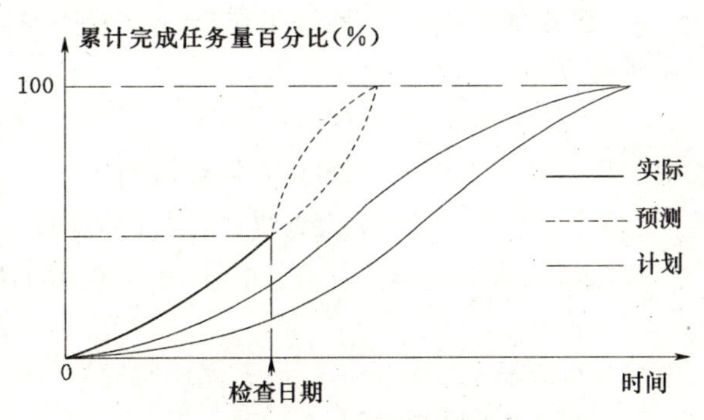

图6－2－11　工程进展预测趋势图

用前锋线比较法进行实际进度与计划进度的比较，具体步骤如下：

1）绘制时标网络计划，在时标网络计划的上下方各设一时间坐标。

2）绘制实际进度前锋线（简称前锋线）。前锋线从时标网络计划上方时间坐标的检查时刻出发，依次连接各项工作的实际进展位置点，直至到达时标网络计划下方时间坐标的检查时刻为止。

3）进行实际进度与计划进度的比较。

a. 工作实际进展位置点落在检查日期的左侧，表明该工作实际进度拖后，拖后的时间为二者之差。

b. 工作实际进展位置点与检查日期重合，表明该工作实际进度与计划进度一致。

c. 工作实际进展位置点落在检查日期的右侧，表明该工作实际进度超前，超前的时间为二者之差。

4）预测进度偏差对后续工作及总工期的影响。通过实际进度与计划进度的比较确定进度偏差后，可根据工作的自由时差和总时差预测该进度偏差对后续工作及项目总工期的影响。

【例 6-2-4】 某工程网络计划如图 6-2-12 所示，已知到第 6 周末检查时，工作 B 已经完成 1 周的任务量，工作 E 已经完成 2 周的任务量，工作 F 已经完成 2 周的任务量，试采用前锋线法进行实际进度与计划进度的比较分析。

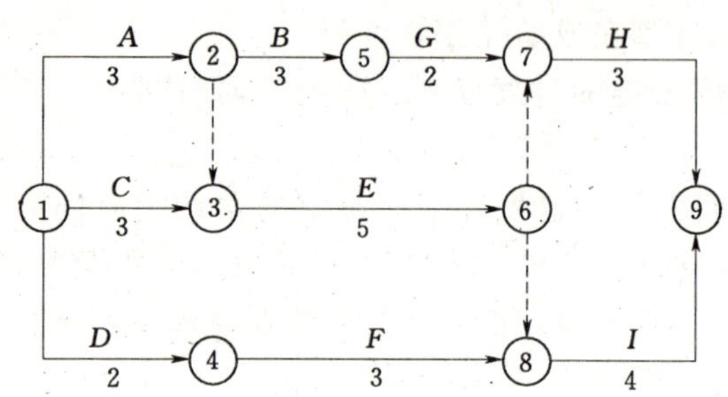

图 6-2-12 某工程网络计划

解：根据第 6 周检查的情况，在图 6-2-13 所示的时标网络计划上绘制前锋线，通过比较可以看出：

1）工作 B 实际进度拖后 2 周，因工作 B 为非关键工作，总时差为 3 周，自由时差为 0，会影响紧后工作 G 的最早开始时间推迟 1 周，但不会影响总工期。

2）工作 E 实际进度拖后 1 周，因工作 E 为关键工作，将使其紧后工作 H 和 I 的最早开始时间推迟 1 周，并使总工期延长 1 周。

3）工作 F 实际进度拖后 2 周，因工作 F 为非关键工作，总时差为 3 周，自由时差为 3 周，不会影响紧后工作 I 的最早开始时间，也不会影响总工期。

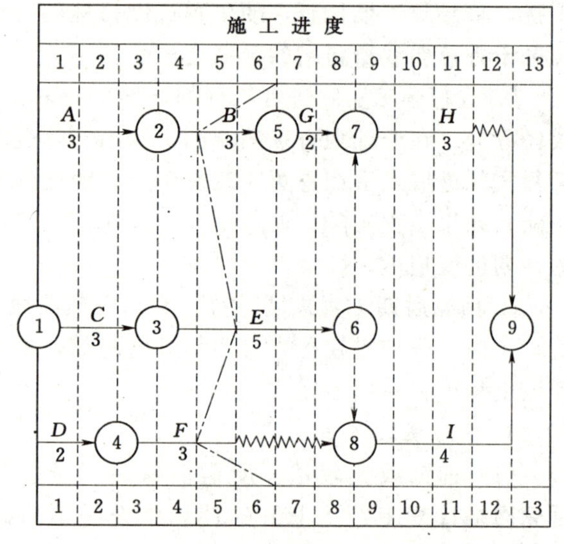

图 6-2-13 某工程前锋线比较图

（2）列表比较法。对于非时标网络计划，可采用列表比较法。该法是记录在检查时刻应进行的工作名称和已进行的天数，然后列表计算有关参数，根据原有总时差和尚有总时差的比较来进行实际进度与计划进度的比较。

采用列表比较法进行实际进度与计划进度的比较，具体步骤如下：

1）按式（6-2-1）计算工作 $i-j$ 在检查时尚需作业时间 T^2_{i-j}。

$$T^2_{i-j} = D_{i-j} - T^1_{i-j} \qquad (6-2-1)$$

式中 D_{i-j}——工作 $i-j$ 的计划持续时间；

T^1_{i-j}——工作 $i-j$ 检查时已进行的时间。

2）按式（6-2-2）计算工作 $i-j$ 检查时至最迟完成时间的尚余时间 T^3_{i-j}。

$$T^3_{i-j} = LF_{i-j} - T_2 \qquad (6-2-2)$$

式中 LF_{i-j}——工作 $i-j$ 的最迟完成时间；

T_2——检查时间。

3）按式（6-2-3）计算工作 $i-j$ 尚有总时差 TF^1_{i-j}。

$$TF^1_{i-j} = T^3_{i-j} - T^2_{i-j} \qquad (6-2-3)$$

4）进行实际进度与计划进度的比较分析。

a. 若工作尚有总时差与原有总时差相等，则说明该工作实际进度与计划进度一致。

b. 若工作尚有总时差大于原有总时差，则说明该工作实际进度超前，超前的时间为二者之差。

c. 若工作尚有总时差小于原有总时差，且仍为正值，则说明该工作实际进度拖后，拖后的时间为二者之差，但不影响总工期。

d. 若工作尚有总时差小于原有总时差，且为负值，则说明该工作实际进度拖后，拖后的时间为

二者之差，此时，工作实际进度偏差将影响总工期。

【例 6-2-5】 根据［例 6-2-4］所示工程情况，试采用列表法进行进度比较分析。

解： 根据计算公式计算有关参数，

工作 B：

$$T_{2-5}^{2}=D_{2-5}-T_{2-5}^{1}=3-1=2$$

$$T_{2-5}^{3}=LF_{2-5}-T_{2}=9-6=3$$

$$TF_{2-5}^{1}=T_{2-5}^{3}-T_{2-5}^{2}=3-2=1$$

工作 E：

$$T_{3-6}^{2}=D_{3-6}-T_{3-6}^{1}=5-2=3$$

$$T_{3-6}^{3}=LF_{3-6}-T_{2}=8-6=2$$

$$TF_{3-6}^{1}=T_{3-6}^{3}-T_{3-6}^{2}=2-3=-1$$

工作 F：

$$T_{4-8}^{2}=D_{4-8}-T_{4-8}^{1}=3-2=1$$

$$T_{4-8}^{3}=LF_{4-8}-T_{2}=8-6=2$$

$$TF_{4-8}^{1}=T_{4-8}^{3}-T_{4-8}^{2}=2-1=1$$

根据上述计算结果，进行实际进度与计划进度的比较，见表 6-2-3 所示。

表 6-2-3　　网络计划检查结果分析表

工作代号	工作名称	检查时尚需作业时间 T_{i-j}^{2}	检查时至最迟完成时间的尚余时间 T_{i-j}^{3}	原有总时差 TF_{i-j}	尚有总时差 TF_{i-j}^{1}	情况判断
2→5	B	2	3	3	1	实际进度拖后 2 周，但不影响总工期
3→6	E	3	2	0	−1	实际进度拖后 1 周，影响工期延长 1 周
4→8	F	1	2	3	1	实际进度拖后 2 周，但不影响总工期

第三节　施工进度计划的调整

若在施工进度监测过程中发现实际进度与计划进度出现了偏差，需要分析该偏差对后续工作及总工期的影响，从而采取相应的调整措施对原计划进行调整，以确保工期目标的实现。施工进度调整系统过程见图 6-3-1。

一、分析进度偏差的影响

（1）分析出现进度偏差的工作是否为关键工作。如果出现偏差的是关键工作，则必然对后续工作和总工期产生影响，必须采取相应的调整措施；如果出现偏差的是非关键工作，则需要分析进度偏差值与总时差和自由时差的关系。

（2）分析进度偏差是否超过总时差。如果偏差值大于该工作的总时差，则必然对后续工作和总工期产生影响，必须采取相应的调整措施；如果偏差值未超过该工作的总时差，则不影响总工期，至于对后续工作的影响程度，还需要分析进度偏差值与自由时差的关系。

（3）分析进度偏差是否超过自由时差。如果工作偏差值大于该工作的自由时差，则对其后续工作产生影响，应根据后续工作的限制条件确定调整方法；如果偏差值未超过该工作的自由时差，则对后续工作没有影响，所以原计划可不作调整。

通过以上分析，进度控制人员可以确定应该调整的工作和具体调整值，从而采取调整措施，获得新的符合实际进度情况和计划目标的新进度计划。

二、施工进度计划的调整方法

当发现实际进度与计划进度出现偏差时，为确保进度目标的实现，必须对原有计划进行调整，进度计划的调整方法如下：

（1）改变某些工作间的逻辑关系。如果进度偏差影响到总工期，且有关工作的逻辑关系允许改变时，可改变关键线路和出现偏差的非关键工作所在线路上的有关工作之间的逻辑关系，来确保工期目

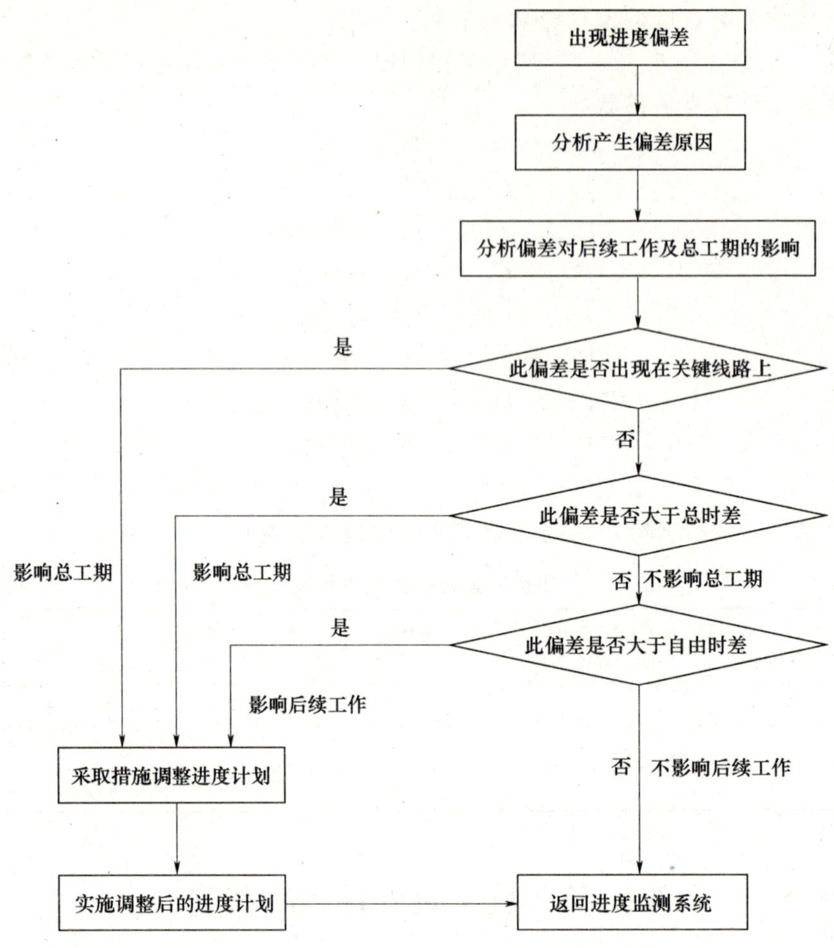

图 6-3-1 施工进度调整系统过程

标的实现。

（2）缩短某些工作的持续时间。该方法是在不改变工作之间逻辑关系的前提下，只是缩短某些工作的持续时间，以确保计划工期的实现。被选择用来缩短持续时间的工作应同时满足以下两个条件：一是该工作位于关键线路上和超过计划工期的非关键线路上，二是该工作存在着压缩其持续时间的空间。因为压缩持续时间，就意味着要增加单位时间内资源的投入（如增加劳动力和施工机械的数量等），这就需要增加工作面，这些条件能否实现也就制约着工作能否压缩其持续时间。当然，要压缩工作的持续时间，还可以通过改进施工工艺和施工技术、缩短工艺技术间歇时间等措施。

缩短某些工作持续时间的方法，实际上就是网络计划优化中的工期优化方法和费用优化的方法。

除上述调整方法外，施工进度计划的调整还包括工程量的调整、工作（工序）起止时间的调整、资源提供条件的调整、必要的目标调整等。

三、进度控制报告的编制

要实现进度控制应建立报告制度，将施工进度监测的结果和调整方案以简练的书面报告形式提供给项目经理和有关人员和部门。

进度报告原则上由进度计划负责人或进度管理人员与其他项目管理人员协作编写。编写的时间一般与进度检查时间相协调，一般为每月报告一次，重复的、复杂的项目每旬或每周一次。

正式的进度控制报告，其内容通常包括以下几方面。

（1）进度计划实施情况的综合描述，主要内容是报告的起止期、报告计划期内当地的天气情况、施工现场的主要大事（如停水、停电、事故情况等）。

（2）实际工程进度与计划进度的比较。

（3）劳务、材料、物资、构配件的供应进度。

（4）进度计划在实施过程中存在的问题及其原因分析。

（5）监理单位和施工主管部门对施工者的变更指令。

（6）进度执行情况对工程质量、安全和施工成本的影响情况，如与进度有关的工程变更、价格调整、索赔等。

（7）拟采取的纠偏措施。

（8）对未来进度的预测。

第四节 工 程 延 期

在建筑装饰工程施工过程中，工期的延长分为工程延误和工程延期两种情况。

一、定义

1. 工程延误

工程延误指由于承包单位自身的原因造成的工期的延长。其一切损失由承包单位自己承担，包括承包单位在监理工程师同意下所采取的加快工程进度的任何措施所增加的各种费用。同时，由于工程延误所造成的工期延长，承包单位还要向建设单位支付误期损失赔偿费。

2. 工程延期

工程延期指由于承包单位以外的原因造成的工期的延长。经过总监理工程师批准的工程延期，所延长的时间属于合同工期的一部分，即工程竣工的时间等于合同中规定的时间加上总监理工程师批准的工程延期的时间。如果属于工程延期，则承包商不仅有权要求延长工期，还有权向建设单位要求赔偿由于工程延期而损失的费用。

3. 临时延期批准

临时延期批准指当发生非承包单位原因造成的持续性影响工期的事件时，总监理工程师所作出的暂时延长合同工期的批准。

4. 延期批准

延期批准指当发生非承包单位原因造成的持续性影响工期的事件时，总监理工程师所作出的最终延长合同工期的批准。

二、工程延期的申报条件

由于以下原因导致工期拖延，承包单位有权提出延长工期的申请，监理工程师应按合同规定，批准工程延期的时间。

（1）监理工程师发出工程变更指令而导致工程量增加。

（2）合同中所涉及的任何可能造成工程延期的原因，如延期交图、工程暂停、对合格工程的剥离检查及不利的外界条件等。

（3）异常恶劣的气候条件。

（4）由建设单位造成的任何延误、干扰或障碍，如未及时提供施工场地、未及时付款等。

（5）除承包单位自身以外的其他任何原因。

三、工程延期的申报和审批

（1）工程延期事件发生后，承包单位应在合同规定的有效期内向监理工程师发出工程延期意向通知，总监理工程师指定专业监理工程师收集与工程有关的资料；逾期申报时，监理工程师有权拒绝承包人的延期要求。

（2）承包单位在事件发生后 28 天内，向监理工程师提交详细的申请报告及有关证据资料。

（3）监理工程师在收到承包人送交的详细的工程延期报告和有关资料后，进行工程延期的审查，以确定工程延期时间。工程师在接到承包人送交的工期延期报告和有关资料后，于 28 天内给予答复，或要求承包人进一步补充索赔的理由和证据；工程师在收到承包人送交的延期报告和有关资料后28天内未予答复或未对承包人做进一步要求，视为该项工期延期索赔已经认可。

若延期事件具有持续性，承包单位在延期事件发生后的28天内不能提交最终的工程延期报告时，应提交阶段性的临时延期报告。监理工程师在调查核实后，针对该报告作出临时延期批准。待延期时件结束后，承包单位在规定的有效期内提交最终的工程延期报告，监理工程师应复查延期报告的全部内容，作出最终延期批准。

四、工程延期的审查

1. 工程延期审查的依据

(1) 施工合同中有关工程延期的约定。

(2) 工期拖延和影响工期事件的事实和程度。

(3) 影响工期事件对工期影响的量化程度。

2. 工程延期审查的内容与注意事项

(1) 以事先批准的详细的施工进度计划为依据，确定假设工程不受影响工期事件影响时应该完成的工作或应该达到的进度。

(2) 详细核实受该影响工期事件的影响后，实际完成的工作或实际达到的进度。

(3) 查明因受该影响工期事件的影响而受到延误的作业工种。

(4) 查明实际的进度滞后是否还有其他影响因素，并确定其影响程度。

(5) 最后确定该影响工期事件对工程竣工时间或区段竣工时间的影响值。

(6) 当承包单位未能按照合同要求的工期竣工交付造成工期延误时，项目监理部应按照施工合同规定从承包单位应得款项中扣除误期损害赔偿费。

思考题

1. 简述影响施工进度的因素有哪些。

2. 简述工程项目施工进度控制的方法和措施。

3. 简述监测施工实际进度的主要方法有哪些。

4. 对于横道图施工进度计划，当非匀速施工时应采用哪种记录比较方法？

5. 比较实际进度S曲线和计划进度S曲线，可以获得哪些信息？

6. 香蕉曲线是如何形成的？它有哪些作用？

7. 前锋线法和列表法这两种进度检查的方法各有何特点？

8. 如何分析工程项目施工进度计划是否需要调整？调整的方法有哪些？

9. 哪些情况下承包单位可以申报工程延期？

10. 某工程网络计划如图1所示，已知到第5周末检查时，工作A、D已经完成，工作B已经完成4周的任务量，工作C已经完成2周的任务量，试采用前锋线法和列表法进行实际进度与计划进度的比较分析。

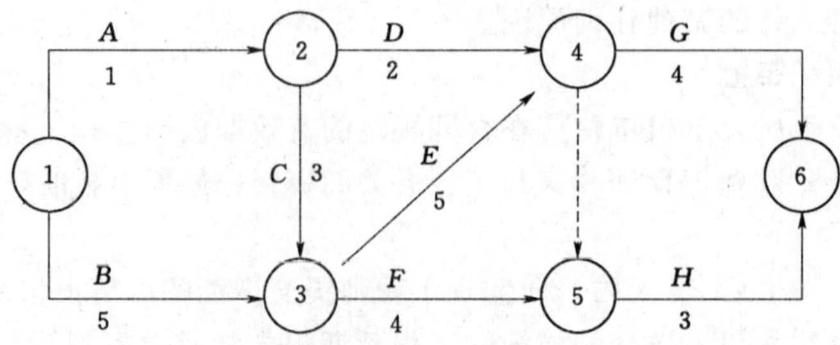

图1 某工程网络计划

第七章　建筑装饰工程施工质量管理

第一节　建筑装饰工程质量管理概述

建筑装饰工程质量管理是施工企业管理水平与技术水平高低的综合反映，是施工企业从开始施工准备工作到工程竣工验收交付使用的全过程中，为保证和提高工程质量所进行的各项组织管理工作。其目的在于以最低的工程成本和最快的施工速度，生产出用户满意的建筑装饰产品。

一、工程质量的内容

建筑装饰工程质量管理的基本概念，应该从广义上来理解，即要从全面质量管理的观点来分析。因此，建筑装饰工程的质量，不仅包括工程质量，而且还应包括工作质量和人员素质。

1. 工程质量

工程质量是指工程具备一定用途，满足国家规范标准和使用者要求所具备的自然属性，亦称为质量特征或使用性。建筑装饰工程质量主要包括工程性能、工程寿命、可靠性、安全性和经济性5个方面。

(1) 工程性能。工程性能是指产品或工程满足使用要求所具备的各种功能，具体表现为力学性能、结构性能、使用性能和美观性。

(2) 工程寿命。工程寿命是指工程在正常的使用条件下，能发挥其功能的总工作时间，也就是工程的设计年限或服役年限。

(3) 可靠性。工程的可靠性是指工程在规定的时间内和正常的使用条件下，完成规定功能能力的大小和程度。对于建筑装饰企业承建的工程，不仅要求在竣工验收时要达到规定的标准，而且在一定的时间内要保持应有的使用功能。

(4) 安全性。工程的安全性是指工程在使用过程中的安全程度。任何建筑装饰工程都要考虑是否会造成使用人员或操作人员的伤害事故，是否有产生公害、污染环境的可能性，对人的身体健康有无危害，以及各类建筑物在规范规定的荷载下，是否满足强度、刚度和稳定性的要求。

(5) 经济性。工程的经济性是指工程寿命周期费用（包括建成成本和使用成本）的大小。建筑装饰工程的经济性要求，一是工程造价要低，二是维修费用要少。

以上工程质量的特性，有的可以通过仪器设备检测直接量化评定，如某种材料的力学性能。但多数很难进行量化评定，只能进行定性分析，即需要通过某些检测手段，确定必要的技术参数来间接反映其质量特性。把反映工程质量特性的技术参数明确规定下来，通过有关部门形成技术文件，作为工程在施工和验收时的质量规范，这就是通常所说的质量标准。符合质量标准的工程就是合格品，反之就是不合格品。

2. 工作质量

工作质量是建筑装饰企业的经营管理工作、技术工作、组织工作和后勤工作等达到工程质量的保证程度。工作质量可以概括为生产过程质量和社会工作质量两个方面。生产过程质量，主要指思想政治工作质量、管理工作质量、技术工作质量、后勤工作质量等，最终还要反映在工序质量上，而工序质量受到人、设备、工艺、材料和环境5个因素的影响。社会工作质量，主要是指社会调查、质量回访、市场预测、维修服务等方面的工作质量。

工作质量和工程质量是两个不同的概念，两者有区别又有紧密的联系。工程质量的保证和基础就是工作质量，而工程质量又是企业各方面工作质量的综合反映。工作质量不像工程质量那样直观、明显、具体，但它体现在整个施工企业的一切生产技术和经营活动中，并且通过工作效率、工作成果、工程质量和经济效益表现出来。

3. 人员素质

即人员素质主要表现在思想政治素质、文化技术素质、业务管理素质和身体素质等几个方面。人是直接参与工程建设的组织者、指挥者和操作者，人的素质高低，不仅关系到工程质量的好坏，而且关系到企业的生死存亡和企业能否腾飞发展。

二、质量管理的概念

质量管理是指确立质量方针及实施质量方针的全部职能及工作内容，并对其工作效果进行评价和改进的一系列工作。按照质量管理的概念，一个组织必须通过建立质量管理体系来实施质量管理。

质量管理是一个组织管理职能的一个重要组成部分，其职能是质量方针、质量目标和质量职责的制定与实施。质量管理是有计划、有系统的活动，为实现质量管理需要建立质量体系，而质量体系又要通过质量策划、质量控制、质量保证和质量改进等活动发挥其职能，可以说这四项活动是质量管理工作的四大支柱。

质量管理的目标是总目标（质量策划、质量控制、质量保证和质量改进最优化）的重要内容，质量目标和责任应按级分解落实，各级管理者对目标的实现负有责任。

三、工程质量管理的重要性

工程质量管理的好坏直接影响着工程质量的优劣。建筑装饰工程质量的优劣，同样又直接影响国家经济建设速度。建筑装饰工程施工质量差本身就是最大的浪费，质量低劣的工程一方面将会大幅度增加维修的费用，另一方面还将给用户在使用过程中增加维修、改造费用；有时还会带来工程的停工、效率降低等间接损失。因此，工程质量管理的好坏至关重要。

第二节　装饰工程全面质量管理

一、全面质量管理的概念与观点

1. 全面质量管理的概念

全面质量管理简称为TQC，T表示全面（Total），Q表示质量（Quality），C表示管理（Management）。TQC是现代工业中一种科学的质量管理方法。它从系统理论出发，以最优生产、最低消耗、最佳服务，使用户得到满意的产品质量为目的。

2. 全面质量管理的观点

全面质量管理继承了质量检验和质量控制的理论和方法，并在深度和广度方面将其向前发展一步。归纳起来，全面质量管理具有以下几个基本观点。

（1）质量第一。

（2）用户至上。

（3）预防为主。

（4）全面管理。

（5）数据说话。

（6）不断提高。

二、全面质量管理的任务与方法

1. 全面质量管理的任务

全面质量管理的基本任务是建立和健全质量管理体系，通过企业经营管理的各项工作，以最低的工程成本、合理的施工工期，生产出符合规范要求和设计要求并使用户满意的产品。

全面质量管理的具体任务，主要有以下几个方面：

（1）完善质量管理的基础工作。它主要包括开展质量教育、推行质量标准化、做好计量工作、搞

好质量信息工作和建立质量责任制。

(2) 建立和健全质量保证体系。它主要包括建立质量管理机构、制定可行的质量计划、建立质量信息反馈系统和实现质量管理业务标准化。

(3) 确定企业的质量目标和质量计划。

(4) 对生产过程各工序的质量进行全面控制。

(5) 严格按国家有关规范标准进行质量检验工作。

(6) 相信群众、发动群众，开展群众性的质量管理活动。

(7) 建立质量回访制度。通过质量回访，总结质量管理中取得的经验和存在的问题以便寻求改进和提高措施。

2. 全面质量管理的基本方法

全面质量管理的基本方法是循环工作法（或简称 PDCA 法）。这种方法是由美国质量管理专家戴明博士于 20 世纪 60 年代提出的，至今仍适用于建筑装饰工程的质量管理中。

(1) PDCA 循环工作法的基本内容。PDCA 循环工作法是把质量管理活动归纳为 4 个阶段，即计划阶段（Plan）、实施阶段（Do）、检查阶段（Check）和处理阶段（Action）。PDCA 循环工作法中包括 8 个步骤。

1) 计划阶段（Plan）。在计划阶段，首先要确定质量管理的方针和目标，并提出实现这一目标的具体措施和行动计划。在计划阶段主要包括 4 个具体步骤：

第一步，分析工程质量的现状，找出存在的质量问题，以便进行针对性的调查研究。

第二步，分析影响工程质量的各种因素，找出在质量管理中的薄弱环节。

第三步，在分析影响工程质量因素的基础上，找出其中主要的影响因素，作为质量管理的重点对象。

第四步，针对管理的重点，制定改进质量的措施，提出行动计划并预计可达到的效果。

在计划阶段要反复考虑下列几个问题，简称为“5W1H”。

必要性：Why——为什么要有计划？

目的：What——计划要达到什么目的？

地点：Where——在哪里执行？

时间：When——计划要在什么时候完成？

责任者：Who——计划具体由谁来执行？

方法：How——用什么方法执行？

2) 实施阶段（Do），又称执行，是指依照计划推行。该阶段只有 1 个步骤，即第五步。

第五步，在实施阶段中，要按照既定的措施下达任务，并按措施去执行。

3) 检查阶段（Check），指确认工程是否依计划的进度在实行，以及是否达到预定的计划。这个阶段也只包括 1 个步骤，即第六步。

第六步，在检查阶段的工作，是对计划执行情况进行及时的检查，通过检查与原计划进行比较，找出成功的经验和失败的教训。

4) 处理阶段（Action）。在处理阶段中，就是把检查之后的各种问题加以认真处理。这一阶段包括 2 个具体步骤，即第七步和第八步。

第七步，对于正确的做法要总结经验，巩固措施，制定标准，形成制度，以便遵照执行。

第八步，对于尚未解决的问题，转入下一个循环，再进行研究，制订计划，予以解决。

(2) PDCA 循环工作法的特点。PDCA 循环工作法在运行的过程中，具有以下明显的特点：

1) PDCA 循环像一个不断上台阶的转动车轮，重复地不停循环。管理工作做得越扎实，循环越有效，如图 7-2-1 所示。

2) PDCA 循环的组成是大环套小环，大小环均不停地转动，但又环环相扣，如图 7-2-2 所示。

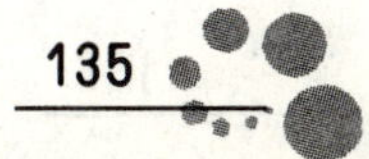

例如，整个公司是一个大的 PDCA 循环，企业各部门又有自己的小 PDCA 循环，依次有更小的 PDCA 循环，小环在大环内转动，形象地表示了它们之间的内部关系。

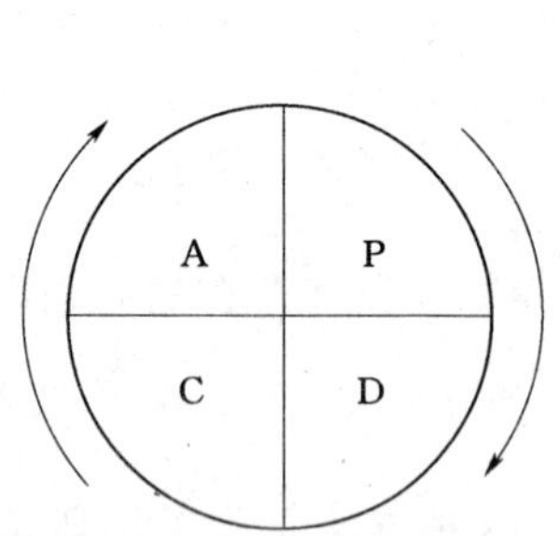

图 7-2-1 PDCA 循环工作法示意图

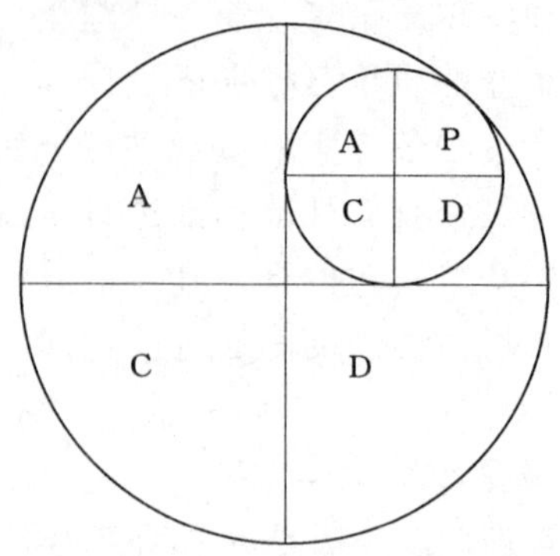

图 7-2-2 大环套小环示意图

3）PDCA 循环每转动一次，质量就有所提高，而不是在原来水平上的转动，每个循环所遗留的问题，再转入下一个循环继续解决，如图 7-2-3 所示。

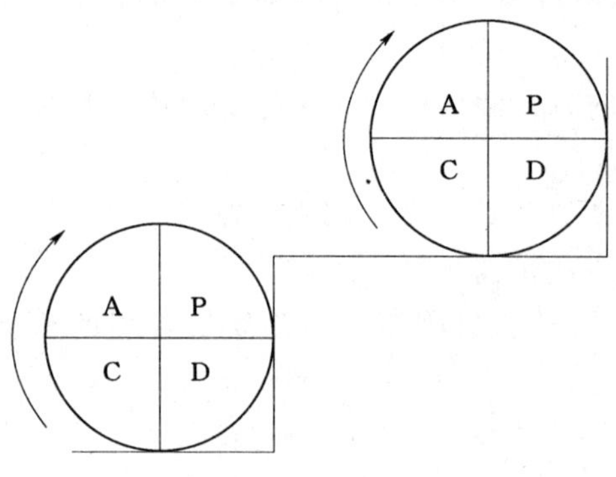

图 7-2-3 PDCA 工作循环阶梯上升示意图

4）PDCA 循环必须围绕着质量标准和要求来转动，并且在循环过程中把行之有效的措施和对策上升为新的标准。

（3）全面质量管理的基础工作。

1）开展质量教育。进行质量教育的目的，就是要使企业全体人员牢固树立“质量第一、用户至上”的观点，建立全面质量管理的观念，掌握全面质量管理的工作方法。

2）推行标准化。标准化是质量管理的尺度和依据，质量管理是执行标准化的保证。在建筑装饰工程施工中，对质量管理起标准化的作用是施工与验收规范、工程质量评定标准、施工操作规程及质量管理制度等。

3）做好计量工作。测试、检验、分析等均为计量工作，这是质量管理中的重要基础工作。没有计量工作，就不能执行质量标准；计量不准确，就不能判断质量是否符合标准。

4）搞好质量信息工作。质量信息工作，是指及时收集反映产品质量和工作质量的信息、基本数据、原始记录和产品使用过程中反映出来的质量情况，以及国内外同类产品的质量动态，从而为研究、改进质量管理和提高产品质量，提供可靠的依据。

5）建立质量责任制。建立质量责任制就是把质量管理方面的责任和具体要求，落实到每一个部门、每一个岗位和每一名操作者，组成严密的质量保证工作体系。

第三节 工程质量保证体系

一、质量保证体系的概念

1. 质量保证

质量保证是指企业对用户在工程质量方面做出的担保，即企业向用户保证其承建的工程在规定的期限内能满足设计和使用功能。按照全面质量管理的观点，质量保证还包括上道工序提供的半成品保证下道工序的要求，即上道工序对下道工序实行质量担保。它充分体现了企业和用户之间的关系，即保证满足用户的质量要求，对工程的使用质量负责到底。通过质量保证，将产品的生产者和使用者密切地联系在一起，促使企业按用户要求组织生产，达到全面提高质量的目的。

用户对产品质量的要求是多方面的，它不仅指交货时的产品质量，还包括在使用期限内产品的稳定性以及生产者提供的维修服务质量等。因此，建筑装饰企业的质量保证，不仅包括建筑装饰产品交

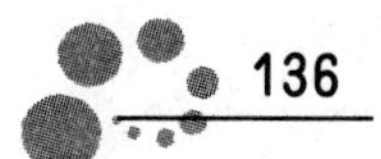

工时的质量，而且还包括交工后在产品使用阶段提供的维修服务质量等。

2. 质量保证体系

所谓质量保证体系，就是企业为保证提高产品的质量，运用系统的理论和方法建立的一个有机的质量工作系统。这个工作系统，把企业各个部门、生产经营各环节的质量管理职能组织起来，形成一个目标明确、权责分明、相互协调的整体，从而使企业的工作质量和产品质量紧密地联系起来，产品生产过程的各道工序紧密地联系在一起，生产过程与使用过程紧密地联系在一起，企业经营管理的各环节紧密联系在一起。

质量保证体系是全面质量管理的核心。全面质量管理实质上就是要建立质量保证体系，并使其在生产经营中正常运转。

二、质量保证体系的内容

根据建筑装饰产品的特点，建筑装饰企业质量保证体系的内容，包括施工准备过程、施工过程和使用过程三个部分的质量保证工作。

1. 施工准备过程的质量保证

施工准备过程的质量保证，是施工过程和使用过程质量保证的基础，主要有以下内容。

(1) 严格审查施工图纸。为了避免设计图纸的差错给工程质量带来的影响，必须对图纸进行认真的审查。通过严格审查，及早发现图纸上的错误，采取相应的措施加以纠正，以免在施工中造成损失。

(2) 编制好施工组织设计。在编制施工组织设计之前，要认真分析本企业在施工过程中存在的主要问题和薄弱环节，分析工程的特点、难点和重点，有针对性地提出保证质量的具体措施，编制出切实可行的施工组织设计，以便指导施工活动。

(3) 搞好技术交底工作。在下达施工任务时，必须向执行者进行全面的质量交底，使执行人员了解任务的质量特性、质量重点，做到心中有数，避免盲目行动。

(4) 严格材料、构配件和其他半成品的检验工作。从原材料、构配件和半成品的进场开始，就严格把好质量关，为保证工程质量提供良好的物质基础。

(5) 施工机械设备的检查维修工作。施工前要搞好施工机械设备的检查维修工作，使机械设备经常保持良好的技术状态，不至于因为机械设备运转不正常而影响工程质量。

2. 施工过程的质量保证

施工过程是建筑装饰产品质量的形成过程，是控制建筑装饰产品质量的重要阶段。在这个阶段的质量保证工作，主要有以下几项。

(1) 加强施工工艺管理。严格按照设计图纸、施工组织设计、施工验收规范、施工操作规程进行施工，坚守质量标准，保证各分部分项工程的施工质量，从而确保整体工程的质量。

(2) 加强施工质量的检查和验收。坚持质量检查和验收制度，按照质量标准和验收规范，对已完工的分部分项工程特别是隐蔽工程，及时进行检查和验收。不合格的工程，一律不验收。该返工的工程必须进行返工，不留隐患。通过检查验收，促使操作人员重视质量问题，严把质量关。质量检查一般可采取群众自检、班组互检和专业检查相配合的方法。

(3) 掌握工程质量的动态。通过质量统计分析，从中找出影响质量的主要原因，总结产品质量的变化规律。统计分析是全面质量管理的重要方法，是掌握质量动态的重要手段。针对质量波动的规律，采取相应的对策，防止质量事故的发生。

3. 使用过程的质量保证

建筑装饰产品的使用过程，是建筑装饰产品质量经受考验的阶段。建筑装饰企业必须保证用户在规定的使用期限内，正常地使用建筑装饰产品。在这个阶段，主要有两项质量保证工作。

(1) 及时回访。建筑装饰工程交付使用后，企业要组织有关人员对用户进行调查回访，认真听取用户对施工质量的意见，收集有关质量方面的资料，并对用户反馈的信息进行分析；从中发现施工质量问题，了解用户的要求，采取措施加以解决并为以后工程施工积累经验。

（2）进行保修。对于因施工原因造成的质量问题，建筑装饰企业应负责无偿保修，取得用户的信任。对于因设计原因或用户使用不当造成的质量问题，应当协助进行处理，提供必要的技术服务，保证用户的正常使用。

三、质量保证体系的建立

建立质量保证体系，是确保工程质量的重要基础和措施，主要要求做好下列几项工作。

（1）建立质量管理机构。在公司经理的领导下，建立综合性的质量管理机构。质量管理机构的主要任务是统一组织、协调质量保证体系的活动，编制质量计划并组织实施，检查、督促各部门的质量管理职能，掌握质量保证体系活动动态，协调各环节的关系，开展质量教育，组织群众性的质量管理活动。同时，还应设置专门的质量检查机构，具体负责工程质量的检查工作。

（2）制定可行的质量计划。质量计划是实现质量目标和组织、协调质量管理活动的基本手段，也是施工企业各部门、生产经营各环节质量工作的行动纲领。施工企业的质量计划是一个完整的计划体系，既有长远的规划，又有近期的计划；既有企业的总体规划，又有各部门、各环节具体的行动计划；既有计划目标，又有实施计划的具体措施。

（3）建立质量信息反馈系统。质量管理就是根据信息反馈提出的问题，采取相应的解决措施，对产品质量形成过程实施控制。施工企业的质量信息主要来自两部分：一是外部信息，包括用户、原材料和构配件供应单位、协作单位、上级组织的信息；二是内部信息，包括施工工艺、各分部分项工程的质量检验结果、质量控制中的问题等。建筑装饰施工企业必须建立一整套质量信息反馈系统，准确、及时地收集、整理、分析、传递质量信息，为质量管理体系的运转提供可靠的依据。

（4）实现质量管理业务标准化。把重复出现的质量管理业务归纳整理，制定出质量管理制度，用制度去管理，实现管理业务的标准化。质量管理业务标准化主要包括：程序标准化、处理方法规范化、各岗位的业务工作流程化等。通过标准化，可以使企业各个部门和全体职工，都严格遵循制度规定的工作程序，行动协调一致，从而提高工作质量，保证产品质量。

第四节　工程质量评定与验收

目前，我国进行建筑装饰工程质量检验评定，子分部工程及分项工程主要是按照国家标准 GB 50210—2001 的规定；分部工程主要按照《建筑工程施工质量验收统一标准》（GB 50300—2001）的规定进行。标准中阐明了该标准的适用范围，规定了建筑工程质量检验评定的方法、内容和质量标准；质量检验评定的划分和等级；质量检验评定的程序和组织。在标准中也规定了建筑工程的分项工程、分部工程和单位工程的划分方法，这些规定也适用于建筑装饰工程。

验收标准的主要质量指标和内容，是根据国家颁发的建筑安装工程施工及验收规范等编制的。因此，在进行装饰工程质量检验评定时，应同时执行与之相关的国家标准，如《钢结构工程施工质量验收规范》（GB 50205—2001）、GB 50206—2002、GB 50209—2002 等涉及的装饰工程施工中部分水、电、风项目的标准，还应执行《建筑给水排水及采暖工程施工质量验收规范》（GB 50242—2002）、《通风与空调工程施工质量验收规范》（GB 50243—2002）和《建筑电气工程施工质量验收规范》（GB 50303—2002）等。除了施工及验收规范外，国家还颁发了各种设计规范、规程、规定、标准及国家材料质量标准等相关技术标准，这些技术标准与施工及验收规范密切相关，形成互补，都是在工程质量评定与验收中不可缺少的技术标准。

由于建筑装饰材料发展迅速，装饰施工技术发展也很快，一些新材料、新技术、新工艺在以往颁发的规范中未有评定和验收标准。因此，应当根据发展情况不断地对工程质量评定和验收的标准进行补充和更新。

一、分项、分部、单位工程的划分

一个建筑装饰工程，从施工准备工作开始到竣工交付使用，必须经过若干工序、若干工种的配合施工。一个建筑装饰工程质量的好坏，取决于每一道施工工序、各施工工种的操作水平和管理水平。为了便于质量管理和控制，便于检查验收，在实际施工的过程中，把装饰工程项目划分为若干个分项工程、分部工程和单位工程。

1. 分项工程的划分

建筑装饰工程分项工程的划分，可以按其主要工种划分，也可以按施工顺序和所使用的不同材料来划分。例如，抹灰工工种的墙面抹灰工程、墙面贴瓷砖工程等。

建筑装饰工程的分项工程，原则上对楼房按楼层划分，单层建筑按变形缝划分。如果一层中的面积较大，在主体结构施工时已经分段，也可在按楼层的基础上，再按段进行划分，以便于质量控制。每完成一层（段），验收评定一层（段），以便及时发现问题、及时修理。如能按楼层划分的，尽可能按楼层划分；对于一些小的项目或按楼层划分有困难的项目，也可以不按楼层划分，但在一个单位工程中应尽可能一致。所以，在评定一个分项工程时，可能会出现多个同名称的分项工程。

2. 分部工程的划分

按照 GB 50300—2001 的规定，建筑工程按主要部位划分为：地基与基础、主体结构、建筑装饰、建筑屋面、建筑给排水及采暖、建筑电气、智能建筑、通风与空调系统和电梯 9 个分部工程。在建筑装饰工程中，主要涉及地面、抹灰、门窗、吊顶、轻质隔墙、幕墙、涂饰、裱糊与软包、细部及饰面砖（板）等子分部工程。

建筑装饰工程各分部工程及所含的主要分项工程，如表 7-4-1 所示。

表 7-4-1　建筑装饰工程各分部工程及所含的主要分项工程

序　号	子分部工程	包含的分项工程
1	地面工程	各种材料的面层（如混凝土、砂浆、砖、大理石、塑料板、瓷砖、地毯、竹地板、木地板、复合地板等）
2	抹灰工程	主要包括一般抹灰、装饰抹灰、清水砌体勾缝
3	门窗工程	包括木门窗制作与安装、金属门窗安装、塑料门窗安装、特种门的安装和门窗玻璃的安装
4	吊顶工程	主要包括暗龙骨吊顶和明龙骨吊顶两种
5	轻质隔墙工程	主要包括板材隔墙、骨架隔墙、活动隔墙和玻璃隔墙
6	幕墙工程	主要包括玻璃幕墙、金属幕墙和石材幕墙
7	涂饰工程	主要包括饰面板安装和饰面砖粘贴
8	裱糊与软包工程	主要包括裱糊和软包
9	细部工程	主要包括柜橱制作与安装，窗帘盒、窗台板和暖气罩的制作与安装，门窗套的制作与安装，护栏和扶手的制作与安装，花饰的制作与安装
10	饰面砖（板）工程	主要包括花岗岩、大理石墙饰面、面砖墙面、陶瓷饰砖饰面等

以上分部工程中所含主要分项工程，在目前来讲还是比较适用的，但是，随着新材料、新技术、新工艺的不断涌现，很可能不会全部适用。在实际运用中可以参考 GB 50300—2001、GB 50209—2002 等进行检验和评定。

3. 单位工程的划分

具备独立施工条件并能形成独立使用功能的建筑物及构筑物为一个单位工程；建筑规模较大的单位工程，可将其能形成对立使用功能的部分为一个子单位工程。建筑装饰工程的单位工程由装饰工程、建筑工程和设备安装工程共同组成。装饰工程一般会涉及四个分部工程，即楼地面、墙面、门窗和顶棚；建筑工程一般会涉及两个分部，即地基与基础和主体结构；设备安装工程一般涉及三个分部工程，即建筑给排水及采暖、建筑电气及通风与空调。

二、装饰分项工程质量的检验评定内容和标准

1. 分项工程质量检验评定内容

分项工程质量检验评定的内容，主要包括保证项目、基本项目和允许偏差项目三部分。

（1）保证项目。保证项目是必须达到的要求，是保证工程安全或使用功能的重要项目。在规范中一般用“必须”或“严禁”这类的词语来表示，保证项目是评定该工程项目达到“合格”或“优良”所必须达到的质量指标。

保证项目包括：重要材料、配件、成品、半成品、设备性能及附件的材质、技术性能等，装饰所用焊接、砌筑结构的刚度、强度和稳定性等；在装饰工程中所用的主要材料、门窗等，幕墙工程的钢架焊接必须符合设计要求，裱糊壁纸必须粘贴牢固，无翘边、空鼓、褶皱等缺陷。

（2）基本项目。基本项目是保证工程安全或使用性能的基本要求，在规范中采用了“应”和“不应”词语来表示。基本项目对使用安全、使用功能、美观都有较大的影响，因此，“基本项目”在装饰工程中，与“保证项目”相比同等重要，同样是评定分项工程“合格”或“优良”质量等级的重要条件。

基本项目的主要内容包括：允许有一定偏差的项目，但又不宜纳入允许偏差项目范围的，放在基本项目中，用数据规定出“优良”、“合格”的标准；对不能确定的偏差值，无法定量评定，只能采取定性评定，可以根据缺陷数目来评定。

（3）允许偏差项目。允许偏差项目是分项工程检验项目中规定有允许偏差范围的项目。检验时允许有少数检测点的实测值略微超过允许偏差值，以其所占比例作为区分分项工程“合格”和“优良”的等级的条件之一。允许偏差项目的允许偏差值是根据制定规范时的各种技术条件、施工机具设备条件、工人技术水平，结合使用功能、观感质量等的影响程度，而定出的一定允许偏差范围。由于近十几年来装饰施工机具不断改进，各种手持电动工具的普及，以及新技术、新工艺的应用，满足规范允许偏差值比较容易，在进行高级建筑装饰工程施工质量评定时，最好适当增加检测点的个数，并对允许偏差值严格控制。

允许偏差值项目包括的主要内容有：有正负偏差要求的值，允许偏差值直接注明数字，不标明符号；要求大于或小于某数值或在一定范围内的数值，采用相对比例值确定偏差值。

2. 分项工程的质量等级标准

建筑装饰工程分项工程的质量等级，分为“合格”和“优良”两个等级。

（1）合格。

1）保证项目必须符合相应质量检验评定标准的规定。

2）基本项目抽检处（件）应符合相应质量检验评定标准的合格规定。

3）允许偏差项目在抽检的点数中，建筑装饰工程有80%及以上，建筑设备安装工程有80%及以上的实测值，在相应质量检验评定标准的允许偏差范围内。

（2）优良。

1）保证项目必须符合相应质量检验评定标准的规定。

2）基本项目每项抽检处（件）的质量，均应符合相应质量检验评定标准的合格规定，其中50%及以上的处（件）符合优良规定，该项目即为优良，优良的项目数目应占检验项数的50%以上。

3）在允许偏差项目抽检的点数中，有90%及以上的实测值，均应在质量检验评定标准的允许偏差范围内，且不得有严重缺陷（不得有超过允许偏差数值1.5倍的尺寸偏差）。

三、装饰分部工程质量的检验评定

1. 分部工程的质量等级标准

分部工程的质量等级是由其所包含的分项工程的质量等级通过统计来确定的。装饰工程分部工程的质量等级，与分项工程质量评定相同，分为“合格”和“优良”两个等级。

（1）合格。分部工程中所包含的全部分项工程质量必须全部合格。

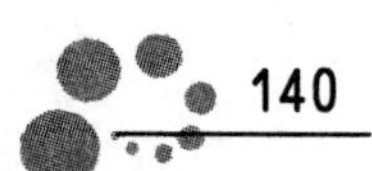

(2) 优良。分部工程中所包含的全部分项工程质量必须全部合格，其中有50%及以上为优良，且指定的主要分项工程为优良。

2. 分部工程质量评定方法

分部工程质量的基本评定方法是用统计方法进行评定的。每个分项工程都必须达到合格标准后，才能进行分部工程质量评定。所包含分项工程的质量全部合格，分部工程才能评定为合格；在分项工程质量全部合格的基础上，分项工程有50%及以上达到优良指标，分部工程的质量才能评为优良。在进行统计方法评定分部工程质量的同时，要注意指定的主要分项工程必须达到优良，这些分项工程要重点检查质量评定情况，特别是保证项目必须达到优良标准，基本项目的质量应达到合格标准规定。

分部工程的质量等级确认，应由相当于施工项目经理部的技术负责人组织评定，专职质量检查员核定。在进行质量等级核定时，质量检查人员应到施工现场实地对施工项目进行认真检查，检查的主要内容如下。

(1) 各分项工程的划分是否正确。不同的划分方法，其分项工程的个数不同，分部工程质量评定的结果不一致。

(2) 检查各分项工程的保证项目评定是否正确，主要装饰材料的原始材料质量合格证明资料是否齐全有效，应该进行检测、复试的结果是否符合有关规范要求。

(3) 有关施工记录、预检记录是否齐全，签证是否齐全有效。

(4) 现场检查情况。对现场分项工程按规定进行抽样检查或全数检查，采用目测（适用于检查墙面的平整、顶棚的平顺、线条的顺直、色泽的均匀、装饰图案的清晰等；为确定装饰效果和缺陷的轻重程度，按规定进行正视、斜视和不等距离的观察等）；手感（适用于检测油漆表面是否光滑，油漆刷浆工程是否掉粉，检查饰面、饰物安装的牢固性）；听声音（适用于判定饰面基层及面层是否有空鼓、脱层等，镶贴是否牢固；采用小锤轻击等方法听声音来判断）；查资料（对照有关设计图纸、产品合格证、材料试验报告或测试记录等检验是否按图施工，材料质量是否相符、合格）；实测量（利用工具采取靠、吊、照、套等手段，对实物进行检测并与目测手感相结合，得到相应的数据）等一系列手段与方法，检查有没有与质量保证资料不符合的地方，检查基本项目有没有达不到符合标准规定的地方，有没有不该出现裂缝而出现裂缝、变形、损伤的地方。如果出现问题必须先行处理，达到合格后重新复检，核定质量等级。

四、装饰单位工程质量的综合评定

1. 装饰单位工程质量评定的方法

建筑装饰单位工程的质量检验评定方法与建筑工程相同，是由分部工程质量等级统计汇总，以及直接反映单位工程使用安全和使用功能的保证资料核查和观感质量三部分综合评定，有时还要结合当地建筑主管部门的具体规定评定。

(1) 分部工程质量等级统计汇总。进行分部工程质量等级汇总的目的是突出工程质量控制，把分项工程质量的检验评定作为保证分部工程和单位工程质量的基础。分项工程质量达到合格后才能进行下道工序，这样分部工程质量才有保障；各分部工程质量有保证，单位工程的质量自然就有保证。分部工程质量评定汇总时，应注意装饰分部和主体分部工程等级必须达到优良，并注意是否有定为合格的分项，均符合要求才能计算分部工程项数的优良率。

(2) 质量保证资料核查。质量保证资料核查的目的在于强调装饰工程中主体结构、设备性能、使用功能方面主要技术性能的检验。虽然每个分项工程都规定了保证项目，并提出了具体的性能要求，在分项工程质量检验评定中，对主要技术性能进行了检验，但这样做也有一定的局限性，对一些主要技术性能不能全面、系统地评定。因此，需要通过检查单位工程的质量保证资料，对主要技术性能进行系统的、全面的检验评定。另外，对一个单位工程进行全面的技术资料核查检验，还可以防止局部出现错误或漏项。

质量保证资料对一个分项工程来讲，只有符合或不符合要求两种情况，不分等级。对一个装饰工程就是检查所要求的技术资料是否基本齐全。所谓基本齐全，主要是看其所具有的资料能否反映出主体结构是否安全和主要使用功能是否达到设计要求。

在质量保证资料核查的内容上，各地区均有相应的规定，主要是核查质量保证资料是否齐全，内容与标准是否一致，质量保证资料是否具有权威性，质量保证资料的提供时间是否与施工进度同步。

(3) 观感质量评定。观感质量评定是在工程全部竣工后进行的一项重要评定工作，它是全面评价一个单位工程的外观及使用功能质量，并不是单纯的外观检查，而是实地对工程进行一次宏观的全面的检查，同时也是对分项工程、分部工程的一次核查。由于装饰具有时效性，有的分项工程在施工后立即进行验评可能不会出现问题，但经过一段时间后，可能会出现一些当时未出现的问题。

(4) 具体检查方法。

1) 确定检查数量。室内装饰工程按有代表性的自然间抽查10%（指各类不同做法的各种房间，如饭店客房改造的标准间、套间、服务员室、公共卫生间、走道、电梯厅、餐厅、咖啡厅等），室外和屋面要求全数检查。检查点或房间的选择方法，应采取随机抽样的方法进行。一般在检查之前，在平面图上定出抽查房间的部位，按既定说明逐间进行检查。选点应注意照顾到代表性，同时突出重点。原则上是不同类型的房间均应检查，室外全数检查，采用分若干个点进行检查的方法。一般室外墙面项目按长度每10m左右选一个点，通常选8～10个点，如"一字形"排列。建筑前后大墙面上各4个点，两侧山墙上各1个点，每个点一般为一个开间或3m左右。

2) 确定检查项目。以建筑装饰工程外观的可见项目为检查项目，根据各部位对工程质量的影响程度，所占工作量或工程量大小等综合考虑和给出标准分值。实际检查时，每个工程的具体项目都不一样，因此首先要按照所检查工程的实际情况，确定检查项目。有些项目中包括几个分项或几种做法，不便于全面评定，此时可根据工程量大小进行标准分值的再分配，分别进行评定。

3) 进行检验评定。首先，确定每一检查点或房间的质量等级并做好记录。检查组成员要对每一检查点或房间经过协商共同评定质量等级，其质量指标可对应分项工程项目标准规定，对选取的检查点逐项进行评定。其次，统计评定项目等级并在等级栏填写分值。在预先确定的检查点或房间都检查完之后，进行统计评定项目的评定等级工作。先检查记录各点或房间都必须达到合格等级或优良等级，然后统计达到优良等级的点或房间的数据。当检查点或房间全部达到合格等级，其中优良等级的点或房间的数量占检查处（件）20%以下为四级，打分为标准分的70%；有20%～49%的处（件）达到质量检验评定的优良标准者，评为三级，打分为标准分的80%；有50%～79%的处（件）达到质量检验评定的优良标准者，评为二级，打分为标准分的90%；有80%的处（件）达到质量检验评定的优良标准者，评为一级，打分为标准分的100%；如果有一处（件）达不到"合格"的规定，该项目定为五级，打零分。

4) 计算得分率。得分率计算公式为

$$\text{得分率}=\frac{\text{实得分}}{\text{应得分}}\times 100\%$$

将所查项目的标准分相加得出的所查项目标准分的总和，即为该单位工程观感质量评分的应得分；将所查项目各评定等级所得分值进行统计，然后将评定的等级得分进行汇总，即得到该单位工程观感质量评分的实得分。

将得分率与单位工程质量等级标准得分率相对照，确定该单位工程属于哪个质量等级。再看这个质量等级是否满足合同要求的质量等级，满足合同要求便可验收签认；否则应分析原因，找出影响因素并进行处理。

考虑到观感评分受评定人员技术水平、经验等主观因素影响较大，质量观感评定由3人以上共同进行。最后将以上验收结果填入单位工程质量综合评定表。

2. 单位工程检验评定等级

装饰单位工程质量检验评定的等级，可分为"合格"和"优良"两个等级。

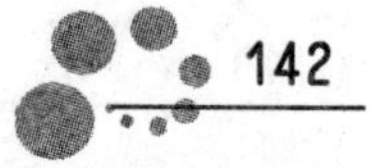

(1) 合格。单位工程所包含的分部工程均应全部合格，其质量保证资料应基本齐全，观感质量的评定得分率选到80%及其以上。

(2) 优良。单位工程所包含的分部工程质量应全部合格，其中有50%及以上为优良，建筑工程必须含主体结构和装饰分项工程。对于以建筑设备安装工程为主的单位工程，其指定的分部工程必须全部优良，其质量保证资料应基本齐全，观感质量的评定得分率应达到85%及以上。

五、建筑装饰工程质量验收

1. 工程质量的验收

工程质量的验收是按照工程合同规定的质量等级，遵循现行的质量检验评定标准，采用相应的手段，对工程分阶段进行质量的认可。一般可分为隐蔽工程验收、分项工程验收、分部工程验收和单位工程竣工验收。

(1) 隐蔽工程验收。隐蔽工程是指那些在施工过程中，上一道工序的工作结束，将被下一道工序所掩盖，再也无法复查的部位，如柱基础、钢筋混凝土中的钢筋、防水工程的内部、地下管线等。因此，对于这些工程，应在下一道工序施工以前，由质量管理人员及时请现场监理人员按照设计要求和施工规范，采用必要的检查工具，对其进行检查与验收。如果符合设计要求及施工规范规定，应及时签署隐蔽工程记录手续，以便进行下一道工序的施工。同时，将隐蔽工程记录交承包单位归入技术档案，作为单位工程竣工验收的技术资料。如不符合有关规定，监理人员应以书面形式告诉承包单位，并限期处理。处理符合要求后，监理人员再进行隐蔽工程的验收与签证。

隐蔽工程的验收工作，通常是结合施工过程中的质量控制实测资料、正常的质量检查工作及必要的测试手段来进行，对于重要部位的质量控制，可用摄影以备查考。

(2) 分项工程验收。对于重要的分项工程，由监理工程师按照工程合同的质量等级要求，根据该分项工程施工的实际情况，参照前述的质量检验评定标准进行验收。

在分项工程验收中，必须严格按有关验收规范选择检查点数，然后计算出检验项目和实测项目的合格或优良等级的百分比，最后确定出该分项工程的质量等级。

(3) 分部工程验收。在分项工程验收的基础上，根据各分项工程质量验收结论，参照分部工程质量标准，便可得出该分部工程的质量等级，以此可决定是否可以验收。

另外，在单位或分部土建工程完工后转交安装工程施工前，或对于其他中间过程，均应进行中间验收。承包单位得到监理工程师中间验收认可的凭证后，才能继续施工。

(4) 单位工程竣工验收。在分项工程和分部工程验收的基础上，通过对分项、分部工程质量等级的统计推断，再结合直接反映单位工程结构及性能质量的质量保证资料核查和单位工程观感质量评判，便可系统地核查结构是否安全、是否达到设计要求，结合观感等直观检查，对整个单位工程的外观及使用功能等方面的质量做出全面的综合评定，从而决定其是否达到工程合同所要求的质量等级。

2. 质量验收的程序及组织

(1) 施工班组自我检查是检验评定和验收的基础。GB 50300—2001 规定，分项工程质量应在班组自检的基础上，由单位工程质量负责人组织有关人员进行评定，由专职质量检查员核定。根据规范要求，结合目前大多数装饰公司的实际情况，要求施工的工人班组在施工过程中严格按工艺规程和施工规范进行施工操作，并且边操作班组长边检查，发现问题及时纠正，即为自检、互检。在班组长自检合格的基础上由项目负责人组织工长、班组长对分项工程进行质量评定，然后由专职质量检查员按规范标准进行核定。分项工程达到合格及以上标准后，方可组织下道工序施工的班组进行交接检查接收。

自检、互检是班组在分项工程或分部工程交接前，由班组先进行自我检查；也可以是分包单位在交给总包单位之前，由分包单位先进行的检查；可以是某个装饰工程完工前由项目负责人组织本项目各专业有关人员参加的质量检查；还可以是装饰工程交工前由企业质量部门、技术部门组织的有部分外单位参加的预验收。对装饰工程观感和使用功能等方面出现的问题或遗留问题应及时进行记录，及时安排有关工种进行处理。

(2) 检验评定和验收组织及程序。

1) 质量检验评定与核定人员的规定。GB 50300—2001 规定，分项工程和分部工程质量检查评定后的核定由专职质量检查员进行。当评定等级与核定等级不一致时，应以专职质量检查员核定的质量等级为准。专职质量检查员应是具有一定专业技术和施工经验，经建设主管部门培训考核后取得质量检查员岗位证书，并在施工现场从事质量管理工作的人员。专职质量检查员所进行的核定是代表装饰企业内部质量部门对该部分的质量验收。

2) 检验评定组织。建筑装饰工程检验评定组织者，按照 GB 50300—2001 的规定，分项工程和分部工程质量等级由单位工程负责人，或相当于施工队一级的技术负责人组织评定，由专职质检员核定。单位工程质量等级由装饰企业技术负责人组织，企业技术质量部门、单位工程负责人、项目经理、分包单位、相当于施工队一级的技术负责人等参加评定，质量监督站或主管部门核定质量等级。

单位工程如果是由几个分包单位施工的，其总包单位对工程质量全面负责，各分包单位应按相应质量检查评定标准的规定，检验评定所承包范围内的分项工程和分部工程的质量等级，并将评定结果及相关资料交总包单位。

第五节 学 习 情 境

【案例一】

背景材料：某业主对原有客房进行改造，施工内容包括：墙面裱糊壁纸、软包，地面地毯，木门窗更换。高档客房内有仿古门套、窗棂等装饰和配套机电改造。质量标准要达到 GB 50210—2001 规定的合格标准。

业主与一家施工单位签订了施工合同。工程开始后，甲方代表提出如下要求：

(1) 除甲方指定的材料外，壁纸、软包布、地毯必须待甲方确认样品后方可采购和使用。

(2) 因饭店是四星级，所以对工程中所用的各种软包布、衬板、填充料、地毯、壁纸、边柜材料必须进行环保和消防检测，对其燃烧性能和有害物质含量进行复试，合格才能用于工程。

(3) 为保证木门窗不变形，木材含水率要小于 9%。

(4) 壁纸的种类、规格、图案、颜色和燃烧性能等级必须符合设计要求及国家现行标准的有关规定。

(5) 裱糊工程必须达到拼接横平竖直，拼接处花纹、图案吻合，不离缝，不搭接，不显拼缝。

该项工程所需要的 160 樘木门是由业主负责供货，木门运达施工单位工地仓库，并经入库验收。在施工过程中，发现有 10 樘木门发生变形，监理工程师随即下令施工单位拆除，经检查原因属于木门使用材料不符合要求。

问题：

1. 裱糊前，基层处理质量应达到什么要求？

2. 甲方代表所提要求是否合理？

3. 针对本工程，请描述一下对细部工程的质量要求。

4. 对木门应如何处理？

【评析】

问题 1：裱糊前，基层处理质量应达到下列要求：

(1) 新建筑物的混凝土或抹灰基层墙面在刮腻子前应涂刷抗碱封闭底漆。

(2) 旧墙面在裱糊前应清除疏松的旧装修层，并涂刷界面剂。

(3) 混凝土或抹灰基层含水率不得大于 8%；木材基层的含水率不得大于 12%。

(4) 基层腻子应平整、坚实、牢固，无粉化、起皮和裂缝；腻子的黏结强度应符合《建筑室内用

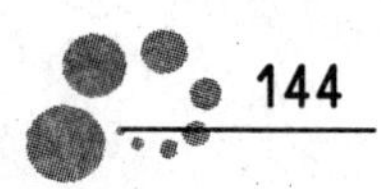

腻子》(JG/T 3049—1998) 的规定。

(5) 基层表面平整度、立面垂直度及阴阳角方正应达到高级抹灰规范的要求。

(6) 基层表面颜色要一致。

(7) 裱糊前应用封闭底胶涂基层。

问题 2：个别不合理。

(1) 按照《民用建筑工程室内环境污染控制规范》(GB 50325—2001)，只需对人造板材进行甲醛释放量连场复试，其他软包布、填充料、地毯、壁纸只需提供检测报告，符合 GB 50210—2001 即可。

(2) 软包布、填充料、地毯、壁纸要采用阻燃材料，并提供燃烧性能检测报告。甲方指定材料的质量标准要达到 GB 50210—2001 规定的合格标准。

(3) 木材含水率小于 12%。

问题 3：细部工程施工的主要质量标准为：

(1) 装饰线条安装优美流畅，接头不明显、无色差、纹理吻合。

(2) 花饰如扇格、门套、仿古窗棂等，制作细致，安装严密无错位，端正无歪斜，无翘曲、破损现象，无刨痕、锤印，表面洁净，花纹一致。

问题 4：施工单位拆除不符合质量要求的木框，施工单位应要求业主退货，重新购进合格产品，重新安装合格的木门框，并经检查认可验收。所造成的工期和经济损失，由业主负责。

【案例二】

背景材料：某商业大厦建设工程项目，建设单位通过招标选定某施工单位承担该建设工程项目的施工任务。工程竣工时，施工单位经过初验，认为已按合同约定的等级完成施工，提请做竣工验收，并已将全部质量保证资料复印齐全供审核。11 月 15 日，该工程通过建设单位、监理单位、设计单位和施工单位的四方验收。

问题：

1. 请简要说明工程竣工验收的程序。

2. 工程竣工验收备案工作应由谁负责办理？工作的时限如何？谁是备案登记机关？

3. 工程竣工验收备案应报送哪些资料？

【评析】

问题 1：工程竣工验收应当按以下程序进行：

(1) 工程完工后，施工单位向建设单位提交工程竣工报告，申请工程竣工验收。实行监理的工程，工程竣工报告须经总监理工程师签署意见。

(2) 建设单位收到工程竣工报告后，对符合竣工验收要求的工程，组织勘察、设计、施工、监理等单位和其他有关方面的专家组成验收组，制定验收方案。

(3) 建设单位应在工程竣工验收 7 个工作日前将验收的时间、地点及验收组名单书面通知负责监督该工程的工程质量监督机构。

(4) 建设单位组织工程竣工验收。

1) 建设、勘察、设计、施工、监理单位分别汇报工程合同履行情况和在工程建设各个环节执行法律、法规和工程建设强制性标准的情况。

2) 审阅建设、勘察、设计、施工、监理单位的工程档案资料。

3) 实地查验工程质量。

4) 对工程勘察、设计、施工、设备安装质量和各管理环节等方面做出全面评价，形成经验收组人员签署的工程竣工验收意见。

参与工程竣工验收的建设、勘察、设计、施工、监理等各方面不能形成一致意见时，应当协商提出解决的办法，待意见一致后，重新组织工程竣工验收。

问题 2：工程竣工验收备案工作应由建设单位负责。建设单位应当自工程竣工验收合格之日起 15 个工作日内，依照《房屋建筑工程和市政基础设施工程竣工验收备案管理暂行办法》的规定，向工程所在地的县级以上地方人民政府建设行政主管部门备案。

问题 3：应报送资料包括：

(1)《竣工验收备案表》一式两份。

(2) 工程开工立项文件。

(3) 工程质量监督注册表。

(4) 单位工程验收记录。

(5) 监理单位签署的《竣工移交证书》。

(6) 公安、消防部门出具的认可文件和准许使用文件。

(7) 建筑工程室内环境竣工检测报告。

(8) 工程质量保修书或保修合同。

(9) 建设单位提出的《工程竣工验收报告》，设计单位提出的《工程质量检查意见》，施工单位提供的《工程报告》，监理单位提出的《工程质量评估报告》。

(10) 备案机关认为需要提供的有关资料，如房屋权属文件或租赁协议、房屋原结构状况检查意见。

(11) 法规、规章规定必须提供的其他文件。

【案例三】

背景材料：某建筑群地处青岛市繁华地段，是该市重要的标志性建筑。A 公司于 2002 年 8 月承建了该建筑群的所有玻璃工程，包括建筑群各部分的点连接式玻璃幕墙（总面积 6006m²，包括室内花园外墙、保龄球馆外墙、宾馆迎宾厅外墙、室内游泳池外墙等）。A 公司选定 B 单位作为该工程玻璃幕墙的供货单位。为保证质量，A 公司在幕墙施工前对材料进行物理性能试验。在施工过程中，A 公司时刻对玻璃幕墙的安装质量进行相应检验。该工程于 2003 年 2 月完工，由 C 单位负责进行了验收。

问题：

1. 什么是全玻璃幕墙？

2. A 公司进行的物理性能试验，一般应包含哪些内容？

3. 检验全玻璃幕墙的安装质量有哪些内容？应采用什么方法？

4. C 单位进行玻璃幕墙工程验收时，应验收哪些项目？

【评析】

问题 1：全玻璃幕墙是不采用金属框架，而采用玻璃肋或点式钢爪作为支承体系的一种全透明、全视野的玻璃幕墙。

问题 2：①幕墙风压变化性能；②幕墙雨水渗透性能；③幕墙空气渗透性能；④幕墙平面内变形性能；⑤幕墙保温性能；⑥幕墙隔声性能；⑦幕墙耐撞击性能。

问题 3：①用表面应力检测仪检查玻璃应力；②与设计图纸核对，查质量保证资料；③用水平仪检查水平度偏差；④用经纬仪检查垂直度偏差；⑤用 2m 靠尺与塞尺检查平整度；⑥用钢尺检查相邻构件错位和分割框对角线长度差。

问题 4：C 单位应验收的项目包括：①主体结构与立柱、立柱与横梁连接节点的安装与防腐处理；②幕墙的防火、保温安装；③幕墙的伸缩缝、沉降缝、防震缝以及阴阳角的安装；④幕墙的防雷节点安装；⑤幕墙的封口安装。

【案例四】

背景材料：某办公楼装饰项目，建设单位与施工单位签订了施工承包合同，合同中规定 6000m² 的花岗岩石材由建设单位指定厂家，施工单位负责采购，厂家负责运送到工地，并委托监理单位实行

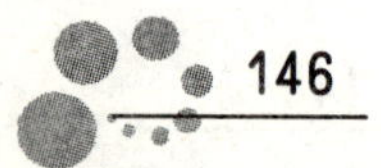

施工阶段的监理。当第一批石材运到工地时，施工单位认为既然是由建设单位指定用的石材，在检查了产品合格证后即可以用于工程，如有质量问题均由建设单位负责。监理工程师认为必须进行石材放射性检测。此时，建设单位现场项目管理代表正好在场，认为监理工程师多此一举，但监理工程师坚持必须进行材质检验。但是施工单位不愿进行检验，于是监理工程师按规定进行了抽检，检验结果达不到 E1 级要求。

施工单位为了能够在春节前完成装饰施工任务，未采取有效的冬季施工措施即进行外檐面砖和地面石材的铺贴。第二年春天，出现了大面积的外墙砖空鼓、脱落现象，存在严重质量问题，已经对工程的安全使用造成隐患，必须拆除，重新施工。经估算，直接经济损失达 26 万元以上。由于这次质量事故，建设方不得不延误 1 个月的交房期限，并因此将承担由于拖后交房的违约金 128 万元。

问题：

1. 对于甲方指定的材料，施工单位的做法是否正确？说明理由。
2. 若施工单位将该批材料用于工程造成质量问题是否没有责任？说明理由。
3. 若该批材料用于工程造成质量问题建设单位是否有责任？说明理由。
4. 国家目前对工程质量事故分为哪几类？本案中直接经济损失为多少？质量事故属于哪一类？
5. 请列出监理工程师处理质量事故的依据。
6. 工程质量事故处理方案有哪几类？
7. 发生此面砖大面积脱落的质量事故，建设单位能否向施工单位提出索赔？

【评析】

问题 1：不正确。对到场的材料施工单位有责任必须进行抽样检验。

问题 2：有责任。施工单位对用于工程的原材料必须确保其质量。

问题 3：没有。建设单位只是指定一家，采购是由施工单位负责的。

问题 4：国家目前对工程质量事故分一般质量事故、严重质量事故和重大质量事故。本案中直接经济损失为 26 万元，超过 10 万元，属于重大质量事故。

问题 5：依据有关质量事故的实况资料、有关合同及合同文件、有关技术文件、档案和资料、相关的法律法规。

问题 6：三类，即修补处理、返工处理、不做处理。

问题 7：建设单位可以向施工单位提出索赔，因为面砖的大面积脱落是因施工单位没有采取冬季施工措施造成的质量事故，影响了工期，造成了建设单位的经济损失。

思考题

1. 什么是工程质量管理？工程质量主要包括哪些内容？
2. 什么是全面质量管理？全面质量管理有哪些基本观点？
3. 全面质量管理的任务和基本方法是什么？需要做好哪些基础工作？
4. 什么是质量保证体系？装饰工程质量保证体系主要包括哪些内容？
5. 建立质量保证体系主要应做好哪些工作？
6. 简述分项工程、分部工程和单位工程检验评定的内容。
7. 简述建筑装饰工程质量验收的组织与程序。

第八章　建筑装饰工程施工成本管理

第一节　建筑装饰工程施工成本管理概述

一、建筑装饰工程施工项目成本的概念

建筑装饰工程施工项目成本是在建筑装饰工程施工中所发生的全部生产费用的总和，即在施工中各种物化劳动和活劳动价值的货币表现形式。它包括支付给生产工人的工资、奖金，消耗的材料、构配件、周转材料的摊销费或租赁费，施工机具台班费或租赁费，项目经理部为组织和管理施工所发生的全部费用支出。

在建筑装饰施工项目成本管理中，既要看到施工生产中的消耗形成的成本，又要重视成本的补偿，这才是对建筑装饰施工项目成本的完整理解。建筑装饰施工项目成本是否准确客观，对施工企业财务成果和投资者效益都有很大影响。若成本多算，则利润少计，可分配的利润就会减少；反之，成本少算，则利润多计，可分配的利润就会虚增实亏。建筑装饰施工项目成本管理的目的在于降低项目成本，降低项目成本，除了控制成本支出外，还需要一面增加预算收入，一面节约支出，坚持开源和节流相结合的原则。做到每发生一笔金额较大的成本费用，都要查一下有无与其相应的预算收入。在项目成本核算和月度成本核算中，经常对近些年来的实际成本与预算成本进行对比分析，以便随时掌握成本节约、超支的原因，纠正项目成本的不利偏差，提高降低建筑装饰施工项目成本的水平。

二、建筑装饰工程施工项目成本的划分

为了便于认识和掌握建筑装饰工程施工项目成本的特性，根据建筑装饰工程施工项目成本管理体制的需要，可将建筑装饰工程施工项目成本划分为预算成本、计划成本、实际成本。

1. 预算成本

工程预算成本反映各地区建筑装饰行业的平均成本水平，它是根据建筑装饰施工图由工程量计算规则计算出工程量，再由建筑装饰工程预算定额计算工程成本。它是构成工程造价的主要内容，是甲、乙双方签订建筑装饰工程承包合同的基础。一旦造价在合同中双方认可签字，它将成为建筑装饰施工项目成本管理的依据，是建筑装饰工程施工项目能否取得好的经济效益的前提条件。所以，预算成本的计算是成本管理的基础。

2. 计划成本

建筑装饰工程施工项目计划成本是指建筑施工项目经理部根据计划期的施工条件和实施该项目的各项技术组织措施，在实际成本发生前预先计算的成本。计划成本是建筑装饰施工项目经理部控制成本支出、安排施工计划、供应工料和指导施工的依据。它综合反映建筑装饰施工项目在计划期内达到的成本水平。

3. 实际成本

建筑装饰施工项目实际成本是在报告期内实际发生的各项生产费用的总和。把实际成本与计划成本比较，可以直接反映出成本的节约与超支，可以考核建筑装饰施工项目施工技术水平及施工组织措施的贯彻执行情况和施工组织项目的经营效果。

综上所述，预算成本是确定工程造价的基础，也是编制计划成本的依据和评价实际成本的依据。实际成本与预算成本相比较，可以直接反映施工项目最终的盈亏情况。计划成本和实际成本都是反映建筑装饰施工项目成本水平的，两者都受建筑装饰施工项目的生产水平、施工条件及生产经营管理水平所制约。

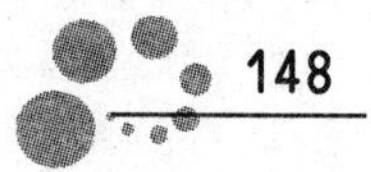

三、建筑装饰工程施工项目成本的构成

在建筑装饰工程施工过程中所发生的各项费用支出，按照国家规定计入成本费用。建筑装饰施工项目成本由直接成本和间接成本组成。

（1）直接成本。直接成本，是指建筑装饰施工过程中直接耗费的构成工程实体或有助于工程形成的各项支出，包括人工费、材料费、机具使用费和其他直接费。所谓其他直接费，是指直接费以外建筑装饰施工过程中发生的其他费用，包括建筑装饰施工过程中发生的材料二次搬运费、临时设施摊销费、生产机具使用费、检验试验费、工程定位复测费、场地清理费等。

（2）间接成本。间接成本，是指建筑装饰施工项目经理部为准备施工，组织和管理施工生产所发生的全部施工间接费用支出，包括现场管理人员的人工费（基本工资、补贴和福利等）、固定资产使用维护费、工程保养费、劳动保护费、保险费、工程排污费和其他间接费等。

如果按生产费用与工程量关系来考虑的话则可将建筑装饰施工项目成本划分为固定成本和变动成本。固定成本是指在一定时间和一定的工程量范围内，所发生的成本额不受工程量增减变动的影响而相对固定的成本，如折旧费、大修理费、管理人员工资、办公费等。这一成本是为了保持企业一定的生产经营条件而发生的。一般来说，企业的固定成本每年基本相同。但是，当工程量超过一定范围，则需增添设备和管理人员，此时，固定成本发生变动。此外，所谓固定，是指其总额而言，而分配到每个项目单位工程量上的固定费用是变动的。变动成本是指总额随着工程量的增减而成正比例变动的费用，如直接用于工程的材料费、人工费等。所谓变动，也是就其总额而言，单位分项工程上的变动费用往往是不变的。将施工过程发生的全部费用划分为固定成本和变动成本，对于成本管理和成本决策具有重要作用，是成本控制的前提条件。由于固定成本是维持生产能力所必需的费用，要降低单位工程量的固定费用，只有通过提高劳动生产率，增加企业总工程量数额，降低固定成本绝对值。降低变动成本只能是从降低单位分项工程的消耗定额入手。

应该指出，有些支出不得列入建筑装饰施工项目成本，也不能列入建筑装饰施工企业成本，例如为购置和建造固定资产、无形资产和其他资产的支出；对外投资的支出；被没收的财物；支出的滞纳金、罚款、违约金和赔偿金；企业赞助、捐赠支出；国家法律、法规规定以外的各种支出和国家规定不得列入成本费用的其他支出。

四、建筑装饰工程施工项目成本控制的意义

建筑施工项目成本控制就是在施工过程中，运用必要的技术与管理手段对物化劳动和活劳动消耗进行严格组织和监督的一个系统过程。建筑装饰施工企业应以建筑装饰施工项目成本控制为中心，进行施工项目管理。成本控制的意义如下：

（1）建筑施工项目成本控制是建筑施工项目工作质量的综合反映。建筑装饰施工项目成本的降低，表明施工过程中物化劳动和活劳动消耗的节约。活劳动的节约，表明劳动生产率的提高；物化劳动的节约，表明固定资产利用率的提高和材料消耗率的降低。所以，抓住建筑装饰施工项目成本控制这一关键环节，可以及时发现建筑施工项目生产和管理中存在的问题，及时采取措施，充分利用人力物力，降低建筑装饰施工项目成本。

（2）建筑装饰施工项目成本控制是增加企业利润，扩大社会积累的最主要途径。在施工项目价格一定的前提下，成本越低，盈利越高。

（3）建筑装饰施工项目成本控制是推行项目经理承包责任制的动力。项目经理承包责任制中，规定项目经理必须承包项目质量、工期与成本三大约束性目标。成本目标是经济承包目标的综合体现。项目经理要实现其经济承包责任，就必须充分利用生产要素和市场机制，管好项目，控制投入，降低消耗，提高效率，将质量、工期和成本三大相关目标结合起来控制。这样，既实现了成本控制，又带动了项目的全面管理。

五、建筑装饰工程成本管理在施工项目管理中的地位

1．项目成本管理体现了施工项目管理的本质特征

建筑施工企业要转换企业经营机制，建立现代企业制度，使其作为我国建筑市场上自主经营、自

负盈亏、自我约束、自我发展的独立法人实体和市场竞争的主体，就要彻底突破长期以来计划经济体制所形成的传统管理模式，将经营管理的全部活动从完成国家下达的计划指令转向通过市场竞争，以工程承包合同为依据，以满足业主对建筑产品的需求为目标，以创造企业经济效益为目的，全面提高项目管理的水平。

一个企业存在的意义，不仅在于它向社会提供产品，满足国民经济发展和人民物质文化生活水平日益增长的需要，同时也在于追求企业经济效益的最优化。就建筑装饰施工企业而言，施工项目经理部作为企业最基本的施工管理组织，其全部管理行为的本质就是运用项目管理的原理和各种科学管理的方法来降低工程成本，支撑企业利润的实现，使项目经理部成为企业效益的源泉，增加企业的总体效益。

成本管理应体现在施工项目管理的全过程中，它既是施工项目管理的起点，也是施工项目管理的终点。缺少成本管理的施工项目管理，称不上是真正的、完整的、规范的施工项目管理，施工项目管理的生命也随时可能中断或窒息。

2. 项目成本管理反映施工项目管理的核心内容

一个建筑装饰施工企业在社会主义市场经济中所反映出的管理水平，表现为它能否在激烈的市场竞争中，用最低的成本去生产业主满意的、符合合同要求的建筑装饰产品。只有以低于同行业的平均成本，生产出优质的产品，才能取得最大的成本差异，在竞争中获胜。建筑装饰产品的价格一旦确定，其成本的管理将直接影响到整个项目管理的效益，进而直接影响到企业利润中心效益的发挥，而成本管理目标是由施工项目管理来完成的。施工项目管理中若没有以成本管理为核心的有效率的管理活动，其结果是难以想象的。

施工项目的管理是一个完整的合同履约过程。它包括质量的管理、工期的管理、资源的管理、安全的管理、文明现场的管理等。而这一切管理内容，无不对成本管理的目标产生影响。企业在施工项目管理中不仅追求质量好、工期短、消耗低、安全好等项目管理目标，同时也力求取得良好的社会效益和经济效益。因此，成本管理的水平是上述项目管理目标经济效益的综合反映。离开了成本的预测、计划、控制、核算和分析等一整套成本管理的系统化活动，成本管理的目标是难以实现的。因此施工项目的成本管理是施工项目管理水平的核心内容，施工项目管理的水平也集中体现在成本管理的水平上。

在我国，目前反映建筑装饰施工企业平均成本水平的，是国家有关部门、省市定额管理部门等颁布的定额。它为建筑装饰施工企业提供了一个衡量成本管理水平的客观标准。一些企业根据本企业成本管理水平确定了供本企业使用的施工定额，也对提高成本的管理水平，提高项目管理经济效益起着积极的作用。项目成本管理水平的提高将带动着整个项目管理水平乃至整个企业管理水平的提高。因此，施工项目成本管理在施工项目管理中的重要地位是不可代替的。

3. 施工项目成本管理水平是衡量施工项目管理绩效的客观标准

在社会主义市场经济体制下，施工项目管理日益成为建筑装饰施工企业经营管理的重心所在。施工项目管理的水平与施工企业的生存与发展一脉相连。因此，建筑装饰施工企业必然要对所属施工项目实施有效的管理与监控，尤其要对项目管理的绩效进行评价，以保证企业的利益，提高企业的管理素质。

建筑装饰施工企业对施工项目的绩效评价，首先是对成本管理绩效的评价。由于施工项目成本管理体现了施工项目管理的本质特征，并代表着施工项目管理的核心内容，因此，施工项目的成本管理在项目绩效评价中受到特别的重视。施工项目成本的管理水平是项目各项目标经济效果的综合反映，为项目管理的状况及实际所达到的水平提供了直观、量化的佐证。因而，施工项目成本管理水平成为施工项目管理绩效评价的客观、公正的标准。

对施工项目开展以施工项目成本管理为重点的绩效评价，为施工企业对施工项目的考核和奖惩奠定了基础，可以有效防止人为的不公正因素的干扰，从而为建筑装饰施工企业制定、实施有关的制

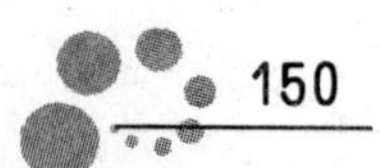

度、办法提供依据。一些企业将成本管理的绩效考核作为施工项目经营承包责任制目标考核的最重要内容，纳入到项目承包激励机制中去。

六、建筑装饰工程成本管理的特点

（1）事先能动性。由于施工项目本身具有一次性的特点，因此，针对特定施工项目的成本管理是在不可重复、不可逆的施工过程中进行的。成本能否降低、经济效益如何，成败在此一举，风险很大。为了避免施工项目出现重大失误，成本管理就必须是事先的、能动的。只有通过事先的科学的成本预测、成本计划，明确成本目标，采取各种措施加以控制，再由成本分析和核算了解成本管理的效果等一系列过程，才能实现成本的有效管理。

（2）以近期成本为主。成本管理的周期不可以太长，通常按月进行核算、对比、分析。在实施过程中的成本管理以近期成本为主。

（3）综合优化性。项目成本管理是一个复杂的系统工程，成本贯穿在施工项目从施工准备、施工过程到竣工的全过程。成本目标不是孤立存在的，必然与项目的质量、工期、安全等目标相互联系、相互作用，因此不能片面地强调成本目标，必须与质量、工期、安全等统筹考虑、综合优化。而且，项目施工过程中的每一项工作内容都与成本管理有着或多或少的联系，也就是说，项目的每一个成员都参与了成本管理，因此成本管理不能成为项目经理、成本核算人员等个别人的任务。只有把施工项目的所有管理职能、管理对象、管理要素都纳入到项目成本管理中，才有可能实现施工项目的综合优化。

第二节　施工成本管理的主要工作

建筑装饰工程施工项目成本管理是建筑装饰施工企业项目管理系统中的一个子系统，这一系统的构成要素包括成本预测、成本计划、成本控制、成本核算、成本分析和成本考核等。建筑装饰工程施工项目经理部在项目施工过程中，对所发生的各种成本信息，通过有组织、有系统地进行预测、计划、控制、核算和分析等一系列工作，促使施工项目系统内各种要素按一定的目标运行，使建筑装饰工程施工项目的实际成本能够控制在预定计划成本范围内。

一、成本预测

建筑装饰工程施工项目成本预测是根据装饰施工项目的具体情况，并运用科学的方法，对未来的成本水平及其可能的发展趋势作出科学的估计，其实质就是将建筑装饰工程施工项目在施工之前对成本进行核算。通过成本预测，可以使项目经理部在满足业主和企业要求的前提下，选择成本低、效益好的最佳成本方案，并能够在建筑装饰工程施工项目成本形成过程中，针对薄弱环节，加强成本管理，克服盲目性，提高预见性。因此，建筑装饰工程施工项目成本预测是施工项目成本决策与编制成本计划的依据，是实行建筑装饰工程施工项目科学管理的一项重要工具，越来越被人们所重视。成本预测在实际工作中虽然不常提到，但人们往往已经在不知不觉中应用。例如，建筑装饰施工企业在工程投标报价时或中标施工时，往往根据过去的经验对工程成本进行估计，这种估计实际上就是一种预测，其发挥的作用是不能低估的。但是如何能够更加准确而有效地预测施工项目成本，仅靠经验估计很难做到，还应掌握科学的、系统的预测方法，以使其在建筑装饰施工经营管理中发挥更大的作用。

1. 建筑装饰工程施工项目成本预测的作用

（1）投标决策的依据。建筑装饰施工企业在选择投标项目过程中，往往需要根据项目是否盈利、利润大小等因素确定是否对工程投标。这样在投标决策时就要估计项目施工成本的情况，通过对建筑装饰施工图预算的比较，才能分析得出项目是否盈利以及利润大小。

（2）为编制成本计划提供依据。成本计划是管理的关键的第一步，因此，编制可靠的计划具有十分重要的意义。但要编制出可靠的建筑装饰工程施工项目计划，必须遵循客观经济规律，从实际出发，对施工项目的未来实施情况作出科学预测。在编制成本计划之前，要在收集、整理和分析有关建筑装饰工程施工项目成本、市场行情和施工消耗等资料基础上，对建筑装饰工程施工项目进展过程中的物价变动等情况和施工项目成本做出符合实际的预测。这样才能保证建筑装饰工程施工项目成本计划不脱离实际，切实起到控制建筑装饰工程施工项目成本的作用。

(3) 可为企业降低成本指出明确的方向。成本预测是在分析建筑装饰工程施工项目施工过程中各种经济与技术要素对成本升降的影响基础上，推算其成本水平变化的趋势及其规律性，预测建筑装饰工程施工项目的实际成本。它是预测和分析的有机结合，是事后反馈与事前控制的结合。通过成本预测，有利于企业及时发现问题，找出建筑装饰工程施工项目成本管理中的薄弱环节，及时采取措施来控制成本。

2. 建筑装饰工程施工项目成本预测的过程

科学的、准确的预测必须遵循合理的预测程序，建筑装饰工程施工项目成本预测主要环节如下。

(1) 环境调查。环境调查包括市场需求量、成本水平及技术发展情况的调查，目的在于了解工程项目的外界环境对项目成本的影响。

(2) 收集资料。要收集的资料主要包括企业下达的有关成本指标、历史上同类项目的成本资料、项目所在地成本水平、工程项目中与成本有关的其他预测资料。

(3) 选择预测方法，建立预测模型。选择预测方法时，应考虑到时间、精度上的要求，如定性预测多用于10年以上的长期预测，而定量预测多用于10年以下的中期预测和短期预测。另外，还应根据已有数据的特点，选择相应的模型。

(4) 成本预测的实施。根据选定的预测方法，依据有关的历史数据和资料，推测施工项目的成本情况。

(5) 预测结果分析。通常，利用模型进行预测的结果只是反映历史的一般发展情况，并不能反映可能出现的突发事件对成本变化趋势的影响。况且，预测模型本身就有一定的误差。因此，须对预测结果进行分析。

(6) 确定预测结果，提出预测报告。根据预测分析的结论，最终确定预测结果，并在此基础上提出预测报告，确定目标成本，作为编制成本计划和进行成本管理的依据。

总之，成本预测是对施工项目实施前的成本预计和推断，往往会与实施中及其后的实际成本有出入，而产生预测误差。预测误差的大小反应了预测的准确程度。如误差较大，就应分析产生误差的原因，并积累经验。

二、成本计划

建筑装饰工程施工项目成本计划是项目经理部对建筑装饰工程施工项目、施工成本进行计划的工具。它是以货币形式编制施工项目在计划期内的生产费用、成本水平、成本降低率以及为降低成本所采取的主要措施和规划的书面方案，是建立施工项目成本管理责任制、开展成本管理和核算的基础。一般来说，建筑装饰工程施工项目成本计划应包括从开工到竣工验收所需的施工成本，它是建筑装饰工程施工项目降低成本的指导文件，是确立目标成本的依据。

1. 建筑装饰工程施工项目成本计划的编制原则

为了使成本计划能够发挥积极作用，编制计划时应掌握以下原则。

(1) 从实际出发。编制成本计划要严格遵守国家的财经政策，严格遵守成本开支范围，不准乱挤成本，严格遵守成本计算规定。明确成本发生期，防止多计、漏计和少计成本，采用合理的方法和程序核算各项成本费用。要从企业的实际情况出发，充分挖掘企业内部潜力，使降低成本指标既积极可靠又切实可行。

(2) 与其他计划结合。编制成本计划，必须与施工项目的其他各项计划如施工方案、工程进度、工程质量、资源配置计划等匹配，保持平衡。另一方面，上述各项计划的确定，又影响着成本计划，都应考虑适应降低成本的要求，而不能单纯考虑每一种计划本身的需要。施工项目管理部门要注意优化施工方案，合理组织施工；优化资源配置；提高项目管理班子素质，节约施工管理费用等。同时要

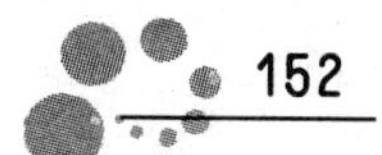

避免为降低成本而偷工减料、忽视质量片面增加劳动强度、忽视安全生产、忽视文明施工等行为。

(3) 采用先进的技术经济定额。编制成本计划，必须以各种先进的技术经济定额为依据，并针对工程的具体特点，以切实可行的技术组织措施作保证。只有这样，才能使编出的成本计划科学、合理，既留有余地，又使成本计划的落实具有实实在在的压力和风险。

(4) 统一领导、分级管理。编制成本计划，应实行统一领导分级管理的原则，应在项目经理的领导下，以财务和计划部门为中心，依靠群众，挖掘内部潜力，总结降低成本经验，找出降低成本的有效途径，使成本计划的制订和执行具有广泛的群众基础。

2. 建筑装饰工程施工项目成本计划的编制依据

在项目施工管理中，编制成本计划的目的就是为了制定出既切实可行又能使项目的成本降低到最少的费用计算。其编制的依据如下。

(1) 承包合同及有关资料。

(2) 项目的其他计划指标。

(3) 项目的施工图概算和施工预算。

(4) 降低成本的技术组织措施计划。

(5) 项目生产要素的配置情况。

(6) 以往同类项目成本计划的实际执行情况及有关技术经济指标完成情况的分析资料。

3. 建筑装饰工程施工项目成本计划的内容

施工项目成本计划包括控制计划方案和保证体系两大部分。

(1) 成本控制计划方案是对项目施工和管理过程中的消耗编制控制的依据。该方案包括以下内容：

1) 材料成本控制计划，包括主要材料的质量、消耗量和价格，五金、灯具等的选型和价格。

2) 劳务费用成本控制计划，主要考虑劳务作业层和施工管理层两层分开的施工生产方式下劳务费的成本控制计划；综合考虑用工计划、用工计量及用工单价等；减少和控制非生产用工，规范零星用工的签工手续。

3) 其他直接费用成本控制计划，主要针对建筑装饰施工机具等设备的数量和使用维修费用。

4) 临时设施费用计划，主要是临时加工厂地、库房及现场办公用房等的合理使用。

5) 项目管理费用成本计划，主要包括管理人员工资奖金、办公费、差旅费、车辆使用费及业务招待费等。

项目成本控制计划主要是对构成成本费用的消耗做数量和总价的控制，对于难以预见的费用和难以确定的消耗也要有一个总的控制线。

(2) 项目成本计划保证体系。项目成本计划保证体系包括：

1) 责任制度。规定计划的制定和执行者对成本计划的制订、执行、调整应具有的责任、义务。

2) 检查制度。检查的目的在于帮助计划落实和执行。检查制度应对成本信息反馈和落实成本计划的措施调整做明确规定。

3) 工作方法和手段。如建立健全各项材料消耗台账，实行限额领料，控制成本的主要方法和途径，必要的奖惩制度等。

4. 建筑装饰工程施工项目成本计划的编制步骤

建筑装饰工程施工项目成本计划一般由项目经理部编制，规划出实现项目经理成本承包目标的实施方案，建筑装饰工程施工项目成本计划的关键内容是降低成本措施的合理设计，其编制步骤如下。

(1) 项目经理部按项目经理的承包目标确定建筑装饰工程施工项目的成本管理目标和降低成本管理目标，后两项之和应低于第一项。

(2) 按分部分项装饰工程对施工项目的成本管理目标和降低成本管理目标进行分解，确定各分部分项工程的目标成本。

(3) 按分部分项工程的目标成本实行建筑装饰工程施工项目内部成本承包，确定各承包队的成本承包责任制。

(4) 由项目经理部组织各承包班组确定降低成本技术组织措施，并计算其降低成本效果，编制降低成本计划，与项目经理降低成本目标进行对比，经过反复对降低成本措施进行修改而最终确定降低成本计划。

(5) 编制降低成本技术组织措施计划表，降低成本计划表和施工项目成本计划表。

三、成本控制

施工项目成本控制是指在项目整个施工过程中，通过对工程项目成本偏差所采取的预防、监督和及时纠正，使施工成本费用被限制在成本计划范围之内，以实现降低成本的目标。

施工项目成本控制应贯穿施工项目从招投标开始到竣工验收的全过程，它是企业全面成本管理的重要环节。因此，必须明确各级管理组织和各级人员的责任和权限，这是成本控制的基础之一。

(一) 成本控制的阶段

施工项目成本控制，按照成本发生的时间分为事前控制、事中控制和事后分析控制三个阶段。

1. 成本的事前控制

事前控制阶段也叫施工前期阶段，主要包括以下内容。

(1) 进行项目成本预测，确定项目成本降低目标。

(2) 编制项目降低成本的技术组织措施计划。

(3) 在施工组织设计和技术组织措施计划的基础上，编制施工预算，以确定项目的计划成本。

(4) 以项目计划成本作为控制项目成本目标和项目成本费用开支的依据。

2. 成本的事中控制

工程项目的事中控制阶段，即施工期间阶段，是对于工程项目成本形成全过程的控制，也叫"过程控制"。成本的事中控制主要包括下列内容。

(1) 树立成本意识和厉行节约的观念，在工作中力争做到人力、物力的节约。

(2) 要将计划成本指标和降低成本计划指标进行分解，将责任以定包或下达任务的形式落实到项目各部门和基层组织，以实现成本的分级、分口控制责任制。

(3) 建立质量成本会计制度。

1) 内部质量事故成本。

2) 外部质量事故成本。

3) 鉴定成本。

4) 预防成本。

(4) 发挥工程项目施工准备对成本控制的作用。

(5) 认真执行降低成本的技术组织措施，实现降低成本的目标。

(6) 施工过程中，按计划成本和成本开支范围控制各项消耗开支。

(7) 注意信息的流通和反馈。

(8) 合理安排进度，避免抢工或拖延工期。

(9) 根据降低成本管理图、表进行降低成本的动态控制。

3. 成本的事后分析控制

成本的事后分析控制阶段也叫竣工验收阶段，是在某项工程任务完成时（或某个报告期末），对成本计划的执行情况进行的检查、分析及调整、控制。

成本的事后分析控制，一般按以下程序进行。

(1) 通过成本核算，掌握工程实际成本情况。

(2) 将工程实际成本与预算成本进行比较，计算成本差异，确定成本节约（或浪费）数额。

(3) 分析工程成本节超的原因，确定经济责任的归属。

(4) 针对存在的问题，采取有效的措施，改进成本控制工作。

(5) 对成本责任部门和单位进行业绩的评估和考核。

(二) 施工项目成本控制的原则和方法

1. 施工项目成本控制的原则

(1) 开源与节流相结合的原则。降低项目成本，需要一面增加收入，一面节约支出。在成本控制中，应该坚持开源与节流相结合的原则。要做到每发生一笔金额较大的成本费用，都要查一查有无与其相对应的预算收入。要进行实际成本与预算成本的对比分析，以便从中找出成本节超的原因，纠正偏差，降低成本。

(2) 全面控制原则。项目成本是一项综合性很强的指标，它涉及到项目组织中各个部门、单位和班组，也涉及到工程自施工准备开始，经过工程验收，到竣工交付使用后的保修期结束的每一项经济业务，因此，施工项目成本的控制，需要全员、全过程实行控制。

(3) 中间控制的原则。对于具有一次性特点的施工项目成本来说，应该特别强调成本的事中控制，这是工程成本的实际发生阶段。成本事前控制是为成本的事中控制做准备，而成本事后分析控制，由于成本亏盈已成基本定局，难以纠正。因此，必须加强成本的事中控制。

(4) 目标管理原则。目标管理是贯彻执行计划的一种方法，它把计划的方针、任务、目的和措施等逐一加以分解，提出进一步的具体要求，并分别落实到执行计划的部门、单位甚至个人。

(5) 节约的原则。节约项目或资源消耗，是提高项目效益的核心，也是成本控制的一项最主要的基本原则。节约要从严格成本开支范围、实行科学的管理和采取预防成本失控的技术组织措施等方面入手，制止可能发生的浪费。

(6) 例外管理原则。例外管理一般用于成本指标的日常控制。在工程项目建设过程的诸多活动中，有许多活动是例外的，也是一些不经常出现的问题。这些"例外"问题，往往是关键性的问题，对成本目标的顺利完成影响很大，必须予以高度重视。例如，在成本管理中常见的成本盈亏异常现象；本来可以控制的成本，突然发生了失控现象；某些暂时的节约有可能对今后的成本带来隐患等。这些问题都应该重点检查，深入分析，采取措施予以纠正。

(7) 责权利相结合的原则。要使成本控制真正发挥及时有效的作用，必须严格按照经济责任制要求，贯彻责权利相结合的原则，根据成本控制的责任，授以相应权利，对成本控制的结果实行考核，有奖有罚，才能对成本的控制收到预期效果。

2. 成本控制的方法

建筑装饰工程施工项目成本计划执行中的控制环节包括：建筑装饰工程施工项目计划成本责任制的落实，施工项目成本计划执行情况的检查与协调。

(1) 落实建筑装饰工程施工项目计划成本责任制。建筑装饰工程施工项目成本确定之后，就要根据计划成本的要求，采用目标分解的办法，由项目经理部分配到各职能人员、单位工程承包班子和承包班组，签订成本承包合同。然后由承包者提出保证成本计划完成的具体措施，确保成本承包目标的实现，一般应做好以下工作。

1) 建筑装饰项目管理班子职能人员责任明确，实行归口管理。有技术人员抓技术措施落实，以节约工料，减少机具停置时间；有计划人员抓组织措施落实，控制工期，增加产量，以降低间接成本；由定额员或劳资员签发并管理承包任务书，管理班组，控制用工；由机具管理人员控制机具的利用率、完好率和机具效率；由材料人员抓材料的节约，做好订购、采买、验收、保管、领退料、修旧利废和节约代用等工作；由质量管理人员控制质量成本；由核算人员建立成本台账，搞好成本核算及成本分析，防止开支差错、超支和歉收；由财务人员把好收支关，进行债权和债务处理，综合控制协调工程成本；预算人员除做好概（预）算工作外，还应对设计变更等经济问题加强管理，及时办理增减工程费用手续，经常进行两算对比，抓好建筑装饰施工索赔。

2) 项目经理部与栋号承包班子鉴定承包合同，实行"四保"、"四包"。"四保"是指项目经理部对栋号承包班子保证任务安排的连续性、保证料具按时供应、保证技术指导及时、保证合同兑现。“四包”是由栋号承包班子对项目经理部包质量、包工期、包安全、包成本；工资总额与“四包”指标挂钩；利润超额完成部分按规定比例提成。

3）栋号承包班子对作业班组应按建筑装饰项目分项签发任务书，抓好任务书签发、执行、验收、结算，做好技术、质量、安全和操作要求交底。由班组向栋号承包班子包工、包料、包小型工具。工资奖金与质量、安全、进度、场容和效率挂钩。

4）班组应本着干什么算什么的原则，包定额用工、包材料使用、包质量得分率、包安全作业、包活完场地清理，按考核得分计酬。

（2）加强成本计划执行情况的检查与协调。项目经理部应定期检查成本计划的执行情况，并在检查后及时分析，采取措施，控制成本支出，保证成本计划的实现。应做好以下工作：

1）项目经理部应根据承包成本和计划成本，绘制月度成本折线图。在成本计划实行过程中，按月在同一图上打点，形成实际成本折线。从该折线图不但可以看出成本发展动态，还可以分析成本偏差。成本偏差有三种，分别是实际偏差、计划偏差、目标偏差。

实际偏差＝实际成本－承包成本

计划偏差＝承包成本－计划成本

目标偏差＝实际成本－计划成本

目标偏差为计划偏差与实际偏差之和。应尽量减少目标偏差，目标偏差越小，说明控制效果越好。

2）根据成本偏差，用因果分析图分析产生的原因，然后设计纠偏措施，制定对策，协调成本计划。对策要列成对策表，落实执行责任，并应对责任的执行情况进行考核。

四、成本核算

施工项目成本核算，是指将项目施工过程中所发生的各种费用和形成施工项目成本计划目标成本，在保持统计口径一致的前提下进行两者对比，找出差异。它包括两个基本环节：一是按照规定的成本开支范围对施工费用进行归集，计算出施工费用的实际发生额；二是根据成本核算对象，采用适当的方法，计算出该施工项目的总成本和单位成本。施工项目成本核算所提供的各种成本信息，是成本预测、成本计划、成本控制、成本分析和成本考核等各个环节的依据。因此，加强施工项目成本核算工作，对降低施工项目成本、提高企业的经济效益有积极的作用。

施工项目成本核算应在项目经理统一领导下分项进行，有如下方法：①以施工项目为核算对象，核算施工项目的全部预算成本、计划成本和实际成本；②划清各项费用开支界线，要按照国家和主管部门规定的成本项目对项目工程发生的生产费用进行归集，严格遵守成本开支范围；③建立目标成本考核体系，项目成本目标确定以后，将其分解落实到项目班子中的各有关负责人，包括成本控制人员、进度控制人员、合同管理人员、质量管理人员、技术管理人员、直到生产班组和个人，在施工过程中，要建立目标成本完成考核信息，以便及时反馈，采取措施更好地控制成本；④加强基础工作，保证成本计算资料的质量；这些基础工作除了贯彻各项施工定额外，还应建立健全各项资源消耗台账等；⑤坚持遵循成本核算的主要程序，正确计算成本和盈亏。

五、成本分析

施工项目成本分析是在跟踪核算施工成本的基础上，动态分析各成本项目的节超原因。它贯穿于施工项目成本管理的全过程，也就是说施工项目成本分析主要利用施工项目的成本核算资料与目标成本、预算成本以及类似的施工项目的实际成本等进行比较，了解成本的变动情况。同时也要分析主要技术经济指标对成本的影响，系统地研究成本变动的因素，检查成本计划的合理性，并通过成本分析，深入揭示成本变动的规律，寻找降低施工项目成本的途径，以便有效地进行成本控制，减少施工中的浪费，促使企业和项目经理遵守成本开支范围和财务纪律，更好地调动广大职工的积极性，加强施工项目的全员成本管理。

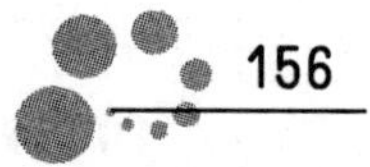

六、成本考核

施工项目成本考核是指在施工项目完成后，对施工项目成本形成中的各责任者，按照施工项目成本目标责任制的有关规定，将成本的实际指标与计划、预算进行对比与考核，评定施工项目成本计划的完成情况和各责任者的业绩，并以此作为奖罚的依据。通过成本考核，做到有奖有罚、赏罚分明，才能有效地调动企业的每一个职工在各自的施工岗位上努力完成目标成本的积极性，为降低施工项目成本和增加企业的积累作出自己的贡献。

施工项目的成本考核主要包括企业对项目经理的考核，项目经理对所属各部门、劳务承包队的考核。例如：企业考核项目经理的项目成本目标与阶段成本目标的完成情况，建立以项目经理为核心的成本管理责任制的落实情况，成本计划的编制和落实情况，对各部门、劳务承包队责任成本的检查和考核情况，在成本管理中贯彻责权利相结合原则的执行情况。

施工项目成本考核的主要方法有施工项目成本考核采取评分制，施工项目的成本考核要与相关指标的完成情况相结合，强调项目成本的中间考核，正确考核施工项目的竣工成本，施工项目成本的奖罚等。

第三节　降低装饰工程施工项目成本的途径

一、建筑装饰工程施工成本管理的对策

根据我国目前建筑装饰行业环境特点和装饰工程项目成本管理的现状，企业管理者应当认识到装饰行业的不完全竞争是国家经济转型期的特有现象。随着我国社会主义市场经济体制的逐步完善和行业管理的逐步规范，以及招投标方式的改革，入世后外资企业的进入等因素都将促使装饰行业完全竞争市场的形成。因此，在行业环境逐步改善的同时，应积极地转变成本管理观念，改进成本管理方法，有针对性地采取各种组织措施、技术措施、经济措施、合同措施，使装饰工程项目成本得到有效控制，以实现项目的成本最小化和盈利最大化，从而促使企业进入良性发展轨道，并进一步提高企业的核心竞争力。

(1) 增强成本管理意识，建立成本控制体系。随着我国社会主义市场经济体制的完善和建筑装饰市场的逐步规范，企业必须加强成本管理，提高核心竞争力，以低成本（满足质量、工期、安全等要求的前提下）应对日趋激烈的市场竞争。因此，必须转变成本管理观念，增强成本管理意识，充分认识成本管理的特点和意义。

同时，必须建立与装饰工程特点相适应的成本控制体系，形成严谨的组织结构，明确成本目标和成本责任，建立成本考核和激励机制，规范成本控制活动，实现成本管理的全员参与、全过程动态控制，从而为项目实现经济效益提供保证。

(2) 提高管理人员素质，改进成本管理方法。目前建筑装饰行业的项目管理人员有三类：一是“游击队”出身，有一定的工程实际经验，而无系统的理论知识；二是由土建工程管理转入装饰工程管理的，有一定的工程实际经验和系统的理论知识，但对装饰工程特点了解不够；三是装饰设计人员转入施工管理，能较好把握装饰工程的特点，但缺乏系统的项目管理知识。因管理人员的管理素质普遍较低，致使先进的成本管理理论和方法在装饰工程中得不到应用。

因此，必须加强项目管理人员的培训，使他们通过学习现代成本管理理论和先进的成本管理方法不断地增强成本管理意识，提高成本管理水平，将现代成本管理理论和成本控制技术与装饰工程特点相结合，运用科学的成本管理方法实现对项目成本的有效控制。

(3) 加快建立企业定额，加强投标阶段成本管理。工程量清单计价的实行和在投标时“合理低价中标”方法的普及，进一步明确了市场竞争的关键是企业的综合实力，这就要求装饰企业要有可靠的工程成本计算的依据，并建立完整的工程成本核算体系。随着市场竞争日趋激烈，仅仅依据各地区颁布的预算定额来确定消耗数量，根据国家颁布的相应标准计取相应的施工费用是远远不够的。企业必

须制定出适应自身管理水平的、体现自身优势的、自身能够承受的工、料、机定额和各种取费标准。企业定额集中反映了装饰企业的综合实力，是反映企业经营水平的重要指标。现阶段装饰企业可通过完善企业成本原始数据，加强成本核算与成本分析，逐步积累成本管理数据，然后比对国家或地区定额，在国家或地区定额的基础上适当加以修订形成企业定额。

在此基础上，应加强投标阶段的成本管理，重视市场分析和市场信息管理工作，对业主的资信状况和竞争对手的实力等进行深入的调查研究，以减少投标的盲目性，提高中标率，节约投标费用的开支。编制技术标时应注意突出重点和留有适当变更的余地，为以后的成本控制创造良好的前提条件，以获得更理想的经济效益。

二、降低建筑装饰工程施工成本的途径

(1) 认真会审图纸和材料工艺说明书，积极提出修改意见。在建筑装饰项目施工过程中，装饰施工单位必须按图施工，然而装饰设计图却很少考虑为施工单位施工提供方便。但是，图纸是设计单位按照业主要求设计的，其中起决定作用的是设计人员。装饰施工企业应在满足业主要求和保证工程质量的前提下，在取得业主和设计单位同意后，提出修改意见，同时办理增减账。装饰施工过程比较复杂，施工难度大的项目，要认真对待，并从方便施工、有利工程进度和保证工程质量、降低资源消耗、增加工程收入等方面综合考虑，提出有科学依据的、合理的施工方案，争取建设单位的认同。

(2) 加强合同预算管理，增创装饰工程预算收入。具体包括以下几个方面：

1) 深入研究招标文件和合同内容，正确编制施工图预算。在编制装饰施工图预算时要充分考虑可能发生的成本费用，包括合同内的各项定额外补贴，并将其全部列入施工图预算，然后通过工程款结算向业主取得赔偿。也即在政策允许的范围内，要做到该收的费用点滴不漏，以保证项目的预算收入。这种方法称为“以支代收”。但应有一个政策限制，不能将项目管理不善造成的损失列入施工图预算，更不允许违反政策向业主高估冒算或乱收费。

2) 把合同规定的“开口”项目，作为增加预算收入的重要方面。一般来说，按照设计图纸和装饰预算定额编制的施工图预算，必须受到预算定额的制约，很少有灵活伸缩的余地，“开口”项目的取费则有一定的潜力，是装饰工程创收的关键。例如，合同规定，装饰预算定额缺项的项目，可由乙方参照相近定额。这种情况在编制装饰施工图预算时是很常见的，需要预算人员参照相近定额进行换算。在定额换算过程中，预算员就可以根据设计要求，充分发挥自己的业务技能，提出合理的换算依据，以此摆脱原有定额偏低的约束。

3) 根据工程变更资料，及时办理增减账。由于设计、施工和业主使用要求等各种原因，需要对新内容所需的各种资源进行合理评估，及时办理增减账手续，并通过工程款结算从业主处取得补偿。

(3) 加强管理，提高工程质量，降低成本。加强技术管理，研究推广新技术、新工艺、新材料及其他降低成本的技术措施，降低项目成本，提高经济效益；加强技术质量检验制度，减少返工带来的成本支出；加强施工管理，正确选择施工方案，合理布置施工现场，不断提高施工管理水平；组织均衡施工，搞好现场调度和协调配合。加快进度，有些费用会有节约，例如项目管理人员工资和办公费、施工机械和机具租赁费等。但加快进度也会增加一定的成本支出，例如夜间施工照明费、功效降低带来的损失等。在项目管理中，应该积极采用量本利分析、价值工程、全面质量管理等降低成本的新的管理技术。

(4) 制定先进的、经济合理的施工方案。建筑装饰工程施工方案包括四项内容：施工方法的确定、施工机具的选择、施工顺序的安排和流水施工组织。施工方案的不同，工期、所需机具就会不同，发生的费用也不同。因此，正确选择施工方案是降低成本的关键。必须强调指出，建筑装饰工程施工项目的施工方案，应该同时具有先进性和可行性。如果只先进而不可行，不能在施工中发挥有效的指导作用，那就不是最佳施工方案。

(5) 降低材料成本。材料成本在整个建筑装饰工程施工项目成本中的比重最大，一般可达 70%

左右，而且具有较大的节约潜力。往往在人工费和机具费等成本项目出现亏损时，要靠材料成本的节约来弥补。因此，材料成本的节约是降低项目成本的关键。节约材料费用的途径十分广阔，归纳起来包括以下几个方面。

1）节约采购成本，选择运费少、质量好、价格低的装饰材料供应单位。

2）认真计算验收，如遇数量不足、质量差的装饰材料，应要求进行索赔。

3）严格执行材料消耗定额，落实限额领料制度。

4）正确核算材料消耗水平，坚持预料回收。

5）改进装饰施工技术，推广新技术、新工艺、新材料。

6）减少资金占用，根据施工需要合理储存各种装饰材料。

7）加强施工现场材料管理。

(6) 加强劳动工资管理，提高劳动生产率。可以从以下几方面着手：①改善劳动组织，优化配置、合理使用劳动力，减少窝工浪费；②执行劳动定额，实行合理的工资和奖励制度；③加强技术培训，提高工人文化技术水平和操作能力；④严格劳动纪律，提高工作效率，压缩非生产用工和辅助用工，严格控制非生产人员的比例；⑤加强劳务承包方式管理，严格规范合同外增加用工。

(7) 加强机具管理，提高机具使用率。装饰工程施工中，应注意正确选配和合理租赁机具设备，降低租赁机具单价，搞好机具保养，提高租赁期间机具的完好率、利用率和使用效率。

(8) 加强费用管理，节约管理费用。实际施工中，应根据项目需要，配备精干高效的项目管理班子，注意控制各项费用支出和非生产性开支。

(9) 用好用活激励机制，调动职工增产节约的积极性。用好用活激励机制，应从建筑装饰施工项目的实际情况出发，有一定的随机性。下面的两个例子，供建筑装饰工程施工项目管理时参考。

1）对建筑装饰工程施工项目中的关键工序、施工的关键施工班组要实行重奖。如一个装饰工程项目施工结束后，应对在进度和质量方面起主要保证作用的班组实行重奖，而且说到做到，立即兑现。这对激励职工的生产积极性，促进建筑装饰工程施工项目的高速、优质、低耗有明显效果。

2）对装饰材料操作损耗特别大的工序，可由生产班组直接承包。例如，玻璃易碎、马赛克容易脱胶，在采购、保管和施工过程中，这两种材料的使用往往会超过定额规定的损耗系数，甚至超出许多。如果将采购的玻璃、马赛克直接交由生产班组进行验收、保管和使用，并按规定的损耗率由生产班组承包，并发给奖金，节约效果将相当显著。

第四节　学　习　情　境

应用所学知识，以酒店装饰为例，将预算成本和实际成本进行对比，并进行施工成本分析。

对于耗资巨大的酒店装饰工程来说，根据建筑装饰施工图由工程量计算规则计算出工程量，再由建筑装饰预算定额计算出工程成本，这也就是对于酒店装饰工程的预算成本的估算，也是甲乙双方签订建筑装饰工程承包合同的基础。预算成本是确定工程造价的基础，也是编制计划成本的依据和评价实际成本的依据。但就酒店装饰成本管理来考虑，如果管理不到位，最终的实际成本都会高出预算成本。在按照建筑装饰施工图施工的过程中，工程总会根据实际装饰施工的环境而有所更改。星级酒店的建设期长，随着市场经济的发展，建材市场发展也很快，建筑装饰材料的价格也会有所增加，这也就预示着实际装饰过程中的材料费用的增加。但是，如果在施工项目中进行有效的管理，科学决策，通过科学严谨的态度，加强基础的管理水平从而控制成本的支出，以降低建筑装饰成本。

建筑装饰工程施工项目成本分析的内容和分析方法如下。

(1) 随着项目施工的进展而进行的成本分析。

1）分部分项工程成本分析。

2）月（季）度成本分析。

3）年度成本分析。

4）竣工成本分析。

（2）按成本项目进行的成本分析。

1）人工费分析。

2）材料费分析。

3）机械使用费分析。

4）其他直接费分析。

5）间接成本分析。

（3）针对特定问题和与成本有关事项的分析。

1）成本亏盈异常分析。

2）工期成本分析。

3）质量成本分析。

4）资金成本分析。

5）技术组织措施、节约效果分析。

6）其他有利因素和不利因素对成本影响的分析。

（4）施工项目成本分析法。施工项目成本分析一般采用以下几种方法。

1）比较法。比较法又称指标对比分析法，是通过技术经济指标的对比，检查计划的完成情况，分析产生差异的原因，进而挖掘内部潜力的方法。这种方法通俗易懂、简单易行、便于掌握，因而被广泛采用。

2）因素分析法。因素分析法又称连环替代法。这种方法，可用来分析各种因素对成本形成的影响程度。在进行分析时，首先假定某一因素发生变化，其他因素不变，然后逐个替代，并分别比较其计算结果，以确定各个因素的变化对成本的影响程度。

3）业务交圈分析法。业务交圈分析法是对构成项目的资源消耗在预算、计划、定额、统计、财务等业务工作中的量、价是否交圈、有无异常现象进行分析，从而进行施工过程中的成本分析。

一般五星级酒店的装饰成本占总投资成本的40%。酒店的装饰设计和装饰施工必须分别由专业的酒店装饰设计公司和有能力的装修施工公司来完成，反对由装修承包方免费进行装饰设计的做法。

（1）专业的酒店装饰设计公司的目的是获取设计费，同时树立自己公司的口碑，与工程采用何种价位装饰材料、最终的装饰总成本无直接经济利益联系。在能体现设计效果的前提下，成本控制得越到位，越能真正体现其设计能力。

（2）装修施工公司的强项在于施工，在保证进度的前提下，就做到装修质量高、稳定、细节处理完美就已经很不错了。现在很多大型装修施工单位都下设了设计部门或设计室。但其接的单，大多是写字楼、住宅、商场、学校、机关、酒楼一类的。这种设计单位接到高星级酒店设计的单子后，多是临时再聘请专业的酒店设计师来进行设计，仓促之中，设计出来的产品的质量就会下降很多。

（3）由装修承包方免费进行装饰设计的后果。表面上看，由装修承包方免费进行装饰设计，投资方会节省不少的设计费。但投资方要考虑这个问题：装修承包方在进行装饰设计时，能尽心尽力地将成本控制到最为合适的一个点吗？本来这个点就是不容易量化的，即使业主方招聘专业酒店筹建人员全程跟踪设计，收效也是甚微。

一个好的酒店设计方案，无论是自己设计还是另外花钱请专业酒店设计人员进行设计，都是要花费设计费用的。现在五星级酒店的国内设计单价是150～200元/m^2，总设计费用达数百万元。这项费用全部由装饰施工单位自己去消化还是很困难的。于是，设计中本可以省的材料用上了，可以用替代材料的地方也全采用了高档材料（材料费增加了），可以简洁的地方出现了很多的曲线或异型设计（人工费增加了）。另外，在施工中还会不断地、“合理地”多出现本可以避免的施工变更，表面上看是没有什么问题，但积少成多不知不觉中，设计费的成本得以回收。

铺天盖地般采用“镶金嵌玉”的装饰设计手法是值得反对的。五星级酒店的确造价很高，但不计成本般地处处使用高档装饰材料及饰品的设计手法，相信是大多数投资方所不愿意看到的。酒店装饰效果的体现，最主要是靠装饰材料的选型、合理搭配、细节处理，同时还要巧妙的体现出酒店的主题文化，再配以灯光，效果自然而然就能展现出来，这样就能节省一大笔装饰费用。

试想，客人一迈进酒店的大堂，首先感受到的就是大堂的空间高度、面积、装饰材料的颜色及搭配、装饰物品、总体灯光等的综合效果，细看才能体会到装饰工程体现出的装饰风格、主题文化，而不会立即去关注墙面瓷砖的产地；客人走进客房，首先体会到的也是房间的空间、面积、家具、窗帘及整个房间的色彩基调等综合气氛，没有人会马上端详墙上贴的墙纸、关心卫生间洗面台的石材是进口的还是国产的。

在酒店大堂、餐厅及娱乐场所通道、豪华的餐厅及娱乐包间、总统套房等重要区域，适当使用高档材料、更好地体现装饰效果是很必要的。酒店在一些非重要区域，如消防楼梯通道、各员工工作间、技师房、储藏间、厨房、附属楼、酒店管理人员办公区域等地，采用成本极低的颜色相仿的仿制品也未尝不可。这样可以大幅节约装饰成本。

思考题

1. 简述建筑装饰工程施工项目成本的几种主要形式。
2. 建筑装饰工程施工项目成本的构成有哪些？
3. 简述建筑装饰工程成本管理的特点。
4. 简述建筑装饰工程施工项目成本预测的过程。
5. 简述建筑装饰工程施工项目成本计划编制的原则及步骤。
6. 简述施工项目成本控制的原则及方法。
7. 降低建筑装饰工程施工成本的途径有哪些？

第九章　建筑装饰工程施工安全管理

近几年来，随着国民经济的高速发展和人民生活的普遍提高，建设规模急剧增大，建筑业成为发展最快的行业之一。随着市场竞争的日益激烈，在建设投资力度不断增大的情况下，建筑装饰工程项目的“四大控制”（进度、质量、成本、安全）必须经过严格的控制和管理才能得到保证。在项目施工的管理过程中，安全管理是一个贯穿始终的角色。

第一节　施工安全管理概述

一、施工安全的概念

所谓施工安全就是指在施工过程中，在实现工程质量、成本、工期等目标的同时，保证从事施工生产的各类人员的生命安全，不造成人身伤亡和财产损失事故。

二、施工安全事故产生的原因

1. 人的行为方面

（1）施工人员身体条件的客观原因，如精神不振、思想负担重、情绪不稳定、身体过度疲劳、有缺陷（如在听觉、视觉、感觉方面）或疾病。

（2）施工人员主观方面的原因，如个人的抱怨、报复或抵抗心态，安全意识淡薄，吸烟、喝酒、打架等，不能自觉地使用安全防护用品等。

（3）施工人员缺乏教育的原因，如施工人员在施工用电、用火、器具使用和机械操作等方面的行为不当，在不同的工种（如钢筋工、架子工、混凝土工）操作不熟练或不规范时所产生的安全事故。

（4）施工方案或施工组织方面存在不合理的因素，如现场施工人数过多、工作面过于拥挤、各工种之间交叉作业繁多等。

2. 现场机械、设备和材料等方面

（1）现场施工的机械、设备处于不安全的状态，施工机械、设备在停放、移动、安装、检修和固定等过程中的不规范操作状态。

（2）现场使用的各种材料因保管、堆放和使用方法不当，是材料处于不安全状态的重要原因。如易燃品、易爆品、易腐蚀品等材料的保管制度不完善、使用方法不正确、构件堆放不稳定等问题，都会引起不同程度的安全事故。

3. 现场施工条件方面

（1）现场施工的管理和组织条件，如交叉作业时作业面是否相互影响、脚手架和安全网的牢固性和稳定性、夜间施工时的照明亮度、道路是否畅通、视线有无阻挡以及安全防护措施是否可靠等问题。

（2）现场的自然条件及布置，主要指施工现场的自然条件。

（3）地区气候条件。暴风雨、严寒、酷暑等异常天气的降临会使正常的现场施工条件发生突然的改变，使工人行为的准确性降低。

4. 社会条件及其他方面

由于有关建设管理部门审批制度不严、相关规则或设计方案有缺陷、施工验收规范不全、对临时设施和机械设备的报验管理失误等，新材料、新技术、新设备的控制方法不健全，地方治安情况不好、环境保护差等都有可能引起的安全事故。

第二节　建筑装饰工程施工安全管理的内容

安全管理是为施工项目实现安全生产开展的管理活动。施工现场的安全管理，重点是控制人的不安全行为与物的不安全状态，落实安全管理决策与目标；以消除一切事故，避免事故伤害，减少事故损失为管理目的。

1. 施工人员的安全管理

（1）加强施工人员的安全思想教育，增加安全意识。

（2）加强施工人员的安全行为教育，增强自我行为的控制能力。

（3）加强施工人员的安全知识教育，消除安全隐患。

（4）加强施工人员的技术教育，提高施工现场的安全防护能力。

2. 施工现场的安全管理

（1）施工现场的布置应符合防火、防触电、防雷击等安全规定的要求，现场的生产生活用房、仓库、材料堆放场、修配间、停车场等临时设施，按监理工程师批准的总平面布置图进行统一部署。

（2）施工场区内的地坪、道路、仓库、加工场、水泥堆放场四周采用砂或碎石进行场地硬化，危险地点悬挂警示灯或警告牌，工作坑设防护围栏和明显的红灯警示，并在醒目的地方设置固定的大幅安全标语及各种安全操作规程牌。

（3）施工现场的生产、生活区按《中华人民共和国消防法》的有关规定，配备一定数量的常规消防器材，明确消防责任人，并定期按要求进行防火安全检查，及时消除火灾隐患。

（4）住房、库棚、修理间等消防安全距离应符合《中华人民共和国消防法》的有关规定，严禁在室内存放易燃、易爆、有毒等危险品。

（5）氧气瓶不得沾染油脂；乙炔瓶应安装防回火安全装置；氧气瓶与乙炔瓶必须隔离存放，隔离存放的距离应符合有关安全规定的要求。

（6）现场工作人员应佩戴统一的安全帽，高空作业人员应系好安全带。

（7）施工现场的临时用电应严格按《施工现场临时用电安全技术规范》中有关的规定办理。

（8）施工现场和生活区应设置足够的照明器材，其照明度应不低于国家有关规定。夜间施工或特殊场所的照明应充足、均匀，潮湿和易触电、带电场所的照明供电电压不应大于36V。

3. 施工技术范畴的安全管理

建筑装饰工程大致分为两种：一是结构共性较多的一般工程；二是结构比较复杂、施工特点较多的特殊工程。由于施工条件、环境等不同，这两种工程既有共性，也有不同之处，下面就一般工程、特殊工程分别予以说明。

（1）一般工程安全管理的主要内容。

1）土方工程应根据基坑、基槽、地下室等挖土方的深度和土的种类，选择开挖方法，确定边坡的坡度或采取哪种护坡支撑和护地桩，以防止塌方。

2）脚手架、吊篮、工具式脚手架等的选用及设计搭设方案和安全防护措施。

3）高处作业的上下通道及防护措施。

4）安全网（平网、立网）的架设要求、范围（保护区域），架设层次、段落。

5）施工用的电梯、井架（龙门架）等垂直运输设备的位置及搭设要求，稳定性、安全装置等方面的要求和措施。

6）施工洞口及临时的防护方法和立体交叉施工作业区的隔离措施。

7）场内运输道路及行人通路的布置。

8）编制施工临时用电的组织设计和绘制临时用电图纸。在建工程（包括脚手架具）的外侧边缘与外电架空线路之间没有达到最小安全距离而采取的防护措施。

9）中小型机具的使用安全。

10）模板的安装与拆除安全。

11）防火、防毒、防爆、防雷等安全措施。

12）在建工程与周围人行通道及民房的防护隔离设置。

（2）特殊工程安全管理的主要内容。

对于结构复杂、危险性大、特性较多的特殊工程，应编制单项的安全措施。如大型吊装、沉箱、沉井、大跨度结构、高支撑模板体系、各种特殊架设作业、高层脚手架、井架和拆除工程等，必须编制单项的安全技术措施，并要有设计依据、有计算、有详图、有文字要求。

4. 气候条件的安全管理

不同季节的气候对施工生产带来的不安全因素，可能会造成各种突发性事故，因而需从防护、技术和管理上采取措施。一般建筑装饰工程可在施工设计或施工方案的安全技术措施中编制季节性施工安全措施；危险性大、高温作业多的建筑工程，应编制季节性的施工安全措施。季节性主要指夏季、雨季和冬季。

（1）夏季施工安全措施。夏季天气炎热，高温时间持续较长，主要是做好防暑降温工作。

（2）雨季施工安全措施。雨季进行作业，主要做好防触电、防雷、防坍塌、防台风工作。

（3）冬季施工安全措施。冬季进行作业，主要应做好防风、防火、防滑、防煤气中毒、防亚硝酸钠中毒的工作。

由工程技术人员负责编制的安全技术措施，必须报经上一级技术负责人审查批准后执行。

第三节　建筑装饰工程施工安全管理的措施

安全管理措施是安全管理的方法与手段，管理的重点是对生产各因素状态的约束与控制。根据施工的特点，安全管理措施带有鲜明的行业特色。

1. 大力加强安全教育与训练

《建设工程安全生产管理》条例已经颁布实施，加强对技术工人和工程管理人员的安全知识培训，使工人建立起安全意识对安全生产至关重要。进行安全教育与训练能增强人的安全生产意识，提高安全生产能力，有效地防止人的不安全行为，减少人为失误。安全教育、训练是进行人的行为控制的重要方法和手段。因此，进行安全教育、训练要适时、宜人，内容合理、方式多样，形成制度。组织安全教育、训练要做到严肃、严格、严密、严谨，讲求实效。

（1）管理人员和操作人员应具有以下基本条件和素质。

1）具有合法的劳动手续。临时性人员须正式签订劳动合同，接受入场教育后，才可进入施工现场和劳动岗位。

2）没有痴呆、健忘、精神失常、癫痫、脑外伤后遗症、心血管疾病、晕眩及其他不适于从事操作的疾病。

3）没有感官缺陷，感性良好，有良好的接受、处理、反馈信息的能力。

4）具有满足不同层次操作所必需的文化水平。

5）输入的劳务必须具有基本的安全操作素质，应经过正规训练、考核，输入手续完善。

（2）安全教育、训练的目的与方式。安全教育、训练包括知识、技能、意识三个阶段的教育。进行安全教育、训练，不仅要使操作者掌握安全生产知识，而且能正确、认真地在作业过程中，表现出安全的行为。安全知识教育，要使操作者了解、掌握生产操作过程中，潜在的危险因素及防范措施；安全技能训练，要使操作者逐渐掌握安全生产技能，获得完善化、自动化的行为方式，减少操作中的失误现象；安全意识教育，在于激励操作者自觉坚持实行安全技能。

（3）安全教育的内容随实际需要而确定。

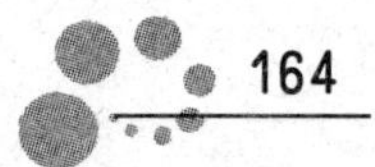

1）新工人入场前应完成三级安全教育。三级安全教育即是：公司对项目部、项目部对班组、班组对工人的安全教育。对学徒工、实习生的入场三级安全教育，应偏重一般安全知识、生产组织原则、生产环境、生产纪律等；强调操作的非独立性；对季节工、农民工的三级安全教育，以生产组织原则、环境、纪律、操作标准为主。2个月内安全技能不能达到熟练的，应及时解除劳动合同，废止劳动资格。

2）结合施工生产的变化适时进行安全知识教育，一般每10天组织一次较为合理。

3）结合生产组织安全技能训练，干什么训练什么，反复训练、分步验收，以达到获得完善化、自动化的行为方式的目的。

4）安全意识教育的内容不宜确定，应随安全生产的形势变化确定阶段教育内容。可结合发生的事故进行增强安全意识的教育，坚定掌握安全知识与技能的信心，吸取事故教训。

5）针对由季节、自然变化所引起的生产环境、作业条件的变化进行教育时，目的应在于增强安全意识，控制人的行为，尽快地适应变化，减少人为失误。

6）采用新技术、使用新设备和新材料、推行新工艺之前，应对有关人员进行安全知识、技能、意识的全面安全教育，激励操作者运用安全技能的自觉性。

（4）加强教育管理，增强安全教育效果。

1）教育内容全面，重点突出，系统性强，抓住关键反复教育。

2）反复实践，养成自觉采用安全操作方法的习惯。

3）使每个受教育者了解自己的学习成果，鼓励受教育者树立坚持安全操作方法的信心，养成安全操作的良好习惯。

4）使每个受教育者了解安全保证措施，严格安全操作规范。

5）采取奖励措施促进、巩固学习成果。

（5）进行各种形式、不同内容的安全教育，应把教育的时间、内容等清楚地记录在安全教育记录本或记录卡上。

2. 明确安全责任，实施责任管理

针对各工种的特点和施工条件，建立健全施工安全管理制度和安全操作规程，要求各级安全员忠于职守，本着对工程高度负责的责任心，对一切违反规定的劳动和违章行为，要坚持原则、及时纠正。

（1）建立、完善以项目经理为首的安全生产领导组织，有组织、有领导地开展安全管理活动，承担组织、领导安全生产的责任。

（2）建立各级人员安全生产责任制度，明确各级人员的安全责任。抓制度落实、抓责任落实，定期检查安全责任落实情况。项目经理是施工项目安全管理第一责任人；各级职能部门负责人，在各自业务范围内，对实现安全生产的要求负责；全员承担安全生产责任，建立安全生产责任制。从经理到工人的生产系统做到纵向到底，一环不漏。各职能部门的安全生产责任做到横向到边、人人负责。

（3）施工项目应通过安全监督部门的安全生产资质审查，并得到认可。一切从事生产管理与操作的人员，依照其从事的生产内容，分别通过企业、施工项目的安全审查，取得安全操作认可证，持证上岗。特种作业人员，除须经企业安全审查，还须按规定参加安全操作考核，取得相应的上岗证书，坚持“持证上岗”。

（4）施工项目部负责施工生产中物的状态审验与认可，承担物的状态漏验、失控的管理责任，承担由此而出现的经济损失。

（5）一切管理、操作人员均需与施工项目签订安全协议，向施工项目作出安全保证。

（6）应作好安全生产责任落实情况的检查记录，将其作为分配、补偿的原始资料之一。

3. 全面落实安全检查

安全检查是发现不安全行为和不安全状态的重要途径，是消除事故隐患、落实整改措施、防止事故伤害、改善劳动条件的重要方法。安全检查的形式有普遍检查，专业检查和季节性检查3种。

(1) 安全检查的内容。安全检查主要是查思想、查管理、查制度、查现场、查隐患、查事故处理。

1) 施工项目的安全检查以自检形式为主，主要是项目经理到操作、生产一线对各个方位的安全状况进行的检查。检查的重点以劳动条件、生产设备、现场管理安全卫生设施以及生产人员的行为为主。发现危及人的安全的因素时，必须果断地消除。

2) 各级生产组织者，应在全面安全检查中，对照安全生产方针、政策，检查安全生产认识上的差距。

3) 对安全管理的检查，主要是检查安全生产是否提到议事日程上；各级安全责任人是否坚持"五同时"；业务职能部门、人员，是否在各自业务范围内，落实了安全生产责任。专职安全人员是否在位、在岗；安全教育是否落实，教育是否到位；工程技术、安全技术是否结合为统一体；作业标准化实施情况；安全控制措施是否有力，控制是否到位，有哪些消除管理差距的措施；事故处理是否符合规则，是否坚持"三不放过"的原则。

(2) 安全检查的组织。

1) 建立安全检查制度，按制度要求的规模、时间、原则等全面落实。

2) 成立由第一责任人为首，业务部门、人员参加的安全检查组织。

3) 安全检查必须做到有计划、有目的、有准备、有整改、有总结、有处理。

(3) 安全检查的准备。

1) 思想准备。发动全员开展自检，自检与制度检查结合，形成自检自改、边检边改的局面，使全员在发现危险因素的能力方面得到提高，在消除危险因素的过程中受到教育，在安全检查中得到锻炼。

2) 业务准备。确定安全检查目的、步骤、方法；成立检查组，安排检查日程；分析事故资料，确定检查重点，把精力侧重于事故多发部位和工种的检查；规范检查记录用表，使安全检查逐步纳入科学化、规范化轨道。

(4) 安全检查方法。常用的安全检查方法有一般检查方法和安全检查表法。

1) 一般检查方法常采用看、听、嗅、问、查、测、验、析等方法。

看：看现场环境和作业条件，看实物和实际操作，看记录和资料等。

听：听汇报、听介绍、听反映、听意见或批评，听机械设备的运转响声或承重物发出的微弱声等。

嗅：对挥发物、腐蚀物、有毒气体进行辨别。

问：评影响安全问题，详细询问，寻根究底。

查：查明问题，核对数据，查清原因，追查责任。

测：测量、测试、监测。

验：进行必要的试验或化验。

析：分析安全事故的隐患、原因。

2) 安全检查表法是一种原始的、初步的定性分析方法，它通过事先拟定的安全检查明细表或清单，对安全生产进行初步的诊断和控制。安全检查表通常包括检查项目、内容、回答问题、存在问题、改进措施、检查措施、检查人等内容。

(5) 安全检查的形式。

1) 定期安全检查，指列入安全管理活动计划、有较一致时间间隔的安全检查。定期安全检查的周期，施工项目自检宜控制在10～15天，班组必须坚持日检。季节性、专业性安全检查，应按规定要求确定日程。

2) 突击性安全检查，指无固定检查周期，对特别部门、特殊设备、小区域的安全检查。

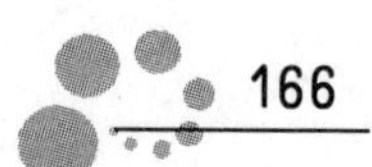

3）特殊检查。对预料中可能会带来新的危险因素的新安装的设备、新采用的工艺、新建或改建的工程项目在投入使用前，通常会进行以“发现”危险因素为专题的安全检查，这种检查叫特殊安全检查。特殊安全检查还包括对有特殊安全要求的手持电动工具、电气设备、照明设备、通风设备、有毒有害物的储运设备进行的安全检查。

（6）消除危险因素的关键。安全检查的目的是发现、处理、消除危险因素，避免事故伤害，实现安全生产。消除危险因素的关键环节在于认真地整改，真正地、确确实实地把危险因素消除。对于一些由于种种原因而一时不能消除的危险因素，应逐项分析，寻求解决办法，安排整改计划，尽快予以消除。安全检查后的整改，必须坚持“三定”和“不推不拖”，不使危险因素长期存在而危及人的安全。“三定”指的是对检查后发现的危险因素的消除态度，即定具体整改责任人、定解决与改正的具体措施、定消除危险因素的整改时间。在解决具体的危险因素时，凡借用自己的力量能够解决的，不推不拖、不等不靠，坚决地组织整改。自己解决有困难时，应积极主动寻找解决办法，争取外界支援以尽快整改。不把整改的责任推给上级，也不拖延整改时间，尽快把危险因素消除。

4. 实现生产技术与安全技术的统一

生产技术工作通过完善生产工艺过程、完备生产设备、规范工艺操作来发挥技术的作用，保证生产顺利进行的，它包含了安全技术在保证生产顺利进行的全部职能和作用。生产技术与安全技术的实施目标虽各有侧重，但工作目的完全统一在保证生产顺利进行、实现效益这一共同的基点上。生产技术与安全技术统一，体现了安全生产责任制的落实，是“管生产同时管安全”的管理原则的具体落实。具体应做到以下几点。

（1）编制安全技术措施的技术人员必须掌握工程概况、施工方法、施工环境、施工条件等第一手资料，并熟悉相关的安全法规、标准等才能编写有针对性的安全技术措施。对大型工程，除必须在施工项目管理规划中编制施工安全技术总措施外，还应编制单位工程或分部分项工程安全技术措施，详细地制定出有关安全方面的防护要求和措施。

（2）施工生产进行之前，应考虑产品的特点、规模、质量，生产环境，自然条件等；摸清生产人员流动规律、能源供给状况、机械设备的配置条件，需要的临时设施的规模，以及物料的供应、储放、运输等条件；完成生产因素的合理匹配计算，完成施工设计和现场布置。施工设计和现场布置，经过审查、批准，即成为施工现场中生产因素流动与动态控制的唯一依据。

（3）在进行施工项目中的分部、分项工程施工之前，应针对工程的具体情况与生产因素的流动特点，完成作业或操作方案。这将为分部、分项工程的实施，提供具体的作业或操作规范。方案完成后，为使操作人员充分理解方案的全部内容，减少实际操作中的失误，避免操作时的事故伤害，要把方案的设计思想、内容与要求，向作业人员进行充分的交底。交底既是安全知识教育的过程，同时也确定了安全技能训练的时机和目标。

第四节　建筑装饰工程施工安全隐患和事故处理

一、安全隐患

建筑施工现场的安全隐患主要是由人的不安全行为、物的不安全状态和管理缺陷所造成的。企业应根据自身的生产特点制定相应的预防措施和施工方案。建筑装饰企业常见的安全隐患主要表现在以下几个方面。

（一）安全生产

1. 安全资料

（1）有代签字现象。

（2）未严格实行安全管理“从零工作法”或“从零工作法”日志记录不全、有虚假现象。

（3）存在资料与现场实际情况不相符的现象。

2. 脚手架

(1) 脚手板未满铺。

(2) 未按规定设置排水沟。

(3) 脚手架杆件未涂刷黄漆。

(4) 内排架距建筑物之间未按规定防护。

3. “三宝”、“四口”与“五临边”防护

(1) 施工现场未按规定佩戴安全帽。

(2) 高处作业未按规定佩挂安全带。

(3) 安全网内杂物过多。

(4) 楼梯口、电梯井口、预留洞口、通道口等洞口防护不严，未涂刷红白相间警戒色。

(5) 基坑、屋面、楼板、阳台、卸料平台等临边防护不严，防护栏未涂刷红白相间警戒色。

4. 施工用电

(1) 电箱前堆放杂物。

(2) 电箱未按规定设置防雨设施。

(3) 私拉乱接现象严重。

5. 起重机械设备及操作

(1) 塔吊司机证件未存放于施工现场。

(2) 未设塔吊指挥或指挥联络信号不明确。

(3) 外用电梯、物料提升机各层卸料平台安全门未按规定关闭。

(4) 塔吊、电梯、井架、吊篮、物料提升机等注册登记牌未按规定固定在设备上。

6. 施工机具

(1) 冲击钻、电锯等危险性较高的施工机具无防护棚或封闭不严。

(2) 机具传动部位未设置防护罩。

(3) 施工机具未按规定设置相应的防护措施。

(二) 文明施工

1. 现场围挡

(1) 围挡墙未进行美化、亮化。

(2) 围挡墙倾斜、破损、不整洁。

(3) 依靠围挡墙堆放物料、垃圾。

2. 建筑物围挡

(1) 密目安全立网围挡高度未达到规定要求。

(2) 密目安全立网破损、不整洁。

(3) 密目安全立网绑扎不牢，围挡不严密。

(4) 密目安全立网用扎丝绑扎或网扣有漏绑现象。

3. 安全警示

(1) 未按规定使用人性化安全警示用语牌。

(2) 未按规定设置安全警示镜。

(3) 安全警示标志设置数量不足、悬挂位置不当。

4. 临建设施

(1) 墙板、门窗等破损、未及时修整、不整洁。

(2) 温暖季节未按规定安装纱门、纱窗。

(3) 宿舍卫生脏乱，未设置统一封闭式餐具柜。

(4) 食堂卫生差，炊事人员未穿工作服。

(5) 厕所未及时冲刷。

(6) 未按规定设置和使用淋浴室。

5. 场容场貌

(1) 施工现场大门口处未设置、使用冲刷车辆设施。

(2) 进出车辆冲刷不净、覆盖不严而污染道路。

(3) 施工现场硬化道路破损、污染严重。

(4) 建筑材料堆放混乱，未按规定设置标识牌。

(5) 施工作业区、生活办公区划分不明显。

(6) 建筑垃圾未及时清运，生活垃圾未日产日清。

(7) 施工现场排水不畅通，存有污水污泥。

(8) 从建筑物内向外抛撒垃圾的。

6. 现场防火

(1) 未按规定设置消防器材集中点。

(2) 生活区、木制作区、仓库、变（配）电室、配电箱等易燃场所未合理配置消防器材。

7. 综合管理

(1) 未按规定开展工地职工夜校活动。

(2) 安全员未穿统一的专门制服。

二、施工现场安全事故的处理

事故是违背人们意愿，且又不希望发生的事件。一旦发生事故，不能以违背人们意愿为理由予以否定，而应对事故的发生有正确认识，用严肃、认真、科学、积极的态度，处理好已发生的事故，尽量减少损失。

1. 处理事故的工作程序

(1) 接到报案后，立即赶赴事故现场，核实事故情况。

(2) 将初步核实情况报上级安全生产监督管理部门。

(3) 会同相关部门成立事故调查组，对事故进行调查处理。

(4) 24 小时内，将事故初步调查情况以书面形式报上级建设行政主管部门。

(5) 督促事故单位整改，消除隐患。

(6) 督促落实事故调查组提出的事故处理意见。

(7) 收集、整理事故调查材料，归档备查。

2. 安全生产责任事故的处理

(1) 报告程序。

1) 现场有关人员和本单位负责人应上报给负责安全生产监督管理的部门、建设行政主管部门或其他有关部门（特种设备发生事故的，需同时向特种设备安全监督管理部门报告）。

2) 分包单位和总包单位应逐级上报。

3) 特大事故发生后，省级人民政府应迅速、如实发布事故信息。

(2) 现场救援。县级以上地方人民政府应当组织有关部门制定本行政区域内特大生产安全事故应急救援预案，建立应急救援体系。施工单位应建立本单位的生产安全事故应急救援预案，建立应急救援组织或者配备应急救援人员，配备必要的应急救援器材、设备。施工单位应对施工现场易发生重大事故的部位、环节进行监控，制定施工现场生产安全事故应急预案。总包单位应统一组织编制生产安全事故应急救援预案，总包、分包单位各自建立应急救援组织或配备应急救援人员，配备应急救援器材、设备。事故发生后，各有关单位、部门应当迅速赶往现场，组织事故救援；施工单位应当采取措施防止事故扩大，保护事故现场。

(3) 事故调查的有关规定。发生人员轻伤、重伤事故时，由企业负责人或指定人员组织有关人员进行调查；死亡事故由企业主管部门会同现场所在市有关部门进行调查；重大伤亡事故由省企业主管部门或国务院有关部门会同有关部门进行调查；特大事故由省人民政府或国务院归口管理部门或国务院授权的部门或国务院组织有关部门进行调查。

(4) 现场勘察。

1) 基本要求：及时、全面、细致、准确、客观。

2) 主要内容：制作笔录、实物拍照、现场绘图。

(5) 事故调查分析及结论。

1) 原则：实事求是、尊重科学。

2) 事故性质分类：责任事故、非责任事故、破坏事故3种。

3) 事故调查的步骤：①查明直接原因；②查明间接原因；③确定直接责任者和领导者。

4) 主要程序：查明事故发生的经过——查找事故的原因——确定事故的性质——找出防范措施。

5) 争议解决办法：①劳动管理部门提出结论性意见；②报上级劳动管理部门或者有关部门处理；③报同级人民政府裁决。

(6) 施工伤亡事故处理。

1) 时间要求。一般情况90天内结案（调查阶段60天内＋处理阶段30天内），特殊情况180天内结案。

2) 对于特大安全事故，省级人民政府、国务院可对有关责任人员作出处理决定。事故调查组提出的事故处理意见和防范措施建议，由发生事故的企业及其主管部门负责处理。

3. 避免同类事故重复发生的有效措施

(1) 发生事故后，以严肃、科学的态度去认识事故，实事求是的按照规定、要求报告。不隐瞒、不虚报、不避重就轻是以科学、严肃的态度对待事故的表现。

(2) 积极抢救受伤人员的同时，保护好事故现场，以利于调查清楚事故原因，从事故中找到生产因素控制方面的不足。

(3) 分析事故，弄清其发生过程，找出造成事故的人、物、环境状态方面的原因；分清造成事故的安全责任，总结生产因素管理方面的教训。

(4) 以事故为例召开事故分析会进行安全教育，使所有生产部位、过程中的操作人员从事故中看到危害，激发他们的安全生产动机，从而使其在操作中自觉实行安全行为，主动消除物的不安全状态。

(5) 采取预防类似事故重复发生的措施，并组织彻底的整改，落实已采取的预防措施。经过验收，证明危险因素已完全消除后再恢复施工作业。

(6) 习惯上将未造成伤害的事故称为未遂事故。未遂事故就是已发生的、违背人们意愿的事件，只是未造成人员伤害或经济损失。其危险后果是隐藏在人们心理上的严重创伤，其影响作用时间更长久。未遂事故同样暴露出安全管理的缺陷、生产因素状态控制的薄弱。因此，未遂事故要同已经发生的事故一样对待，对其进行妥当的调查、分析和处理。

第五节 学习情境

学习某宾馆装饰工程施工现场安全管理的如下规定。

(1) 施工人员进入工地时，必须佩带统一的工作证，自觉接受工地保安人员的检查。

(2) 进入施工现场，必须戴好安全帽，扣好帽带，正确使用个人劳动防护用品。

(3) 禁止穿拖鞋、高跟鞋或赤脚进入施工现场。

(4) 禁止在施工现场或易燃易爆的地方吸烟、使用电炉。

(5) 禁止在工作前或工作时间内饮酒。

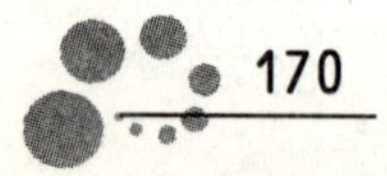

(6) 在两米以上高度进行悬空作业时，若无安全设施，则必须系好安全带、扣好保险钩。

(7) 高空作业时，不准往下或向上乱抛物料和工具等物品，同时严禁随便开启已完工幕墙的活动窗口。

(8) 在现场施工时，应注意保护已完成的玻璃幕墙、铝窗等产品及其他单位已完工的设施。

(9) 在调制或喷涂挥发性溶剂油料地段，必须有通风措施，生产人员应戴过滤式口罩，同时严禁在附近吸烟、焊接或生火。

(10) 施工现场严禁使用碘钨灯，一般照明应采用带安全网罩的行灯。对放有易燃物品的室内应设置防爆灯，并配置足够的灭火设备。

(11) 严禁随便在施工现场大、小便，设置专人每天清扫施工现场的垃圾杂物，并按指定地点集中堆放，定期组织外运，消除造成伤亡事故的隐患。

(12) 严禁施工人员在工地住宿，必须留住工地的值班人员或仓库保管人员，应经总包方的同意并登记备查，同时应注意搞好住宿地的卫生。

(13) 加强施工现场的日夜值班制度，配备足够的人员加强巡回检查，切实做好防火、防盗工作，加强成品、半成品的保护。

(14) 进入施工现场后，应详细检查是否具有带有隐患的危险孔洞并做好足够的围护措施。

(15) 存放在现场的施工用料不得随意支出运出工地。必须外运的应向业务主管部门申报原因及办理有关手续，经批准后方可运出。

思考题

1. 简述施工安全事故产生的原因。
2. 建筑装饰工程施工安全管理的内容有哪些？
3. 简述安全检查的内容及方法。
4. 简述施工现场处理安全事故的工作程序。

第十章　建筑装饰工程现场技术与资料管理

第一节　建筑装饰工程现场技术与资料管理概述

建筑装饰是以建筑物六面体为载体，将各种现代装饰材料固定到墙面或安装在地面和顶部上，这必然会与建筑物发生直接的联系。同时，现代建筑装饰是多功能的，具有各种设备和管道，要占用一定的室内空间，从而缩小了人的活动空间；有时管道还要穿过墙壁或梁柱，有损于建筑实体。因此，装饰施工与建筑施工有着密不可分的联系。作为从事建筑装饰工作的人员应对建筑技术有一定的了解。同时，建筑装饰现场的技术与资料管理和建筑技术与资料管理一样，是根据图纸来的，所以要在工程现场中有图纸管理，有施工方案、施工准备、技术交底、技术检验等一系列的技术管理和资料管理工作。

据有关资料显示，2010 年全国建筑装饰行业的总产值将达 21000 亿元，已成为国民经济增长的新亮点。但是由于种种原因，建筑装饰行业在飞速发展的同时，也暴露出许多不足，其中工程现场技术与资料管理不规范、不及时、不准确就是一个十分突出的问题。

建筑装饰工程现场技术与资料管理作为工程建设及竣工、备案的必备条件和对工程进行维护、管理的依据，在整个工程建设中占有十分重要的位置。建筑装饰工程施工企业应配备专门的技术与资料管理人员及时进行整理，而装饰工程主管部门也应制订一套标准的技术与资料管理或整理范本，确保建筑装饰工程现场技术与资料管理的科学性、完整性，对工程中所产生的各种资料进行整理归档，顺利达到竣工备案要求。

现代科技的迅速发展，装饰艺术的日益翻新，装饰新材料的不断出现，世界流行色彩的不断变化，以及世界现代旅游业的日渐发展，使得现代建筑装饰技术也不断向新的领域探索和发展，所以在建筑装饰工程的现场，从事相应工作的人员必须不断了解新材料、新设备，学习、掌握新技术，才能在现场灵活地进行技术和资料的管理工作，才能很快地适应迅速发展的现代建筑装饰的施工技术及其所带来的具有更新要求的资料管理工作。不难发现，现代建筑装饰施工技术是一项牵涉面广而且比较复杂的学科，它既不完全是建筑技术，又离不开建筑技术，因此在技术管理上，可以在很多方面借鉴建筑施工技术管理，并在此基础上创立和发展建筑装饰工程的现场技术管理。

在建筑施工技术管理中存在着“三个环节”、“五个条件”、“三个目的”的说法，这些内容也完全可以适合建筑装饰工程技术管理的工作。“三个环节”是指要做好施工前的各项技术准备工作；要在施工中贯彻执行、监督和检查各项技术措施的落实；要在施工后进行验收和总结。这三个环节应该紧密衔接、环环相扣、互相促进。“五个条件”是指①要有合格的技术管理人员（包括技术干部、技术工人和技术指挥系统）。总体而言，建筑装饰工程企业这方面目前尚处于薄弱环节，亟待培训各类人员。许多企业系由建筑施工转移过来，人员素质尚不适应装修技术管理的需要。②要有先进的技术装备（包括先进的机械、机具配套等）。这又是当前的一个薄弱环节。装饰施工虽不像建筑施工那样须用大型设备，但是建筑装饰施工所需的各种新型小型电动机具发展很快，品种也相对多样，涉及面广。③要有严格的技术要求（包括技术标准、规范、规程、设计图纸和说明及有关技术文件）。在这方面，只能部分借鉴建筑施工专业的有关文件，目前装饰施工技术还没有系统的要求，有待制定和完善相关规定。④要有科学的管理制度（包括技术岗位责任制和其他技术管理制度）。⑤要有科学的试验条件（如测试手段，材料试验和检验，构件检验，新材料、新技术、新结构、新工艺试验研究）。作为装饰技术，加强科学试验条件更有其紧迫性，许多新材料、新设备、新工艺需要进行科学试验。

比如，各类防水材料、阻燃材料、黏结剂以及施工湿度控制、防尘措施都有待试验。“三个目的”是指缩短施工周期；保证工程质量；获得较高的经济效益。

建筑装饰工程的现场技术与资料管理是建筑装饰工程施工项目管理中的重要环节，为工程竣工之后的顺利备案打下基础。

第二节　建筑装饰工程技术管理实务

建筑装饰工程技术管理是项目经理部在项目施工过程中，对各项技术活动过程和技术工作的各种要素进行科学管理的总称。所谓技术活动是指技术学习、技术运用、技术改造、技术开发、技术评价和科学研究的过程。其中各项技术活动包括图纸会审、技术交底、技术试验、科学研究等。技术工作的各种要素包括技术人员责任制、职工的技术培训、技术装备、技术文件、资料、档案等。技术管理的目的就是运用管理的职能去组织各种技术要求的实施，促进各种技术工作的开展，鼓励各种技术项目的创新，完善各种技术规章制度。

建筑装饰工程施工企业的生产经营活动是在一定的技术要求、技术标准和技术方法的组织和控制下进行的，技术是实现工期、质量、成本、安全等方面的综合保证。现代技术装备和技术方法的生产力依赖于现代科学管理去挖掘，两者相辅相成，在一定的技术条件下，管理是决定性因素。

一、技术管理的任务和要求

1. 技术管理的任务

建筑装饰工程施工项目技术管理的基本任务是：正确贯彻党和国家各项技术政策和法令，认真执行国家和上级制定的技术规范、规程，按创全优工程的要求，科学地组织各项技术工作，建立正常的技术工作秩序，提高建筑装饰施工企业的技术管理水平，不断革新原有的技术和采用新技术，达到保证工程质量、提高劳动效率、实现安全生产、节约材料和能源、降低工程成本的目的。

2. 技术管理的要求

（1）正确贯彻国家的技术政策。国家的技术政策是根据国民经济和生产发展的要求和水平提出来的，如现行的施工验收规范或规程，是带有强制性和方向性的决定，在技术管理中，必须正确地贯彻执行。

（2）严格按科学规律办事。技术管理工作一定要实事求是，采取科学的工作态度和工作方法，按科学规律组织和进行技术管理工作。应积极支持新技术的开发和研究，但是新技术的推广使用应经试验和技术鉴定，在取得可靠数据并证明确定新技术可行、经济合理后，方可逐步推广应用。

（3）全面讲究经济效益。在技术管理中，应对每一种新的技术成果认真做好技术经济分析，考虑各种技术经济指标和生产技术条件，以及今后发展等因素，全面评价它的经济效益。

二、技术管理的内容和职责分工

1. 施工项目技术管理的主要内容

建筑装饰工程施工项目技术管理的内容，可分为基础工作和业务工作两部分。

（1）基础工作。基础工作是指为开展技术管理活动创造前提条件的最基本工作，包括技术责任制、技术标准与规程、技术原始记录、技术文件管理、科学研究与信息交流等工作。

（2）业务工作。业务工作是指技术管理中日常开展的各项业务活动，主要包括施工技术准备工作，如施工图纸会审、编制施工组织设计、技术交底、材料技术检验、安全技术等；施工过程中的技术准备工作，如技术复核、质量监督、技术管理等；技术开发工作，如科学技术研究、技术革新、技术进步、技术改造、技术培训等。

基础工作和业务工作相互依赖并存，缺一不可。基础工作为业务工作提供必要的条件，但每一项技术业务工作都必须依靠基础工作才能进行，技术管理的基本任务必须由各项具体的业务工作来完成。

2. 施工项目技术职责分工

为使各级技术人员充分发挥积极性和创造性，完成好各自所负担的技术任务，使各级技术人员有一定的职责和权限，把技术管理工作和项目的其他管理工作有机地结合在一起，完成施工任务，不断提高技术水平，必须要建立技术管理责任制。

（1）工程技术负责人是第一线负责技术工作的人员，要对工程的施工组织、施工技术、技术管理、工程核算等全面负责。施工项目技术负责人的主要责任包括以下几点：

1）全面负责技术工作和技术管理工作。

2）贯彻执行国家的技术政策，技术标准，技术规格，施工、验收规范和技术管理制度。

3）组织编制技术措施纲要及技术工作总结。

4）领导开展技术革新活动，审定重大技术革新、技术改造和合理化建议。

5）组织编制和实施科技发展规划、技术革命计划和技术措施计划。

6）参加重点工程和大型工程三结合（结合现场、结合实际、结合设计）设计方案的讨论，组织编制和审批施工组织设计和重大施工方案，组织技术交底，参加竣工验收。

7）主持技术会议，签订签发技术规定、技术文件，处理重大施工技术问题。

8）领导技术培训工作，审批技术培训计划。

9）参加引进项目的考察和谈判。

（2）专业工程师的主要职责包括以下几点：

1）主持编制施工组织设计和施工方案，审批单位工程的施工方案。

2）主持图纸会审和工程技术交底。

3）组织技术人员贯彻执行各项技术政策、规程、规范、标准和各项技术管理制度。

4）组织制定保证工程质量和安全技术的措施，主持主要工程的质量检查，处理施工质量和技术问题。

5）负责技术总结，汇总竣工资料及原始技术凭证。

6）编制专业的技术革新计划，负责专业的技术情报、技术革新、技术改造和合理化建议，对专业的科技成果组织鉴定。

（3）单位工程技术负责人的主要职责包括以下几点：

1）在施工队长的领导下，全面负责单位工程施工技术管理工作。

2）贯彻执行质量标准、操作规范和验收规范。

3）参与图纸会审、施工组织设计的编制、分部分项施工方案的制订。

4）组织好施工，搞好工序衔接和班组的协作配合，排除施工障碍，保证施工进度计划按要求执行。

5）检查各专业工长、班组长进行的技术、质量安全和消耗等的交底工作情况，检查定位、顶标高、抄平的交底和复核工作，做好预检和隐秘工程的验收记录，做好施工日志，积累和提供技术档案等原始资料。

6）组织工长、班组长及质检员对分部分项工程进行质量检查和评定，参加竣工验收。

7）负责单位工程的全面质量管理。

为了使各级技术负责人员能够履行自己的职责，企业应根据实际需要与可能，为他们配备必要的专职技术人员作为助手，并建立必要的专职技术机构，在技术负责人的领导下，开展本部门的技术业务工作，为施工创造必要的技术条件，保证施工的顺利进行，并取得良好的经济技术效果。

三、技术管理制度及相关技术管理工作

（1）图纸会审制度。图纸会审制度是指每项工程在施工前，均要在熟悉图纸的基础上，对图纸进行会审。其目的是领会设计意图，明确技术要求，发现其中的问题和差错，以避免造成技术事故和经济上的浪费。

(2) 施工技术交底制度。技术交底是指工程开工之前，由各级技术负责人将有关工程的各项技术逐级向下宣贯，直至施工现场，使各级技术人员和工人明确各自所担负的任务及其特点、技术要求及施工工艺等。因此要制定相关的制度，以保证技术责任制的落实、技术管理体系正常运转、技术工作按标准和要求运行。

(3) 材料检验制度。在装饰施工中，使用的所有材料、构配件和设备等物资，必须由供方部门提供合格证明和检验单，各种材料在使用前按规定抽样检验，新材料要经过技术鉴定合格后才能在工程上使用。

(4) 技术复核制度。在现场施工中，为避免发生重大差错，对重要的或影响工程全局的技术工作，施工企业应认真健全现场技术复核制度，明确技术复核的具体项目。复核中，发现问题要及时纠正。

(5) 施工日志制度。施工日志，是工程项目施工过程中有关施工技术方面的原始记录，是改进和提高技术管理水平的重要依据。技术负责人应从工程施工开始到工程竣工为止，不间断地详细记录每天的施工情况。工程施工日志应包括以下几个方面的内容。

1) 工程开、竣工日期以及主要分部工程的施工起止日期。

2) 技术资料及技术交底等事项。

3) 工程准备情况，包括临时设施、现场三通一平，人员、机具、材料的准备，图纸会审的主要问题记录，业主交与施工单位的中心点、标高点的记录及复测。

4) 材料、半成品的检验与试验。

5) 主要材料、设备及其资料的到货情况。

6) 设计变更的日期及主要内容。

7) 记录工程的测量情况。

8) 记录工程的自检、专检情况（特别是隐蔽工程记录）。

9) 工序的交接记录。

10) 业主、监理代表现场确认的有关事宜。

11) 工期紧急情况下采取的特殊措施和施工方法。

12) 施工现场有关的工程进展情况。

13) 质量、安全、机械事故的情况、发生原因及处理方法的记录。

14) 有关领导或职能部门对工程所作的生产、技术方面的决定或建议。

15) 工程项目试车记录。

16) 气候、地质等自然灾害以及其他特殊情况（如停电、停水、停工待料）的记录。

(6) 工程质量检查和验收制度。制定工程质量检查和验收制度的目的在于加强工程施工质量的控制，避免质量差错造成永久隐患，并为质量等级评定提供数据和参考，为工程累积技术资料。工程质量检查和验收制度包括预检制度、工程隐检制度、工程分阶段验收制度、竣工检查验收制度、分项工程交接验收制度等。

(7) 工程施工技术资料管理制度。工程施工技术资料是装饰施工企业根据有关规定，在施工过程中形成的应当归档保存的各种图纸、表格、文字、音像材料等技术文件材料的总称，是工程施工及竣工验收交付使用的必备条件，也是对工程进行检查、维护、管理、使用、改建和扩建的依据。制定该制度的目的是为了加强对工程施工技术资料的统一管理，提高工程质量的管理水平。它必须贯彻国家和地区有关技术标准、技术规程和技术规定，以及企业有关的技术管理制度。

四、主要技术管理工作

1. 设计文件的学习和图纸会审

图纸会审是由设计、施工、监理单位以及其他有关部门参加的图纸审查会，其目的有两方面：一是使施工单位和各参建单位熟悉设计图纸，了解工程特点和设计意图，找出需要解决的技术难题，并制定解决方案；二是解决图纸中存在的问题，减少图纸的差错，使设计经济合理、符合实际，以利于施工顺利进行。文件学习与图纸会审是施工技术管理的重要组成部分，把设计图纸变为实际的工程需要做很多实际工作，搞好学习与审查是一项重要和有成效的工作。

2. 施工技术交底

技术交底的目的是使参与施工的人员熟悉和了解所承担的工程特点、设计意图、技术要求、施工工艺和应注意的问题。企业应建立技术交底责任制，并加强施工质量检验、监督和管理，从而提高装饰质量。

(1) 技术交底的主要内容。

1) 设计交底。设计交底的目的在于使施工人员了解工程的设计特点、构造、做法、要求、使用功能以及对装饰材料的特殊要求、装饰要求等，以便掌握和了解设计意图和设计关键，以达到按图施工。

2) 施工组织设计交底。施工组织设计交底是将施工组织设计的全部内容向班组交代，使班组能掌握和了解本工程的特点、施工方案、施工方法、工程任务划分、进度要求、质量要求及各项管理措施等。

3) 设计变更交底。它是将设计变更的结果及时向施工人员和管理人员进行统一说明，便于统一口径，便于施工查错，也便于经济核算。

4) 分项工程技术交底。它是各级技术交底的关键，其主要内容包括：施工工艺、质量标准、技术措施、安全要求及新技术、新工艺和新材料的特殊要求等。

(2) 技术交底的要求。技术交底是一项技术性很强的工作，对保证质量至关重要，不但要领会设计意图，还要贯彻上一级技术管理人员的意图和要求。技术交底必须满足施工规范、规程、工艺标准、质量检验评定标准，满足业主的合理要求。所有技术交底资料，都是施工中的技术资料，要列入工程技术档案。技术交底必须以书面形式进行，经过检查与审核，有签发人、审核人、授受人的签字。整个工程施工、各分部分项工程，均须做技术交底，特殊和隐蔽工程，更应认真做技术交底。在交底时应着重强调易发生质量事故与工伤事故的工程部分，防止各种事故的发生。

3. 工程质量检查和验收

在现场施工过程中，为了保证工程质量，必须根据国家规定的质量标准逐项检查操作质量和中间产品质量，并根据装饰工程的特点，在质量检查的基础上进行隐蔽工程、分项工程和竣工工程的验收。

4. 技术措施、技术规程和技术革新

(1) 技术措施。技术措施是为了克服生产中的薄弱环节，挖掘生产潜力，保证完成生产任务，获得良好的经济效果，在提高技术水平方面采取的各种手段和方法。要做好技术措施工作，必须编制技术措施计划，落实技术责任。技术措施计划的主要内容包括以下几个方面。

1) 引进和吸收先进的施工工艺和操作技术，加快施工进度，提高劳动生产率等措施。

2) 保证和提高工程质量的技术措施。

3) 节约劳动力、原材料、动力、燃料、降低成本，提高经济效益的技术措施。

4) 推广新技术、新工艺、新结构、新材料的措施。

5) 提高机械化施工水平，改进机械设备和完善组织管理的措施。

6) 保证安全施工和环境保护的措施。

7) 采用现代化的管理手段和方法。

(2) 技术规程。建筑装饰工程技术规程是施工及验收规范的具体化，对建筑装饰工程的施工过程、操作方法、设备和工具的使用、施工安全技术要求等作出具体技术规定，用以指导建筑装饰工人进行技术操作。

在贯彻施工及验收规范时，由于各地区的操作习惯不完全一致，有必要制定符合本地区实际情况的具体规定。技术规程就是各地区（各企业）为了更好地贯彻执行国家的技术标准，根据施工及验收规范的要求，结合本地区（企业）的实际情况，在保证达到技术标准的前提下所作的具体技术规定。常用的技术规程有下列四类：

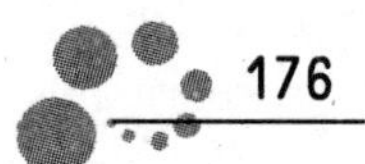

1）施工工艺规程。它规定了施工的工艺要求、施工顺序、质量要求等。

2）施工操作规程。它规定了各种主要工种在施工中的操作方法、技术要求、质量标准、安全技术等。工人在生产中必须严格执行施工操作规程，以保证工程质量和生产安全。

3）设备维护和检修工程。它是按设备磨损的规律，对设备的日常维护和检修作出的规定，目的在于使设备的零部件完整齐全、清洁、润滑、紧固、调整、防腐蚀等技术性能良好，设备操作安全，原始记录齐全。

4）安全操作规程。它是为了保证在施工过程中人身安全和设备运行安全所作的规定。

技术标准和技术规程一经颁发就必须严格执行；但是技术标准和技术规程并不是一成不变的，随着技术和经济发展，需要适时地对它们进行修订。

（3）技术革新。技术革新是对企业现有技术水平进行改进、更新和提高的工作。它会带来技术质量的变化，使企业的技术水平不断提高，技术革新的主要内容有：

1）改进现行施工工艺和操作技术。

2）改革原料、材料和资源的利用方法。

3）改进施工机具，改革操作方法，提高机具利用率。

4）做好技术改革新成果的巩固、提高和推广工作。

开展技术革新必须加强领导，发动群众，调动各方面的积极性与创造性。因此，在组织上和方法上要抓好几项工作：①联系群众，解决施工生产中的关键问题；②解放思想，勇于探索，尊重科学，组织攻关；③做好技术革新成果的巩固、提高和推广工作；④认真计算技术革新在促进生产发展中的效果，同时要根据革新成果被采纳后所带来的生产效果的大小，对技术革新提出人给予适当的奖励。

5. 施工组织设计工作

施工组织设计是一项重要的技术管理工作，由于建筑装饰工程除具有一般建筑工程的特点外，还具有工期长、质量严、工序多、材料品种复杂、与其他专业交叉等特点，在施工组织上难度较大。这就要求技术人员要充分考虑工程的特点，运用统筹的基本原理和方法，利用先进的装饰施工技术，预见性规划和部署施工生产活动，制定科学合理的施工方案和技术组织措施，对整个建筑装饰工程进行全面规划，从而有组织、有计划、有秩序地均衡生产，优质高效地完成装饰工程。一个好的施工组织设计能够弥补装饰施工管理人员的不足。实践证明，施工组织设计无论编制得如何完善，一成不变地付诸实施的几乎没有。影响施工进度和施工组织管理的因素非常多，这就要求技术人员在组织施工过程中，还要不断地学习和总结经验，进一步提高施工组织设计编制的质量，要及时根据实际情况进行调整，不但要控制好“不变因素”，还要有预测性地掌握好“可变因素”。

6. 工程技术档案工作

工程技术档案是国家整个技术档案中的一个组成部分。它是记述和反映工程施工技术科研等活动，具有保存价值，并按照一定的档案制度，真实记录并集中保管起来的技术文件资料。工程技术档案工作的任务是按照一定的原则和要求，系统地收集、记录工程建设全过程中具有保存价值的技术文件资料，并对其按归档制度加以整理，以使工程竣工验收后能完整地移交给有关技术档案管理部门。

（1）工程技术档案的收集。在工程技术档案收集的过程，首先要把工程技术档案的技术资料区分开来，然后按工程技术档案的内容和程序进行收集。工程技术档案分为建设单位保管的档案和施工单位保管的档案两部分。

1）工程交工后交由建设单位保管的档案主要包括：施工图和竣工工程项目一览表；图纸会审记录，设计变更和技术核定单；材料构配件和设备的质量合格证明；工程质量评定单，隐蔽工程验收记录和质量事故处理记录；设备和管线等调试、试压、试运转记录等；施工单位和设计单位提出的建筑物、构筑物、设备使用注意事项方面的文件及有关该工程的技术决定等。

2）供施工单位今后施工参考、保存的档案主要包括：施工组织设计及经验采用和改进记录；技术革新新建议的实验、采用和改进记录；重大质量和安全事故情况，原因分析及补救措施记录；有关重大技术决定和其他施工技术管理的经验总结；施工日志等。

(2) 工程技术档案的管理。工程技术档案的管理工作，包括技术档案材料的系统整理和技术档案资料全面收集，以及在此基础上，对技术档案材料所进行的科学的分类和有秩序的排列。一般按工程项目进行分类，而每一类又可以按专业分为若干细类，以便查找。技术档案的目录编制，可根据企业编目的规定和习惯，按一定形式和要求编制。

(3) 工程质量监督管理部门的监督管理资料。这是指建设单位委托工程质量监督站进行的监督工作，主要有以下内容。

1) 工程质量委托书是建设单位将质量监督任务委托给质量监督部门的一种手续。委托书的内容包括监督形式、方法和监督项目以及建设单位应提供的技术文件，经双方签字加盖单位印章即可生效，具备法律性，由建设单位归入技术资料档案。

2) 监督工作开始前，要明确监督员根据设计意图和设计说明以及建设单位要求、工程特点制定出的工程质量监督的重点，重点部位必须经过监督部门检查后方能进行下道工序的施工。工程质量监督重点的确定经过四方同意后履行签认手续，分发给各单位，共同遵守。

3) 监督计划经监督实现后，由监督部门签证，竣工后由施工单位归入技术资料档案。

4) 监督每项工程全过程中发生的质量问题及处理情况的记录，进行整理后由监督部门交建设单位归入技术资料档案。

5) 每项工程竣工后，监督部门组织检验，签发核验五联单，由施工单位、建设单位归档。

6) 每项工程竣工后，监督部门整理全套监督技术资料，手续要齐全，存入档案保存备查。

第三节　建筑装饰工程资料管理基本规定

一、建筑装饰工程相关资料内容

现代建筑装饰施工与建筑施工密不可分，在管理上，有许多相似之处。建筑装饰施工在资料管理方面可以借鉴建筑技术管理方法。建筑装饰工程资料主要包括以下几方面的内容。

(1) 施工方案、施工组织设计及技术交底资料。

(2) 材料及产品设备检验资料。

(3) 施工试验报告。

(4) 施工记录。

(5) 预检记录。

(6) 隐检记录。

(7) 设备基础及改变结构记录。

(8) 水暖及卫生设备安装记录。

(9) 电气设备及灯饰安装记录。

(10) 消防设备安装记录。

(11) 空调设备安装记录。

(12) 广播音响安装记录。

(13) 其他专业设备安装记录。

(14) 工程质量检验评定资料。

(15) 竣工验收资料。

(16) 设计变更、图纸会审记录、商洽记录、竣工图。

(17) 工程质量监督签证记录。

(18) 发生质量事故处理情况记录。

(19) 竣工检验签证记录。

二、对各项资料的要求

各项资料要求记录真实、准确及时、内容完整、项目签证齐全、字迹清楚、不涂改、不伪造、不后补、整理资料规范系统化。

（1）施工组织方案应在施工前编制。工程量大、工期长的工程应该根据设计图具体情况在总的施工组织方案前提下，可按分期工程编制；技术复杂的工程由公司技术科负责编制施工组织方案，一般工程可由工程项目工程师负责编制。不管哪一级编制的施工组织方案，都应该经过生产、劳保、质量、设计、劳动、人事等部门讨论，经公司总工程师批准方能生效。

1）技术交底。对主要项目必须要有书面交底，其内容应该结合本工程的实际，提出保证达到设计要求、工艺标准等的措施，在执行前交接双方签字。在技术交底的过程中要考虑到公司、项目部、班组的三级交底情况。

2）材料及产品设备检验是保证工程质量的重要条件，必须逐项按国家规范和验收标准进行验收。材料部门必须供应符合质量要求的材料和产品，并提供出厂合格证或试验单。不合格的材料及产品设备不得使用到工程上，并要出具处理意见。

3）装饰材料检查试验项目比较复杂，一般装饰材料均有出厂检验证和出厂日期，但即使工厂有出厂证明，也不一定能保证材料的质量，所以还应对一些项目进行必要的检验。

（2）施工记录。施工记录应包括以下几方面的内容。

1）试验报告。

2）防水试水记录，需甲方验收签证。

3）施工记录要记载质量事故及处理意见，冬季施工测温记录等。

4）质量事故要记录事故调查过程、原因分析及处理结果，记录要认真，并要有项目负责人及甲方签证。

5）预检记录要重点检查原结构情况，并要做好详细记录。

6）隐检记录。隐检是指针对被其他工序施工所隐蔽的工程项目，在其被隐蔽前必须进行的隐蔽检查。隐检应及时办理手续，不得后补。检查意见要写得具体明确；如需复查，应填写复查日期及复查人姓名，写明结论意见。

7）水暖、空调安装记录。

8）电气安装记录。

（3）工程质量检验评定、竣工验收。

1）将装饰工程质量检验评定作为一个独立的工程项目来考核，分为几个分部工程，分部工程完成后应及时填写分部工程质量评定表，并由单位工程负责人签字。

2）分项工程质量评定完毕后应汇总，编写出各分项工程的统计资料及评定结论。

3）单位工程评定和竣工验收应将表的内容填写齐全，由施工单位主要负责人审核并签证后，加盖单位印章，送质量监督部门进行检核，合格后签发验收单。

（4）设计变更及洽商记录。

1）设计变更和洽商记录是设计施工图纸的补充和修改，内容要求明确具体，应及时办理，不得任意涂改和后补，必要时要有附图。如图纸修改过多，应另行出图。

2）洽商记录按签证日期先后顺序编号，编号时应认真、编号应齐全。

3）设计变更记录应有设计单位、施工单位和建设单位三方代表签证，有关经济洽商记录可由施工单位和建设单位两方代表签证。

4）建设单位如委托施工单位办理签证，需要书面委托手续，洽商记录可由设计单位、施工单位两方签证。

5）洽商原件应存档，如相同工程合用一个洽商原件时，可用复印件存档，但三方要重新办理签证手续，并注明原件存放处。

6）总包与分包的有关设计变更洽商记录统一由总包办理洽商手续，并分发到有关单位。

（5）竣工图。

1）工程竣工后及时进行竣工图整理。

2）竣工图一般可在原图上加文字说明，标注有关洽商记录和编号，并将该洽商记录的复印件附在上面；有特殊要求的，可重新绘制竣工图。

三、建筑装饰工程现场资料管理制度

为加强工程资料规范化管理，提高工程管理水平，工程资料要严格按照上级主管部门的具体要求进行规范管理，提高施工现场资料的准确性、完整性。

（1）建筑装饰工程资料包括整个装饰工程施工环节的现场资料，全过程的图纸、技术文件资料。资料管理由资料员负责，包括工程全过程资料的收集、整理、报批、归档。资料员必须持证上岗，并不断加强对规程及专业知识的学习，提高自身业务水平，从而达到规范管理要求。

（2）现场工程资料应以施工质量验收规范、工程合同与设计文件、工程质量验收标准等为依据进行认真填写。

（3）工程资料应随工程进度及时收集、整理，并应按专业归类。资料要求认真填写、字迹清楚、项目齐全、准确、真实，表格应统一采取规程所附表格，特殊要求需增加表格时应依据规程统一归类。

（4）不得对工程资料进行涂改、伪造、随意抽撤或损毁，应保证工程资料的真实性及完整性。

（5）工程资料采用计算机管理，工程资料按规定采用打印加手写签名的形式，属重点工程、大型工程项目须采用缩制品或用光盘作为载体。

（6）资料管理过程中要及时收集装饰施工过程中发生的所有资料，汇总整理后资料要装入相应的档案盒，档案盒侧面及正面应有标识并整齐码放在档案柜中。

（7）工程资料收发均应有文字记录，对建设、监理、总分包单位发送的有关通告及文件，项目经理阅批后要及时归档。

（8）资料员应督促项目经理做好装饰工程施工进度分析、项目大事记及工程技术资料的填写，督促质检员做好工程物资质量保证文件的收集、工程物资的报验及分部分项工程施工报验，并督促专业工程师填写水、暖、通风、电气等专业工程资料、大事记，资料员及时进行归档，并形成电子文档。

（9）工程竣工后，要按照规程要求对本项目所形成的资料进行组卷及装订整理后在规定时间内与建设单位进行移交，并办理移交手续。

（10）施工资料原则上不得少于3套，其中移交建设单位2套，自行保存1套，施工资料应为原件，如建设单位对施工资料的编制有特殊要求的按建设单位要求执行。

（11）公司自存施工资料由资料员按公司有关资料管理规定进行组卷装订，将装饰工程资料上交备案。

四、工程资料整理要求

到目前为止，建筑装饰工程施工资料还没有一套自己的整理顺序，只能依据《建筑工程资料管理规程》（JGJ/T 185—2009）整理顺序进行整理。根据其特点，具体整理顺序如下：①图纸会审；②设计变更；③施工组织设计；④技术交底；⑤施工日志；⑥原材料、半成品、成品出厂质量证明和试验报告；⑦施工试验报告；⑧施工记录；⑨隐蔽工程验收记录；⑩工程质量检验评定；⑪竣工验收记录；⑫竣工图；⑬其他施工资料。

第四节　学　习　情　境

下面以酒店装饰施工为例，了解装饰工程现场技术与资料管理的基本内容和制度。

酒店工程技术复杂，装饰要求高，采用的新材料多。针对工程质量要求高、工期紧、难度大的特点需要有详细而周全的规划。在装饰施工的环节中加强管理，可以有效地控制工期，提高工程质量，

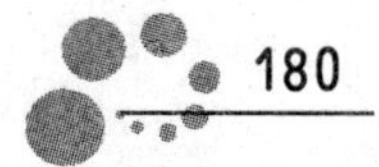

获得良好的经济效益和社会效益。

目前，对星级酒店建筑装饰设计的新颖性要求、材料的档次要求已越来越高。同时，随着星级酒店运行与管理的需要，大量的高科技、先进的设施与设备也已被采用。这一系列先进的新技术对酒店建造的参与者提出了更高的要求。当一座星级酒店的土建主体结构完成后，即将要转入室内全面装饰施工时，在此阶段前或此阶段施工过程中，室内的装饰工程与室内的安装工程应怎样协调，如何进行技术和资料的管理，这是每一个施工管理者应重视的问题。下面就从几个方面来进行诠释。

由于建筑装饰一般很难在图纸上全部表现出来，往往要通过实际才能看出来真实的效果，这就需要做出样板，这也就是俗称的样板法。样板有两种做法，一种是实地做，一种是模拟做。样板做完后，要请甲方、设计部门共同鉴定，听取意见。通过对样板间的鉴定，做出详细技术记录，以对原设计进行补充和修改。通过对样板的鉴定，施工单位可以对材料、施工工艺、各部门的尺寸做出详细的记录，写入施工组织方案中去，作为对工人的技术交底资料。这也就形成了对建筑装饰工程技术措施的一个简单方案。

一、室内装饰设计前的准备

一般说来，高级装饰的星级酒店建筑，室内有天花造型吊顶的区域，其水、电、暖通的施工都应作二次设计，前期管线预埋设计应慎重考虑，在后期装饰施工安装时，可敷设的管线就不需在土建施工时进行预埋，以节约造价成本和避免在装饰天花打吊杆时伤及预埋的管线。在室内装饰设计阶段，水、电、通风等专业设计师就应及时介入，与装饰设计要互相沟通。安装方面的设计师应将各区域、室内各处、天花内存在的管道、设备及其走向、布局、位置尺寸等提供给装饰设计师。设备安装和造型要达成统一，既保证装饰造型效果，又保证设备安装、使用及维修的空间，还要符合各专业的设计规范要求。这是施工的前期要求之一。

装饰设计图纸完成后，水、电、暖通等专业设计师应认真审阅设计图，在充分满足装饰设计效果的前提下，完成水、电、暖通专业安装的二次设计图纸。此阶段的全部设计工作，应在主体完成之前，尽量提早进行，时间越充分，设计方案就会越成熟。

二、业主、监理、施工各方认真进行图纸会审

(1) 认真审阅每一张装饰图纸，尤其注意天花、墙面的造型图、大样图；认真审阅每一张安装图纸，包括空调、水、风系统管道图，消防喷淋，消火栓系统布置图，电气照明系统、消防报警、广播、弱电智能系统的平面布置图，尤其注意各系统的设计图在天花、墙面各空间、区域的走向、布局等问题。做好审图笔记，召开图纸会审、技术交底会议、沟通各专业图纸设计方面的问题，提出修改意见。

(2) 一般前期设计，装饰、安装两方面往往很难做到有充分的沟通。在审图过程中，必须认真审核、测量天花上水、电、风等各专业的喷淋头、报警探头、音响喇叭的排列布置与灯具布局设计的关系是否等分、成行、协调，以及通风的管道、风口、检修口的设计布置是否与天花装饰设计统一、协调，有无交叉、重叠等现象；要调整各专业在墙面各处设置的开关、按钮的位置和标高，如空调的温控器、消防的手报、照明的开关等。如果存在上述各安装专业之间及各专业与天花造型、墙面装饰效果有矛盾、不协调的情况，则必须重新调整各安装专业的设计，使上述各专业的设施即要符合各自专业的规范要求，又要满足装饰效果要求。

修改、调整后的天花及墙面图，应在各安装专业的图纸上，对每个灯具、喷淋头、报警探头、喇叭、进风口、出风口、检修口、墙面的开关、手报等设施的位置，相互之间的尺寸及其与天花造型墙面的局部的关系尺寸，都应一一标注清楚，这是一项必须的重要工作。必须指出的是，设计调整环节应遵循一个原则，即在充分满足装饰效果的前提下，按装饰设计要求进行调整。这方面有些实践经验可供参考，比如风口的设置上，一般暖通的出风口，可尽量设计在天花叠级造型的侧立面，以减少天花平面的开孔；回风口则为了保证空调效果，必须对应风机盘管开在天花平面下端，但可以利用尺寸大的风机盘管回风口，作为上天花的检修口，尽量减少检修口的开孔设置。装饰设计的天花灯具布置，不要随便改变，喷淋头、烟感、喇叭的设置、排列应以灯具的行距、间距为基准，或插在灯的行排中，喷淋头的间距以 2.4～3.6m 为准，可进行增减，但须符合消防规范要求。要根据天花造型的不同，形成局部区域的对称、居中、等分的感觉，以达到视觉的平衡。

三、装饰施工阶段的管理

(1) 在整个装饰施工开始前，项目部的管理人员要认真按施工进度要求，研究施工进度计划安排，画出进度图；同时要将总进度计划要求，通知安装施工的管理人员，要求安装施工根据总进度要求，再排出安装各分项工程的施工进度计划。这样，各方面都有考核目标，才能协同作战。在排列进度计划时，要特别强调各个关键工序的完成时间，如：平面隔断、墙砌体湿作业的完成时间；木隔断、木造型的墙面完成时间；天花吊顶封板的完成时间；卫生间地面防水施工的完成时间。这些工程都是承上启下的关键工序，不能放松施工的完成时间。高级星级酒店工程施工进入装饰施工阶段后，对施工工期、施工质量有极高的要求。在施工过程中，应做好各方面的监管工作。

(2) 把好各专业进场材料关。所有进场材料必须有正规厂家的各种证件、检测报告，进场材料必须符合设计图纸要求，要按正规程序进行材料进场报验。

(3) 在施工过程中，应在分部分项工程完成工序施工后进行各工序施工质量检验批报验，不符合施工质量验收规范要求的，不得进入下一道工序的施工。

(4) 管理人员应多到现场巡查、抽检，及时发现施工中的各种问题，应着重检查各大厅区域、走廊天花，检查管道排列是否合理，管道最低点是否符合天花造型标准高度、宽度的要求。应杜绝出现安装完成后，达不到装饰标高要求而更改装饰设计的现象。

(5) 检查大厅区域的喷淋管道及喷淋支管，如喷淋点三通、弯头定位是否符合设计调整图的尺寸要求，因为一旦天花封板后，要再调整尺寸就很困难。

(6) 定期召开工地施工各方协调会。有条件的可每天或隔天在工地开班前开小碰头会。小碰头会上可将前一天或当天施工中急需协调解决的问题协调解决好，交代有关各方当天将要施工或要完成的工作面，安排好当天的工作。每周的协调会，则应在会上着重检查上周的工作进度、施工质量、文明生产及安全等方面的问题，协商解决问题的办法、措施，布置下周在施工中的工作目标、施工进度、施工质量等任务。

在星级酒店装饰工程施工中，对技术和资料的管理都给施工管理人员提出了更高的要求，要想在装饰施工的管理与协调方面顺利开展工作，就要求施工人员必须有很强的全局观念及协调能力，要在看懂本专业图纸的同时，还要看懂相关的施工图。只有具备了这些素质，在施工过程中控制住各个关键环节的施工质量，整个装饰工程才能按时间、按要求、高质量完成。

思考题

1. 简述施工项目技术管理的主要内容。
2. 何谓技术交底？
3. 施工日志主要记录哪些方面内容？
4. 工程质量检查和验收工作包括哪些方面？
5. 简述工程资料整理的要求。
6. 发生工程洽商的原因有哪些？

参 考 文 献

[1] 陈代华，等．建筑装饰施工项目管理［M］．北京：北京工业大学出版社，2002.

[2] 张寅，等．装饰工程施工组织与管理［M］．北京：中国水利水电出版社，知识产权出版社，2005.

[3] 冯美宇．建筑装饰施工组织与管理［M］．武汉：武汉理工大学出版社，2005.

[4] 毛桂平，周任．建筑装饰工程施工项目管理［M］．北京：电子工业出版社，2006.

[5] 丛培经．建筑施工项目管理［M］．北京：中国环境科学出版社，1996.

[6] 陈守兰．建筑装饰施工组织与管理［M］．北京：科学出版社，2002.

[7] 尹军，夏瀛．建筑施工组织与进度［M］．北京：化学工业出版社，2005.

[8] 魏鸿汉．建筑施工组织设计［M］．北京：中国建筑工业出版社，2005.

[9] 郭永亮．施工组织设计［M］．北京：中国建材工业出版社，2002.

[10] 曹吉鸣，林知炎．工程施工组织与管理［M］．上海：同济大学出版社，2002.